地铁列车荷载下软黏土动力特性及变形控制

浙江大学城市学院　丁智　魏新江
杭州杭港地铁有限公司　顾晓卫
著

中国建筑工业出版社

图书在版编目（CIP）数据

地铁列车荷载下软黏土动力特性及变形控制/丁智，魏新江，顾晓卫著．—北京：中国建筑工业出版社，2018.9
ISBN 978-7-112-22180-6

Ⅰ.①地… Ⅱ.①丁…②魏…③顾… Ⅲ.①软黏土-土力学-研究 Ⅳ.①TU43

中国版本图书馆CIP数据核字（2018）第091099号

本书采用理论分析、现场测试、室内试验和数值模拟相结合的方法，对地铁列车循环荷载下软黏土的动力特性、隧道变形预测及控制问题进行了深入的研究。

本书共分为8章，主要内容包括：地铁运营引起的地基土应力及实测分析，列车简化荷载的试验论证，地铁列车荷载下软黏土孔压试验研究，地铁列车荷载下软黏土刚度试验研究，地铁列车荷载下软黏土应变试验研究，冻融和动力加载下软土微观试验研究，地铁长期沉降预测及变形控制技术等。

本书结构严谨，内容详实，通俗易懂，配有大量图表以及理论计算所需公式，旨在帮助读者能够快速而深入了解地铁列车循环荷载作用下土体的动力特性、地铁隧道的长期变形预测及控制等相关问题，培养读者解决列车运营对盾构隧道长期变形影响等问题的基本能力以及创新能力。

本书可作为土木工程、交通工程等高等学校教师与学生的教学及科研参考书，亦可为广大从事地下与隧道工程等相关专业领域的技术人员提供参考与借鉴。

责任编辑：张伯熙 杨 杰
责任校对：李欣慰

地铁列车荷载下软黏土动力特性及变形控制

浙江大学城市学院 丁智 魏新江
杭州杭港地铁有限公司 顾晓卫 著

*

中国建筑工业出版社出版、发行（北京海淀三里河路9号）
各地新华书店、建筑书店经销
北京科地亚盟排版公司制版
天津翔远印刷有限公司印刷

*

开本：787×960毫米 1/16 印张：14 字数：280千字
2018年8月第一版 2018年8月第一次印刷
定价：**88.00**元
ISBN 978-7-112-22180-6
（32073）

前　　言

近年来，我国城市地铁等轨道交通建设发展迅猛。据统计，截至2017年底，我国大陆共有31座城市建成地铁并投入使用，建成投入使用的地铁总里程已达4542km。随着地铁交通运输量及行驶频率的大幅增加，地铁列车运营引起的工程环境问题也日益突出，尤其在广泛分布着深厚软土层的东南沿海地区，地铁列车运营下隧道结构长期沉降影响不容忽视。根据实测资料，上海地铁一号线运营后局部区域沉降达200mm；类似的过大沉降可能会造成隧道管片开裂、渗漏以及道床与管片脱开等病害，使得地铁运营管理部门每年投入大量人力、物力对地铁隧道病害进行治理。因此有必要从运营地铁荷载下软黏土动力特性的研究出发，对长期循环荷载作用下软土动力响应进行深入的研究，并结合实际工程给出相应的沉降预测及变形控制技术，进而保障地铁运营安全。

基于此，围绕地铁列车循环荷载下软黏土动力特性和隧道结构长期变形减灾的影响，在国家自然基金项目："饱和土隧道掘进区浅基础建筑物地基、基础和结构协同作用机理研究"（编号：51508506）、浙江省自然基金项目："地铁列车荷载下软土越江盾构隧道长期沉降研究"（编号：LQ16E080008）、杭州市重大科技计划项目："软土地铁运营振动及长期变形减灾控制关键技术与应用"（编号：20172016A06）、浙江大学城市学院重大教师科研基金资助项目："水下大直径运营地铁盾构隧道长期变形机理研究"（编号：JZD18003）、浙江省科协"育才工程"（编号：2017YCGC018）等的资助下，对地铁运营下地基土应力变化及振动影响进行了理论分析和现场实测。并基于室内动三轴试验，研究了软黏土在列车荷载作用下孔隙水压力、刚度以及轴向应变的发展规律，分别建立相应的模型以反映地铁运营时软黏土的动力特性。同时基于电镜扫描试验，研究了列车循环荷载对土体微观结构的影响，证实了软黏土宏观动力特性与微观结构之间存在较好的相关性。进一步考虑了循环荷载作用下地基土塑性变形以及孔压的发展，参考杭州地铁实际列车参数建立了车辆轨道动力学模型，并通过模型计算和预测了不同固结度下地铁列车运营引起的长期沉降。最终依托实际工程，介绍了一种控制软土区地铁隧道工后变形的微扰动注浆工艺。

可见，作者围绕地铁循环荷载下地基土变形和隧道结构长期沉降问题，从地基土动应力、软黏土动力特性、微观结构及变形预测控制等方面展开研究，进行隧道长期沉降分析并提出了相应的沉降控制技术，层层深入，逻辑清晰。旨在帮助相关从业者了解地铁循环荷载作用下软黏土动力特性与隧道结构长期沉降机理、预测分析方法及相应控制技术。本书共8章，主要包括：地铁运营引起的地基土应力及实测分析，列车简化荷载的试验论证，地铁列车荷载下软黏土孔压试验研究，地铁列车荷载下软黏土刚度试验研究，地铁列车荷载下软黏土应变试验研究，冻融和动力加载下软土微观试验研究，地铁长期沉降预测及变形控制技术等。

在本书的撰写过程中，得到了夏唐代教授、魏纲教授、张世民教授、蒋吉清副教授、丁玉琴副教授、虞兴福高工和孙苗苗博士等的指导、建议和帮助，在此表示衷心的感谢！并特别感谢浙江大学硕士生庄家煌、杭州杭港地铁有限公司黄小斌、招商局蛇口工业区有限公司张涛、中国电力工程顾问集团东北电力设计院有限公司张孟雅、浙江省天然气开发有限公司葛国宝武汉地铁集团有限公司王永安等在资料收集、图表绘制及理论计算等方面的辛勤劳动。同时对配合本研究的相关工程技术人员和合作单位，在此一并表示衷心的感谢。

本书的分工如下：第1章由丁智、魏新江撰写；第2章～第7章由丁智撰写；第8章由魏新江、顾晓卫撰写。本书引用了大量的参考文献，包括各类学术期刊和专著，但难免会有疏漏之处，在此敬请谅解和表示感谢！由于作者水平、能力及可获得的资料有限，书中难免存在不妥之处，敬请各位专家、同行和读者批评指正。

丁智

2018年5月于 浙江大学求是村

目　　录

第1章　绪　　论

1.1　引言

随着社会经济的发展，城市规模的扩大，城市人口的总量和密度在不断增加，地面交通也呈持续恶化的态势[1]。我国正处于大规模城镇化阶段，这些问题正日益严峻。合理利用和开发地下空间，作为解决城市容量瓶颈、缓解地面交通压力的有效途径[2]，获得了国家和社会层面的重视。2015 年 7 月 28 日召开的国务院常务会议，将地下工程建设列为国家重点支持的民生工程；截至 2017 年底，我国大陆共有 31 座城市建成地铁并投入使用，建成投入使用的地铁总里程已达 4542km。

地铁作为高效的公共交通系统，承担着巨大的客运量，有效缓解了地面交通压力。与此同时，日益增多的地铁隧道病害已经引起设计及运营管理部门的极大关注，特别是软土地区地铁隧道容易发生管片开裂、渗漏以及道床与管片脱开等病害[3]（图 1-1）。长此以往，地铁运营安全和乘客的舒适性将受到影响，维修费用也随之增加。运营管理部门每年都投入大量人力、物力对地铁隧道病害进行治理，取得了一定成效，但随着运营时间的增长，隧道病害也在增多[4]。若地铁隧道纵向沉降或差异沉降过大，产生上述病害的可能性将会显著增加。因此，预测软土地区运营地铁隧道的沉降并采取工程措施对其进行控制是一项重要的课题。

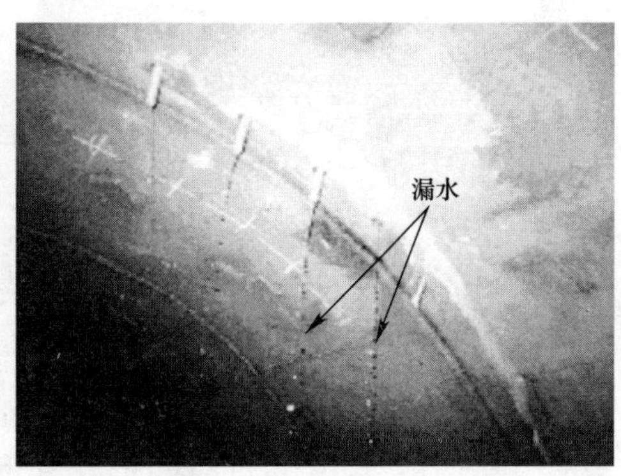

图 1-1　地铁隧道裂缝及渗漏图

软黏土地区的地铁隧道容易产生较大的沉降，且下卧软黏土层厚度越大，结构的累积沉降量也越大[5]，这与软黏土的物理力学性质密切相关。软黏土也称软土，是软弱黏性土的简称。形成于第四纪晚期，属于海相、泻湖相、河谷相、湖沼相、溺谷相、三角洲相等黏性沉积物或河流冲积物，常见的软弱黏性土是淤泥和淤泥质土。软黏土的黏粒含量多，塑性指数 I_p 一般大于 17。软黏土多呈深灰、暗绿色，有臭味，含有机质，含水率较高、一般大于 40%，部分淤泥出现含水率大于 80%的情况。软黏土孔隙比一般为 1.0～2.0，其中孔隙比为 1.0～1.5 称为淤泥质黏土，孔隙比大于 1.5 时称为淤泥。上述物理特性使得软黏土的力学性质较差，具有低强度、高压缩性、低渗透性、高灵敏度的特点。

除了软黏土自身性质，地铁在运营阶段产生的长期低频循环荷载也会使隧道软土下卧层地基沉降发展急剧加速[6]。日本道路协会的实测资料显示列车运营后产生的附加沉降可达到施工期沉降的一半[7]，监测数据同样表明地铁荷载对沉降同样具有不利影响：实测资料表明，自上海地铁 1 号线运营以来局部路段沉降达 200mm，最大沉降速率达 40mm/年[4]，这已经远远高出了《地铁隧道保护条例》(1992) 所规定的 20mm 总位移量限值。广州地铁 2 号线自 2003 年开通以来最大沉降速率达 16mm/年，最大不均匀沉降达 30mm[8]。大量的实测数据表明，一般情况下隧道长期沉降占总沉降量的 30%～90%左右，软土地区该比例更高[9]。因此如果忽视软黏土区域隧道施工和列车运营所造成的沉降，将对轨道的运营安全造成影响（如图 1-2 所示）。

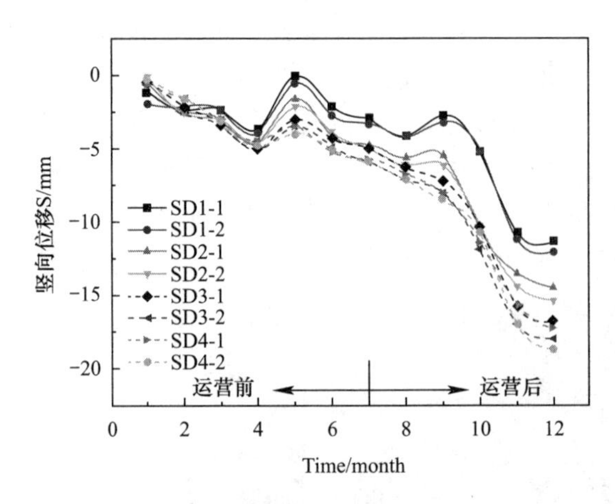

图 1-2　某软土地区地铁运营前后实测沉降曲线

地铁的施工工艺也会影响地基土体的动力特性，加大列车循环荷载作用下的隧道长期工后沉降。在地铁施工建设过程中，联络通道施工是最后一道也是最复杂的一道工序，特别在深厚软土广泛分布的区域，施工难度更大，通常需要在施工前对其周围土体进行加固处理。冻结法因具有不受施工范围和深度的限制、强度高、止水效果好且冻结壁可控性高等优点，而被广泛运用于地铁联络通道的施工。

冻结法施工的原理是使地基土温度降低至 0℃以下形成冻土，冰作为胶结材料，将相邻土颗粒或岩块体胶结连接成结构体。利用土体冻结时强度急剧增大的特性，在施工过程中起着维持地基稳定，确保开挖工程顺利进行的作用。1862 年由英国工程师南威尔首次应用于建筑基础施工中，成功解决了富水软土层中立井开凿时易坍塌的问题。1880 年，德国工程师波茨舒首次系统提出冻结法施工的原理并申请专利。人工冻结法已成功应用于西班牙巴伦西亚地铁建设工程，上海地铁 2 号线中央公园-杨高路站旁通道施工，北京地铁复八线 45m 隧道顶板地层冻结封水加固等国内外各项工程中[10,11]。

大量工程实践表明，人工冻结法是成熟而可靠的地下工程施工方法。然而冻结法施工后，地基土经历冻融循环后其工程力学性质将发生显著变化，且在运营期地铁循环荷载作用下容易产生过大的不均匀沉降。实测数据表明冻结法施工区域的地基土长期沉降比其他区域更为显著，如杭州地铁 1 号线联络通道采用冻结法施工，自 2012 年 11 月正式运营以来，冻结法施工后代表性区间地铁道床（近联络通道处）6 个月内最大沉降量分别达到 9.7mm 和 23.6mm，如图 1-3 所示。

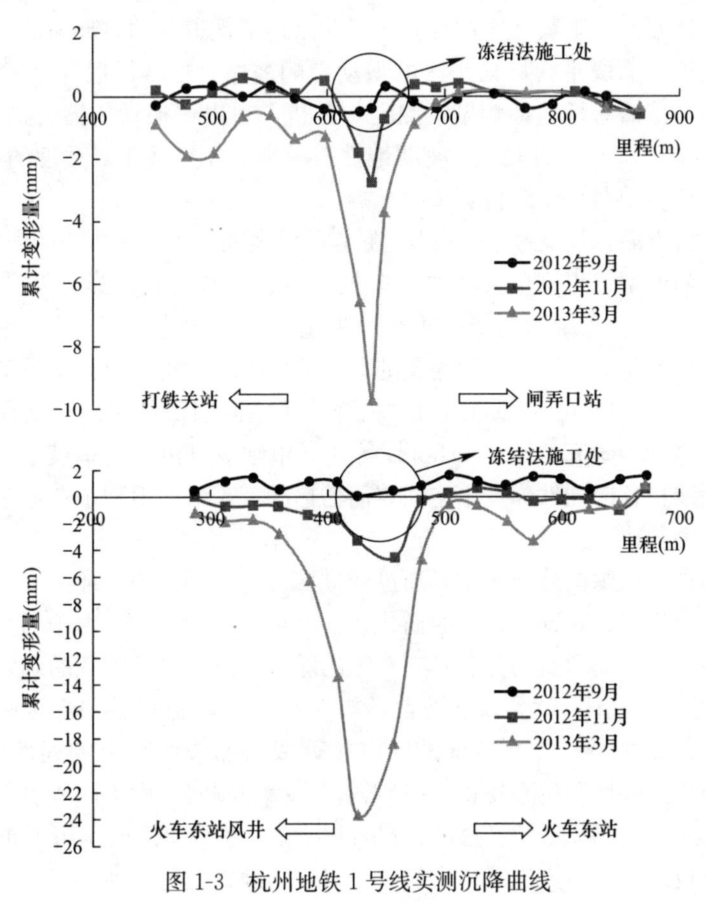

图 1-3　杭州地铁 1 号线实测沉降曲线

综上所述，在长期地铁循环荷载作用下，一般的软黏土及冻融软土的变形问题都较为严重，对隧道沉降控制造成不利的影响。针对此课题，本书首先对地铁列车荷载引起的地基土应力进行分析，再通过试验的手段对地铁循环荷载作用下饱和软黏土和冻融土的动力特性进行研究，揭示软黏土在循环荷载下的孔压、强度以及变形的发展规律，并在以上研究的基础上建立不同工况下地铁工后长期沉降的预测模型，为控制地铁沉降、降低运营风险提供理论依据，最终形成一套较为完备的地铁沉降变形预测及控制技术以保护地铁安全运营。

1.2 地铁运营引起的长期沉降研究现状

1.2.1 列车振动荷载对环境影响分析

针对地铁列车运行时引起的环境振动研究，主要有现场测试、理论分析和数值模拟三种研究方法。

现场测试方面，王毅[12-13]调查研究了北京地下铁道振动对环境的影响，并专门分析了地铁车辆段平台居住小区的振动影响。徐忠根、任珉等[14]对广州市地铁一号线振动传播对环境影响做了测定与分析，得出了振动传播公式。曹国辉、方志等[15]布置了测点进行测试，查明地铁与噪声对住户健康舒适度的影响程度，并分析了地铁振动对房屋结构安全的影响。

理论分析方面，杨英豪[16]建立了在半空间表面上作用有均匀的、无限线分布竖向扰力的模型，得到竖直和水平向振动位移衰减公式。彭波等[17]则以列车运行时的轨道-地基系统为对象，将轨道地基系统简化为成层地基上的 Winkler 梁模型，对移动荷载作用下成层地基的动力响应进行分析，得到了移动荷载作用下土的动力响应。Hung 和 Yang[18]对粘弹性半空间表面的竖向移动荷载所引起的振动传播进行了研究。Hong Hao[19]等建立单轴双自由度列车模型，采用拉姆推导的瑞利波在各向同性弹性半空间表面传播的理论解，得到了交通车辆对周边土层振动传播规律。

数值模拟方面国内外很多学者通过建立二维、三维、2.5 维模型做了不少研究[20-24]，数值模拟中，列车荷载的简化是一个很重要的问题，由于列车产生的振动是随机性的，因而列车动荷载具有一定的随机性。列车动荷载的确定一直是一个很难处理的问题。主要受以下因素影响[25]：(1) 轨道接头和焊接使钢轨走行面产生的局部不平顺；(2) 轨枕的间隔排列或轨面波纹导致的周期性不平顺；(3) 轮周面局部擦伤和偏心轮重；(4) 轨枕支撑面刚实程度不同所引起的随机变化。刘维宁[26]采用现场测试与数值分析的方法，对列车荷载作用下黄土隧道的动态响应分析进行了研究。潘昌实等[26-28]对北京地铁进行了列车振动测试和相应的动态响应分析。刘维宁、夏禾等[29]采用地铁车辆-轨道系统的振动模拟来确定列车振动荷载。

1.2.2 列车振动荷载作用下土体受力机理研究

振动荷载作用下土体受力机理的研究在理论方面的研究主要有：吴连元与许昌[30]简化了唐奈尔圆柱壳体理论，考虑横向剪切力和切向位移的影响，建立了长圆柱壳体在移动集中荷载作用下的弯曲解。他们采用Green函数法求解黏弹性半空间体在各种移动荷载模式作用下的动力响应的解析解。王常晶、陈云敏[31]利用移动荷载作用下地基的应力解答，计算列车移动荷载在弹性半空间地基内产生的动应力。

有限元方面，边学成与胡婷等[32]基于2.5维有限元数值方法建立了高速列车轨道-路堤-地基耦合分析模型；通过基于数值解的半解析方法推导得到地基中的动应力解答。边学成、曾二贤等[33]通过2.5维有限元结合薄壳单元的方法，建立高速列车运营列车轨道和地基动力相互作用的3维模型求解，建立了路堤下卧层地基在列车运行荷载作用下长期动力附加沉降的计算方法；王田友，丁洁民等[34]进行了地铁所致环境振动的二维和三维模型的计算比较，考虑了粘弹性和粘性人工边界的不同影响。对比得出了二维模型地铁环境振动分析的适用计算方法和隧道荷载，以及三维模型的适用隧道荷载。

1.2.3 室内模型试验及现场实测研究

Hui和Ng[35]采用了室内试验和原位测试两种方法研究了不同隔振系统的铁路高架桥减振性能。分别在日本、韩国和香港实测了短型浮置板，中长浮置板和梯形浮置板三种轨道结构，主要目的是研究浮置板轨道系统的弯曲共振的影响。结果表明：浮置板的弯曲共振对于隔振性能有负面影响，浮置板的弯曲共振可以通过简单的自由梁公式估算出来进而应用于板体的初始设计；浮置板的减振作用效果会随着共振频率接近支承频率或竖向固有频率而变得降低。小尺寸浮置板因其有较高的弯曲共振频率而对隔振有益，但是因其静位移量较大所以不适合时速大于130km/h的高速铁路；带有弹簧阻尼器的中长型浮置板在高速铁路隔振方面会得到良好效果；在高架中采用梯形浮置板来衰减振动的传递的成本低廉，可以使频率范围在63～200Hz之间振动的相对幅值降低超过30dB，但由于梯形的弯曲共振，对于频率30Hz的振动效果有限。

李锐[36]和杜鹏飞[37]针对实验室小尺度模型难以对短型浮置板系统原型进行实现的问题，利用参数可调的磁流变装置基于无量纲分析的相似理论，从反映振动特性的物理量量纲角度，以力的传递率和相对加速度传递率为评价指标，得出短型浮置板轨道隔振原型和小尺度试验台架模型间的相似关系，并根据设计的模型参数，搭建小尺度试验台架，经与理论计算结果的对比得出，根据相似理论搭建的试验模型能反映短型浮置板原型的隔振性能。

刘维宁等[38]在实验室建立了钢弹簧浮置板的1：1原比例尺模型，通过实验设备模拟了地铁转向架和两个轮对产生的激振。试验测试了浮置板的基频、弹簧的支承刚度和支承间距，以及从钢轨到浮置板到隧道内的竖向传递函数。结果表明竖向传递函数随着浮置板弹簧刚度的增大而增大；浮置板的减振效果随着自身基频的降低而增加，但是要在基频附近的共振会产生的放大效应；浮置板轨道的竖向传递函数小于普通轨道。

孙成龙[39]对北京地铁5号线灯市口站-东四站区间史家胡同小学钢弹簧浮置板轨道区段的环境振动进行了实测，分析了该地段浮置板轨道系统隔振效果。结论指出：钢弹簧浮置板轨道系统对隧道正上方减振效果最好，在两侧，随着距离正上方中心线的增大，减振效果逐渐减弱。钢弹簧浮置板轨道对10Hz以内的振动频率没有减振作用，但是对地面振动10～20Hz的频域范围内减振效果明显。

耿传智[40]现场实测了地铁运行时包括浮置板轨道在内的不同轨道结构的振动特性及减振效果，通过频域分析得到轨道结构的振动特点。研究表明：隧道壁振动的竖向加速度总振级比横向加速度总振级大很多。因此评价轨道系统的减振效果应以竖向振动为主，浮置板轨道的固有频率约为10Hz，属于低频范围，低于激振频率，减振效果显著。肖安鑫[41]为了研究列车经过不同形式的钢弹簧浮置板区段时产生的车内低频噪声，采用了实测的方式对比了不同地段内车内噪声，分析了浮置板对噪声的影响。结果表明：相比于普通钢弹簧浮置板、预制钢弹簧浮置板和复合钢弹簧浮置板，高阻尼钢弹簧浮置板轨道由于增设附加阻尼的耗能结构，能部分改善低-中频段的驻波效应，消除了一些局部的二次激励现象，在解决浮置板轨道地段车内噪声偏大的缺点上有良好的效果。

张莉等[42]对杭州地铁1号线所应用的钢弹簧浮置板和橡胶浮置板的减振效果进行了对比实测，分析了两种浮置板的自振特性，隧道以及地面的减振效果。结果表明，钢弹簧浮置板和橡胶浮置板轨道有不同的振动频率特性，其中，钢弹簧浮置板竖向自振频率为7.9Hz，橡胶浮置板竖向自振频率为14.87Hz，两种浮置板对于高频减振效果均好于低频减振效果。但通过对隧道壁和距线路中心线10m处地面的监测，钢弹簧浮置板的传递力损失更大，表明钢弹簧浮置板的减振效果优于橡胶浮置板。

刘鹏辉等[43]为研究地铁隧道内不同轨道形式的减振性能，对普通整体道床，Ⅲ型轨道减振器、弹性短轨枕、梯形轨枕和钢弹簧浮置板轨道进行原位振动测试，对结果进行时域、频域的对比，得出不同措施的减振效果差异。研究指出：各种减振形式减振能力不同，轨道减振扣件、梯形轨枕、弹性短轨枕和钢弹簧浮置板的减振能力逐渐增大；各种轨道形式中对于高频振动的减振均优于对低频振动的减振；梯形轨枕、弹性短轨枕、轨道减振器对 50Hz 以上振动减振效果明显，钢弹簧浮置板道床对 12.5Hz 以上振动减振效果明显，因此对于控制列车引起的二次振动效果最佳。

1.3 软土动力特性研究现状

1.3.1 软黏土动力特性影响因素

软土基本上分布在江河胡海附近，这些地区经济发达，人类活动更加频繁。这些地区软土的动力特性广受研究者关注，在数十年来的研究中取得了丰硕的成果。在早期的研究中 Seed 等人[44-45]在循环三轴试验的基础上研究了软土的应力-应变和强度特征。Sangry 等[46-47]通过相对低频的循环三轴试验研究了软土在动载下的应力-应变-孔压特性。Atilla A M 等[48]研究了各项同性固结以及偏压固结软土在不排水循环荷载下的应力-应变-孔压以及强度的特性，并定义了屈服应力。Ramsamooj D V 等[49]对循环荷载下土的应力路径、应力应变特征进行研究，并获得了相应的本构模型。

在以往的这些研究中软土的某些动力特性逐渐明朗并获得了较为一致的观点：大多数研究者都认为在正常固结条件下，随着循环次数和动力幅值的增加土体的变形和孔压都会增加。根据有效应力原理：由于孔压的上升会导致土体有效动应力减小，从而强度降低。在这些相对显而易见的结论基础上研究者不断细化研究条件获取了更为丰富的成果，Larew H G 等[50]提出了临界循环应力比的概念，即在低于该应力的动应力水平下软黏土永远不会产生破坏。这一概念在后续研究中不断被国内外研究者证实，周建[51]在对杭州饱和软黏土的动力试验中也证实了临界循环应力比的存在而且获得了所用土样的具体临界循环应力比值约为 0.5，在此次研究中还观察到了杭州软土的门槛循环应力比在 0.02 附近。门槛循环应力比是使土体产生累积应变或参与孔压的最小应力，当动应力比低于此值时无论土体经过多少个循环的振动都不会产生累积应变和残余孔压。

动荷载的种类繁多，地震荷载、交通荷载、波浪荷载、打桩荷载等不同原因产生的动荷载在形式上有很大的区别，不同形式的动荷载作用在软土上时又存在不同的频率、不同的幅值、不同的振动次数等情况。对于列车荷载，它既不同于静荷载也不同于地震荷载，它是一种长时间往复施加的循环荷载，具有长期性、间断性、并有一定作用周期的特点[52]。宫全美等[53]根据某城市地铁列车实测数据，利用一组频率不同的试验去分析列车荷载的动力响应。此外，唐益群等[54-55]，张曦等[56-60]也根据地铁荷载的实测，将地铁列车产生的主要振动频率作为试验依据，采用不同频率的对称正弦波来进行动三轴试验研究列车荷载下的软土动力特性。王常晶等[61]通过对列车荷载特点的归纳，将列车荷载简化为带有静偏应力的正弦波，研究了软土的孔压及强度变化规律。黄博等[62]通过不同波形的试验对比，验证了在研究列车荷载下软土动力特性时将半正弦波作为试验波形的可行性。

王元东[59]在上海软黏土受循环荷载作用下孔压发展情况的实验研究中指出孔压发展呈三个阶段：(1) 迅速产生并呈线性迅速增长；(2) 增长速率减缓；(3) 增长速率基本保持不变，总孔压趋于稳定的极限值。指出孔压发展受加载频率、固结压力、荷载幅值等多种因素影响。一些学者针对不同因素对软土动力特性的影响规律展开了研究。针对固结状态和循环应力比的影响，王军等[63]分别对正常固结与超固结状态下软黏土的动力特性进行分析，建立了孔压-软化指数模型，指出软化指数将随着循环应力比和循环次数的增加而逐渐减少，同时土体软化程度也将有所提高。正常固结软黏土的残余孔压会随循环应力比与循环次数的增加而逐渐增加；而超固结土在循环加载初期将产生负孔压，循环加载一定周期后，逐渐发展为正孔压。

1.3.2　循环荷载下软土孔压特性

循环荷载作用下软黏土的孔压发展性态复杂影响因素众多，归纳起来主要有黏土物理化学成分、土体微观结构、应力历史、加载波形、加载频率、加载次数、排水条件等因素，在同一次试验中不可能同时考虑到所有因素，不同的研究者根据自己设定的试验条件所获得的孔压模型也有很大区别。

国外学者 Kazuyasuhara 等[64]对重塑软黏土进行了应力控制的动三轴试验，发现在不排水试验中频率越低孔压上升越快，并提出归一化的孔压与剪切应变之间存在双曲函数关系式 (1-1)，而且认为这一孔压应变模型不受荷载形式以及土体自身应力条件的影响。

$$\Delta u^{*}=\frac{\Delta u}{\sigma_{c}}=\frac{\varepsilon}{a+b\varepsilon} \tag{1-1}$$

式中 Δu^{*} 为归一化孔压值；Δu 为残余孔压；σ_c 为固结围压；ε 为应变；a，b 为试验参数。

郑刚等[65]对天津某地区黏土进行了原状黏土与重塑土的动三轴试验，认为振动频率对原状土的孔压有显著影响，孔压的增长速率随频率的增大而减小，而重塑土的动孔压发展速率受频率影响较小。相同的循环应力下重塑土的孔压稳定值要比原状土高，即在相同的振次下重塑土的孔压可维持在一个更高的值上。张茹等[66]对某土石坝心墙黏土的动力试验研究认为在频率小于 1Hz 时孔压比随频率的增大而增大，当频率继续增加时动孔压来不及上升和扩散，加之试样吸水现象加剧孔压比会出现下降趋势。

此外，土体的固结状态对振动孔压的影响也不容忽视，在工程实际中的土体以等向固结、偏压固结、超固结、正常固结、欠固结等形态存在，不同的固结状态下土体的动力特性也不尽相同：

Matsui T 等[67]，Matasovic N 等[68]，Azzour A[69]等在对超固结软土的动力试验中发现，孔压发展趋势表现为先降低后增加，即在振动开始阶段土体中会产生负孔压，超固结比越大产生的负孔压越大并且需要经历越多的振次后负孔压才会出现向正空压发展的趋势。

周建[70]在试验研究中也发现了土体超孔压的发展受超固结比影响，当超固结比 OCR 值大于 1 时，随着振动的进行土体中会出现负孔压，超固结比越大负孔压越大并提出了考虑超固结比、门槛循环应力比的孔压模型。

Eigenbrod K D[70]以偏压固结 Bluefish Lake 黏土为研究对象在排水条件下进行了低应力水平的动三轴试验，随着振动次数的增加孔压逐渐上升并最终达到一个稳定的孔压幅值，并提出有效固结应力比与相对孔压幅值呈线性关系。

张茹[71]在对某土石坝土体的研究表明，动孔压的增长趋势与土体初始固结应力有关，并认为所有土料都存在与自身性质相关的临界固结应力比，当固结应力小于该临界值时在相同的振动次数下孔隙水压力和变形会随固结应力的增加而减小，根据有效应力原理相应的动强度会增加；当固结应力比超过该临界值时会出现相反的情况。

魏新江等[72]首次引入了地铁隧道施工扰动引起的地基土初始固结度的影响，指出初始固结度对孔压发展具有较大影响。不排水循环加载试验表明，地基土固结度越高，孔压发展越缓慢，且在较低的孔压水平下就可以达到稳定。

王军等[73]，陈春雷等[74]对杭州饱和软黏土的动力试验研究表明循环应力比对孔压发展影响显著，相同的振次下循环应力比越大孔压越大，并且可以通过孔压的发展来确定临界循环应力；而频率对孔压的影响则有所不同：当低于 1Hz 时频率越大孔压增长约慢，而当大于 1Hz 时频率对孔压的发展影响就会变得不明显。

Masyuki Hyodo[75]的研究表明排水条件对黏土动孔压的影响方式为：不排水时，随着振动次数的增加孔隙水压力会不断上升最终逐渐趋于稳定；在部分排水时孔隙水压力在开始阶段迅速上升并达到某一峰值，之后孔压逐渐下降最终会全部消散。

王军[76]通过分阶段加载、控制排水条件研究了温州饱和软黏土的动力特性，认为不同排水条件下间歇加载时孔压发展不同于连续加载：不排水振动时孔压会随振动次数的增加而增加，停止振动时孔压基本维持不变；在排水试验中孔压随振次的增加会先上升后下降，但停止振动时孔压也基本保持不变。

王炳辉等[77]在试验研究中定义了孔压增量比（某一振次的孔压增量与上一

振次有效应力比值)，将孔压在动荷载下的发展形式划分为下降阶段、平稳阶段和上升阶段，并建立了与三个阶段相对应的孔压模型。赵春彦等[78]通过对上海地区饱和软土的研究提出了可以综合考虑循环次数、初始偏应力和动应力水平等因素的孔压模型，但该模型只适用于正常固结的软土，且循环应力比不宜过大也不宜过小。

1.3.3 循环荷载下软土强度特性

陈国兴等[79]以南京及附近区域的黏土、粉质黏土等6种新近沉积土为研究对象进行动力试验，探讨了土体组分、结构性、围压、静偏应力等因素对土体动剪切模量和阻尼比的影响。Seed H B等[80]Thiers G R等[45]认为振动波形对土的动强度有较明显的影响，在动应力比相同时三角形波循环荷载的动强度比矩形循环荷载下的强度高10%左右。

郑刚等[65]认为随着频率增加软土的动强度也会随之增加，但是在频率低于3Hz时增长速率较大，超过3Hz时增幅逐渐减缓。对于原状土，软化指数的发展规律与动强度相反，即频率越低软化指数减小越快。重塑土的软化指数变化规律受频率影响较小。

叶俊能等[81]以宁波地铁线路地基土为研究对象讨论了频率和循环应力比对软土强度的影响认为：在相同的动载条件下，k_0固结土的强度要低于等向固结土的强度；在循环应力比相同的情况下，土体强度随加荷频率的增加而增加；增加动应力幅值同样可以促进土体发生硬化，从而提高土体强度。

张茹等[66]在对某土石坝心墙黏土的动力试验研究认为，随着振动频率的增大软土的动强度会出现先增大后减小的现象，当频率在0.1～4Hz时动强度随频率的增加而增加，超过4Hz后动强度随频率的增加而减小。

周建等[82]在试验基础上研究了频率、循环应力、固结状态几种因素对土体软化的影响，该研究认为土体刚度软化和强度变化的主要原因之一是振动产生的空压变化。Ansal等[83]，Hyde[84]等的研究指出频率对土体动强度的影响很小甚至没有影响。

列车荷载作用下土体所受的真实荷载是波动荷载和某一静载的叠加[61]即土体中存在初始剪应力，由于初始剪应力的存在它可能对土体起到一个预压效果从而使土体强度提高；当然也可能增加土体的负荷从而加速土体破坏使土体强度降低。因而关于初始剪应力对软土动力强度的影响存在不同的观点：

循环次数的增加和循环应力比的提高会加速土体强度和刚度的衰减，偏压固结可以减小刚度的衰减[85]；Ishihara等[86]也认为初始静偏应力的预压作用会使土体强度增加。Seed H B等[44,87-88]研究则认为初始偏应力和偏压固结均会加速土体的软化从而使土体强度降低。Tan K等[89]的研究认为静偏应力对土的动强度是加强还是削弱取决于动偏应力的大小，当静偏应力较小时起到预压作用会提高土体动强度，当静偏应力较大时则会促使土体结构破坏。

Pierre-Yves Hicher[90]在对 K_0 固结软土的试验研究中发现大主应力方向的转变会导致黏土结构的变化，从而加剧土体的软化使试样在较少的循环次数下就会产生破坏，双向应力方向旋转的情况下土体软化的速度更快。

G. Lefebvre 等[91]在对超固结重塑软土的研究中发现振动频率对土体软化有很大影响，在相同的循环次数下增大频率可减少软化；当土体中存在初始静偏应力时，由于预压作用会提高土体的不排水剪切强度，但是会降低土体的动强度。Yashara K 等[92]指出土体振动后的刚度比强度衰减的更为明显。

周建[82]解释循环荷载作用下土体软化的主要原因有二：(1) 孔压的产生引起的应变软化，可以采用有效应力原理进行解释；(2) 循环荷载下土体结构的改变，土颗粒按照预先的剪切方向重新排列，结构的变化导致强度降低。

Brown S F 等[93]在对一组超固结软土的不排水试验研究发现随着超固结度的提高土体动强度增加，软化速率减慢。Idriss[94]等最初通过对正常固结土进行动三轴试验提出了软化指数与循环次数间的指数关系；Neven Matasovic[68]等通过对不同地区的海相软黏土进行动力加载测试，建立了正常固结黏土刚度软化指数与孔压之间相互关系的模型；蔡袁强等[14]提出可以用二阶对数函数计算软化指数。

Mladen Vucetic 等[95-96]在试验基础上建立了超固结土软化指数与循环次数间的对数关系，并认为随着超固结度的增大会减缓土体软化指数的衰减，而且随着超固结度的增加软土剪切模量的降低趋势也不断减缓。Takaaki Kagawa[97]认为软土在循环荷载施加初期软化指数与振动次数的对数呈线性关系，后期成曲线关系，并受孔隙比和塑性指数的影响。

Eigenbrod K D[70]在 Bluefish Lake 黏土的排水动三轴试验中发现，土体排水体积的变化意味着孔压的变化，随着振动次数的发展二者会逐渐达到一个稳定值。该项研究中将临界孔压作为土体破坏的标志，认为在孔压变化的过程中土体发生软化、强度降低，在孔压达到临界孔压时土体产生破坏。

张勇等[98]研究了循环次数和循环应力比对软土动力特性的影响，结合循环应力-应变关系曲线的特点提出了能够反映刚度软化的动骨干曲线模型，该模型同时考虑了循环应力比、固结压力、循环次数等因素。

1.3.4 循环荷载下软土变形特性

蒋军等[99]对萧山重塑软黏土进行了正弦波、矩形波、三角形波和锯齿波的动三轴试验，认为不同波形下的体应变和轴向应变具有相近的发展趋势但存在不同的发展速率，随着振动次数的增加矩形波所产生的变形速率最大，三角形波次之，锯齿形波再次之，而正弦波下的变形速率为最小。

王立忠等[100]对 k_0 固结的温州软黏土进行了不排水循环三轴试验，分析了加荷频率对应变的影响并确定了将应变累计曲线出现拐点作为土体破坏的标准，认为土体的动应变拐点只与自身性质相关而与加荷频率以及循环应力大小等因素无关。Ling-Ling Li 等[101]对杭州地区软黏土的研究表明，随着频率的增加相同振次下软土的变形会变小。

郑刚等[65]对天津某地区黏土进行了原状黏土与重塑土的动三轴试验，认为频率对原状土的影响更为显著，随着频率的不断增大（0.2～5Hz）原状土的变形曲线会由破坏型逐渐过渡到发展型最终进入稳定型，而对于重塑土不同频率下的变形对数关系曲线则以直线型为主。

国内外学者对循环荷载下软黏土的长期沉降进行了大量研究并提出一些本构模型。但是由于土体本身物理力学性质的复杂性以及交通荷载的长期性，很多理论模型并不实用，目前广泛应用的模型一般是在试验基础上得到的经验模型。其中最具影响的是 Monismith[102]等提出的指数模型：

$$\varepsilon = AN^b \tag{1-2}$$

式中 ε 为塑性累积应变，N 为循环次数，该模型因为简便实用而倍受青睐，但由于没有考虑土体的固结应力以及动应力水平等因素，参数 A，b 所表达的物理含义不明确而导致计算结果偏差较大。后人在上述指数模型的基础上进行了修正，进一步明确了指数模型中参数的物理含义。

Li 和 Selig[103]在对细粒路基土动三轴试验的基础上考虑了动应力水平、土体静强度以及土的物理性质等因素对 Monismith 等提出的指数模型进行了改进。Chai 和 Miura[104]根据路基土存在初始偏应力的特点，在 Li 和 Selig 模型的基础上考虑了初始偏应力。

Anand JP 和 Louay N M[105]考虑了围压和偏应力的综合影响对 Monismith 指数模型进行了修正。陈颖平等[106]在建立应变模型时考虑了初始偏应力和超固结比的影响。黄茂松等[107]在研究软黏土的累积塑性变形时引入了相对偏应力水平参数，建立了应变速率与循环次数的关系模型。

刘明等[108]将沉降考虑为由累积塑性变形引起的沉降和由孔压消散引起的固结沉降两部分组成，采用累积塑性应变经验计算模型 $\varepsilon_p=\alpha D^{*m}N^b$，和孔压模型 $u/p_c=\xi D^{*n}N^\beta$，应力状态从二维有限元中提取，拟合得出总沉降，结果表明由孔压消散带来的固结沉降所占比例较小。

蒋军等[109-110]研究认为软土的应变速率衰减率与加载频率、循环应力比关系不大，而主要受超固结度影响：超固结比 OCR 值越大软土应变速率衰减率越慢，在相同的振次下所产生的变形越小；同时也认为软土在超固结时排水条件对动应变的影响较小。

刘添俊等[108]对珠江三角洲的典型黏土进行循环三轴试验，认为正常固结土的应变速率随振次的增加不断降低，同时认为初始静偏应力和排水条件对黏土的应变速率都有较大影响，排水条件下黏土的应变速率衰减更快。

郭林等[111]通过一组不同围压下的循环三轴试验研究了结构性对温州黏土动力应变的影响，认为当围压过高时会破坏原状黏土的结构性，从而表现出类似重塑土的动力特性。

1.4 冻融土研究现状

1.4.1 冻融作用下土体力学性质研究

冻融作用是一个有害过程：土体冻结过程中，孔隙水冻结成冰，冻结锋面向下发展迁移，活动层的冻结过程将会导致冻胀现象发生；冻土融化时，由于冰层融化为水，在外荷载和自重作用下孔隙水排出将带来固结作用，发生压缩沉降。冻融循环作用对土体工程性能的影响可以从物理性质和力学性质两方面进行研究。

在物理性质的研究中，Chamberlain 等[112]首次对冻融循环后土体渗透性的变化进行系统的研究，指出冻融循环后土体孔隙比减小，但渗透性增大。目前对于冻融循环后土体渗透系数将会增大 1～2 个数量级这一结论已得到普遍证实[113-114]，对于孔隙比减小的同时渗透系数增大的情况，Chamberlain[115]给出的解释是冻融循环过程中发展的微裂隙或冻土融化后形成的大孔隙造成了渗透系数的增加。

Viklander[116]在实验中发现冻融后土体密实度的变化与土体性质有关，密实土经冻融循环后孔隙比将增大，而松散土的孔隙比将减小。并且高密度低孔隙比和低密度高孔隙比的试样，经过几次冻融循环作用后土体孔隙比将趋近于同一个孔隙比，由此提出了残余孔隙比的概念，并指出对于松散土和密实土而言 3 次循环后孔隙比将达到残余孔隙比。

国内学者对土体冻融循环作用的研究起步较晚，杨平等[117]对原状黏土冻融循环后物理参数进行测试，结果表明冻融循环后黏土塑性指数减小，渗透性增加，密度和干密度略有减小。

杨成松等[118]在补水开放系统中进行的冻融循环实验中发现干重度较大的土体经过冻融循环后密度降低，结构松散，对干重度较小的土样则有相反规律，但是经过多次循环后土体将达到动态平衡，干重度不受冻融循环次数影响。

冻融循环作用对土体力学性能的影响与土体性质、排水条件和加载路径有关。有相关研究结果表明冻融循环作用将导致土体产生微裂隙和大孔隙，破坏土体自然结构的胶结作用，从而影响土体的力学性质[119]。对于较松散的土体和细颗粒土而言，冻融循环后土体强度都将减小[120]。

Graham 等[121]通过原状黏土冻融循环后的一维压缩试验中发现 5 次循环后土体结构受到严重损害，且冻融循环后的重塑土压缩曲线与原状土大致重合。Leroueil 等[122]在对超固结黏土冻融循环后的三轴压缩不排水实验中发现剪应力峰值明显降低甚至不存在峰值点。

王伟等[123]对杭州原状黏土进行不排水三轴试验，结果表明冻融循环将影响软土的应力-应变性质，在未经历冻融循环和循环次数较少时，其应力-应变表现为软化特性；但是随冻融循环次数的增加，软化特性将逐渐减弱，验证了 Leroueil[124]的结论。

王天亮[125]对冻融循环作用下水泥土的动静力性质进行试验研究，指出随着冻融作用次数的增多，其应力-应变曲线的峰值和初始刚度逐渐减小。但是在 3 次冻融循环后，应力-应变曲线将趋于稳定，峰值基本重合，证明多次冻融循环作用后水泥土内部结构趋于动态平衡状态。对于单次冻融土，冻结温度越低，应力-应变峰值越小，初始刚度也越小。

在对冻融循环后土体弹性模量变化规律的研究中，Lee[126]对冻融循环后黏性土弹性模量进行无侧限压缩试验，确定了冻融循环后弹性模量会发生一定衰减，并且提出了计算弹性模量衰减的经验计算公式。Simonsen 等[127]指出冻融循环后土体弹性模量衰减的程度与土体性质有关，细颗粒含量越多，其降低的幅度将越大。

王静等[91]对重塑土进行 0～7 次冻融循环后弹性模量的测试，指出冻融循环作用将使弹性模量发生衰减，并且衰减趋势将在 6～7 次左右趋于稳定。考虑冻融循环周期、塑性指数和围压的影响，建立了冻融土弹性模量的多元非线性模型。

冻融循环后土体强度参数的研究对设计工作有重要指导意义，为此，齐吉琳等[128]对天津粉质黏土和兰州黄土分别进行冻融循环后力学性质的试验研究，指出冻融循环过程将会改变土体颗粒的排列和联结，致使两种土黏聚力降低，内摩擦角增大。

杨平等[117]通过试验提出原状黏土经过冻融循环后灵敏度减小，无侧限抗压强度仅为冻融前原状土的 1/3～1/2。Liu 等[129]针对季节性寒区边坡易发生冻融失稳现象开展室内冻融循环后土体性质变化的试验，结果表明冻融循环后土体黏聚力降低，且最大损失发生在前两次冻融循环。

李洪峰[130]在粉质黏土强度指标的室内试验研究中也证实了土体黏聚力经冻融循环后损失较多，且相同压实度下，含水率的增高将使粘聚力的损失增加。基于试验数据，建立了相同压实度下粉质黏土黏聚力、内摩擦角、含水率与冻融循环次数之间的回归方程。

于琳琳[131]在研究中也证实了粘聚力随冻融循环次数的增加而减小，内摩擦角则具有相反的变化规律。但是当冻融循环次数达到5～7次时，二者均趋于稳定，同时指出融化温度对抗剪性能的影响较小。

王效宾等[132]分析了含水率、干密度、冻结温度和融化温度对融土压缩性能和强度的影响，结果表明封闭式冻结条件下，冻融循环将使土体压缩系数增大，且冻结温度越低，压缩性变化越大。对于松散的低密度土体而言，经过冻融循环后其压缩性减小；对密实的高密度土体则有相反规律。含水率较低时，冻融作用对土体压缩性的影响较大；而含水率较大时则相反。

王静等[133]还对动弹性模量进行了试验测试，结果表明随塑性指数的增加，季冻区压实路基土的动弹性模量有增加的趋势；并且随冻融循环次数的增加而发生减小的趋势，但在6～7次冻融循环后将趋于稳定，冻融循环作用对动弹性模量的弱化作用与静力情况下具有相似规律[91]。

1.4.2 冻融土体微观结构研究

对土体微观结构的研究可以从本质认知土体的工程性质，为解释土体的宏观特性提供依据。针对粘性土的研究主要从宏观、细观和微观等三方面进行：(1) 宏观结构：肉眼可见的自然土体或原状土结构；(2) 细观结构：采用偏光显微镜观察薄片、光片的结构特征，结构单元约0.05～2mm，是砂、粉粒组、原生矿物颗粒及粘粒的集聚体；(3) 微观结构：采用现代技术手段如电子显微镜观察土体结构，结构单元小于0.005mm，主要由单粒、团聚体、叠聚体和孔隙等组成[134]。实际上，土体的微观结构状态是一个动态的开放系统，在不同的工况下系统的性质将发生变化，是由一系列结构要素（x_i）和时间t构成的函数：$S \sim f(x_1, x_2, x_3, x_4, t)$。其中$x_1$，$x_2$，$x_3$，$x_4$分别代表了颗粒形态，颗粒排列形式、孔隙性和颗粒接触关系四项结构要素[135]。

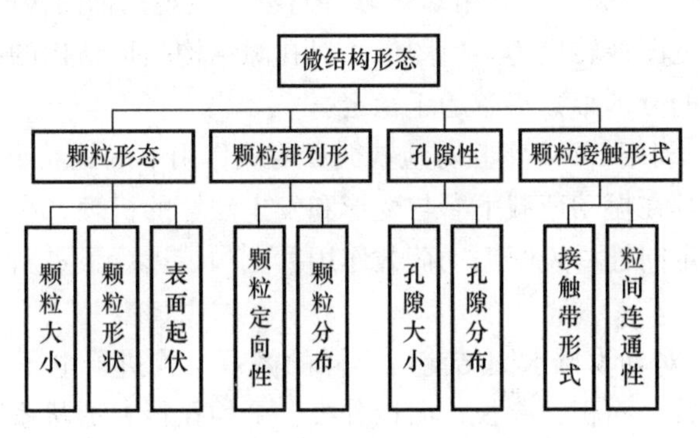

图1-4 土体微观结构形态系统概念模型[135]

1925年土力学之父Terzaghi首次提出利用土体微观结构的概念评价其强度和变形特性，随后Goldscchmidt（1926）和Casagrande（1932）在其基础上进一步发展了Terzaghi的结构模式，提出基质黏土和键合黏土的概念。W. L. Kubiena提出“微观土壤学”为微观结构理论的形成和发展奠定了重要基础[136]。

20世纪50～60年代，偏光显微镜、光学显微镜和X射线衍射等现代技术手段层出不穷，作为微观结构研究的技术支撑，使黏土微观结构的研究日渐盛行。Collins等[137]基于单颗粒几何排列角度，采用卡片结构解释天然沉积土的结构，Mitchell提出了土体结构的概念，即组构和粒间的胶结作用[138]。以上研究从定性分析的角度上解释了黏土的一些宏观性质，也使得定量分析土体结构性质得到了重视。

70年代以来，电子计算机技术的提升和扫描电镜的出现为黏土微观结构定量分析提供了技术支撑。Sridharan等对单轴压缩试验中土样孔隙分布规律变化进行了研究，指出随着荷载的增大，孔隙面积逐渐减小且趋于均匀化，但是孔隙数量将增多[139]。

我国对土体微观结构的研究工作起步较晚，但是基于现代技术的便利也取得了很多成果。丁智等[140]进一步分析冻融黏土的微观结构，并测定了冻融土颗粒和孔隙形态。在微观制样方面，李生林和吴义祥提出了冷冻真空升华干燥法，采用此技术制样可以较客观地反映试样的微观结构，填补了我国微观结构制样技术的空白[141]。龚士良[142]从黏土颗粒及集合体成分、孔径分布等方面分析固结前后土体变形和地面沉降。

分形理论自诞生以来，已在岩土力学诸多方面取得重大进展。Voss等[143]指出砂土颗粒等效周长和面积之间存在下列关系：$\log(\text{Perimeter})=D/2\times\log(\text{Area})+C$，其中$D$即为砂土颗粒形态的分形维数，可以定量描述图形的复杂程度。因此在微观结构定量分析中，可以采用分形维数表述颗粒的投影轮廓线的凹凸形态，进而分析颗粒的形状。

王宝军等[144]主要介绍了利用GIS软件对黏土微观扫描图像的数据提取技术，讨论了阈值（灰度图像转换为二值图像）对孔隙结构扫描结构的影响，指出阈值越大，计算得到的分形维数将越趋于稳定。

唐益群等[145]利用SEM实验对地铁循环荷载作用下的软黏土微观结构的变化进行分析，解释其在振动荷载下参与变形和发生破坏的机理。指出加载后土颗粒更为破碎，具有定向性，说明振动荷载作用后土颗粒进行了重新排布，并引起宏观变形的发生。

孟庆山等[146]对动力排水固结前后土样的微观结构进行电子显微镜对比扫描分析，从孔隙个数、面积、周长、面积分级、平均孔径、形状系数、圆度、分形维数和各向异性率这些参数中分析动力排水固结对土体微观结构的变化，结果表明动力排水后孔隙数目增加，单个孔隙的尺寸减小。在受夯击方向断面孔隙总面积减小，孔隙变得圆滑，孔隙不规则，各向异性率较高，分形维数有减小趋势。

唐朝生等[147]对SEM电镜扫描试验中阈值、分析区域大小、放大倍数等因素对微观结构定量分析的影响进行研究，指出阈值对土体孔隙结构的定量分析具有较大影响，选取较小阈值（60～100）时的孔隙结构更接近真实状态。当研究土颗粒形态特征时，宜选取相对较大的阈值（150～220），此时得到分形维数较稳定。

曹洋等[148]利用扫描电镜和PCAS微观定量测试试验，基于分形理论研究波浪循环荷载作用下的饱和软土的微观结构，考虑了循环应力比和加载频率两个影响因素。指出循环应力比越大，土体中微小孔隙的比例有所提高，孔隙的分形维数增加，结构复杂程度增加，表明此时土体孔隙和颗粒的破碎程度越大，宏观表现为试样将在较少循环次数下发生破坏。

对常温土微观结构的定性定量分析已取得了较多成果，但是对冻融土的微观结构研究尚处于起步阶段。唐益群等[149]对上海复兴东路越江隧道江底旁通道人工冻结法施工中原状土经过冻融循环作用后的动力特性及微观结构变化进行试验研究，根据室内动三轴试验数据提出冻融前后的动应力-动应变关系式，结合电镜扫描试验分析土体冻融前后的微观结构变化。冻融土的最大动应力衰减随着频率的增加而加剧，从微观角度解释是因为土体冻结过程中孔隙水冻结成冰，体积膨胀，破坏土颗粒之间的胶结作用。而因为膨胀作用产生的破坏孔隙又将被周围尚未冻结的水充填（水分迁移），进而造成新的结构破坏。土体融化过程中，冻结的并将融化，导致土体中产生众多细小裂纹，在循环动荷载作用下，微小裂纹处（结构局部削弱区）会形成应力集中现象，随着动荷载的持续作用将会造成裂纹的扩展直至土体发生破坏。

齐吉琳等[150]对天津粉质黏土和兰州黄土分别进行冻融循环后力学性质的试验和微观试验研究，微观试验主要分析了土体孔隙分布曲线，指出冻融循环过程中土体颗粒结构形态和颗粒之间的联结方式将发生改变，前者对内摩擦角有影响，后者对粘聚力也有较大影响。冻融循环作用后，土体中大孔隙所占比例有所减小，宏观中表现为土颗粒间有更多的接触，进而导致内摩擦角增大。冻融过程也会破坏土颗粒之间的联结作用，表现为宏观粘聚力的减小。

洪军[136]在对上海第四层淤泥质黏土冻融循环微观结构的研究中指出冻融土的面孔隙度、孔隙比和孔径随冻结负温的降低而增大，孔隙比的增加在宏观体现为强度的降低。

穆彦虎等[151]结合电镜扫描和宏观物理性质试验研究冻融循环作用对压实黄土结构性的影响，微观试验结果表明冻融循环过程中土体孔隙中冰晶的生长使土颗粒受到挤压，引起土颗粒的团聚性增大，孔隙体积增加。并且土骨架颗粒连接方式出现点接触，影响黄土的湿陷性。宏观物理性质的测试与微观定量分析结果一致表明了冻融循环作用对压实黄土的结构会带来较大程度的弱化作用。

王静[152]指出冻融循环过程中，冰晶的生长将在土体内部产生楔形力，应力不断累积直至超过颗粒间粘结力时，颗粒间联结受到破坏，颗粒结构重新分布，致使土体的微孔隙减小，促进孔隙间的贯通重组，孔隙排列向均匀化发展，平均分形维数和圆形度呈上升趋势。微观结构的变化将导致颗粒间摩擦力和咬合力降低，进而引起刚度和强度的弱化。

1.5 现有研究存在的问题

通过分析以上综述可以看出，以往对地铁运行引起的地表长期沉降的研究以及循环荷载作用下软土动力特性研究取得了很多成果，但上述成果用于评估地铁等交通荷载运行对地铁长期沉降影响时存在以下问题：

(1) 目前列车荷载作用下，土中应力的解答主要通过描述土单元的应力路径变化，而研究成果都是基于路面移动荷载或高速列车荷载的情况下得到的解答，而对于埋置一定深度的地铁列车运行引起的应力状态变化，目前并没有解答，有待于进一步研究；且关于粘弹性地基的地铁列车荷载下动应力特征还未见相关文章。

(2) 已有研究对软土区隧道不均匀沉降下地铁振动的研究很少，因此对于沉降变形与地铁振动相互影响的规律还不是很明确，且关于此工况下的不同型式钢轨的振动实测及对比研究也较为缺乏。

(3) 考虑室内试验研究对单一变量控制的严格性，以往基于原状土的研究可能存在由于土质均匀性而带来的不可忽视的误差；而目前已有的重塑土制备方法中，击实法和加压固结法在土样均匀性方面仍无法获得更理想的效果。

(4) 动荷载种类繁多，而实际工程中不同类型激励下所产生的动荷载也有所区别，如地铁列车荷载和地震荷载；在以往的试验研究中大多没有明确荷载的选取依据，更是少有针对地铁循环荷载的研究，大多数研究者力图简便常常以正弦波和三角形波作为试验荷载而不去区分具体工况。

(5) 以往研究中的土体类型绝大多数是正常固结土或者超固结土，在试验研究软土动力特性时，为了简化工况大多数研究者将软土振动过程设置为不排水；对于地铁列车荷载之类的长期荷载来说地基土在动荷载下处于部分排水状态，若将其视为不排水将会产生很大的误差；循环孔压在试验的过程中存在孔压测试滞后的问题，以往的研究中没有涉及对孔压滞后的修正。

(6) 对于循环应力作用下冻融软土的动力特性的研究还很缺乏，现有相关研究主要集中在人工冻融土领域，研究其在多次冻融循环作用（≥10次）后物理力学指标的变化，在研究冻结法施工后地基土在循环荷载作用下的动力特性分析时具有一定局限性。

(7) 以往冻融土微观结构的研究多为定性分析，定量分析较少，少有对软土冻融前后和加载前后微观结构的系统分析，以及将微观结构参数与宏观动力特征参数进行相关性分析。

(8) 虽然国内外对盾构的工后固结沉降做了一定的研究，但是并没有给出工后固结这段时间内的孔压变化规律，且缺乏实测数据。在研究不同固结度下列车运行引起的土中应力、孔压的变化以及环境振动时，有必要对固结过程中孔压变化规律做一个研究，并将其应用到工后沉降计算中。

1.6 本书主要研究内容

根据以上国内外研究现状及存在的不足，本书展开了以下工作：

(1) 分别以单个轮载和移动列车荷载为例，采用弹性解的方法分析了地铁列车运行情况下地基土动应力状态的变化与主应力轴旋转；对不同形式的动力荷载进行比较，从中寻找出最能反映列车真实性质的荷载形式；并将列车移动荷载简化为单个轮轴荷载，以荷载与考察点间的水平距离变化模拟荷载移动情况，研究了地铁运营引起的粘弹性均质地基中的动应力状态、应力路径变化及主应力轴旋转，将计算分析得出的粘弹性解与相应弹性解下的各动应力特征进行对比分析。

(2) 对杭州市某地铁隧道的整体式轨道和钢弹簧浮置板轨道两个断面进行沉降变形和钢轨振动监测，构建车体轨道振动耦合模型计算以验证振动测试结果的可靠性；并比较不同轨道形式下的振动差异，研究轨道振动与隧道沉降变形的相互影响。

(3) 根据真空预压固结原理研制新型多联通道重塑土真空预压设备，为室内动三轴试验的开展提供技术支撑；并根据微观结构的扫描实验，论证所制备重塑土的均匀性；归纳总结近年来室内动三轴试验研究软黏土动力特性的加荷条件，在已有研究的基础上采用室内动三轴仪对土单元体加载不同的波形模拟列车荷载，根据与实测振动波形的对比，得到用室内试验模拟交通荷载时的最佳波形。

(4) 对不同初始固结度、固结应力影响下的软黏土动力性质进行研究，改变振动过程中的排水条件，分别研究不排水与排水振动下的软土动力特性；在现有研究成果的基础上建立考虑初始固结程度的动力模型，在模型中考虑试验过程的孔压测试滞后；试验设计中考虑到实际工况，对排水与不排水条件进行对比，旨在得到更切合现实条件的动力模型。

(5) 对于人工冻融软土，针对不同冻结温度、冻融循环次数和融土初始固结度影响下的冻融土进行动力特性测试，研究孔压、刚度、应变随加载次数发展的规律；参考已有的研究成果，建立考虑冻结温度、冻融循环次数和初始固结程度的动力模型，旨在为冻结法施工的工后沉降控制提供理论依据。

（6）分别对冻融前、后和冻融土加载前、后土样进行微观结构的扫描，分析其孔隙分布、孔径大小和分形维数等参数的变化规律，将微观结构参数与宏观动力特性指标进行相关性分析，从微观角度解释冻融土宏观动力特性的变化规律。

（7）对不同固结度下列车运行引起的地基土动力响应进行了三维有限元分析，并且通过逐步加载的方法得到了列车运行情况下不同固结度土中孔压变化规律，将长期沉降分为两部分进行研究，即不排水累积塑性变形引起的沉降和累积孔压消散引起的沉降；预测了杭州地铁不同初始固结度下列车运行引起的长期沉降，并进一步介绍了一种控制地铁长期变形的微扰动注浆技术。

第 2 章　地铁运营引起的地基土应力及实测分析

2.1　引言

随着城市地下空间的发展，地铁正逐渐成为各大城市的主干交通。但地铁运营引起的地基沉降问题也越来越突出，上海地铁一号线建成后未通车的 2 年 3 个月内基本没有沉降，但在 1995～1999 年 4 年运营期间，人民广场站-新闸路站区间隧道最大累计沉降量超过 145mm；黄陂南路站-人民广场站区间隧道差异沉降量近 90mm，已经远远超过了《地铁隧道保护条例》（1992）所规定的 20mm 总位移量的标准[153]。引起地铁隧道沉降的因素较多，如土体的固结、蠕变或长期交通荷载作用下的振陷，以及地下水位的变化。其中地铁列车移动荷载引起的土体单元应力变化具有重要的影响。

轨道交通荷载作用下地基中土单元的应力路径以及主应力轴旋转比较特殊，与传统的地震、机械振动、波浪荷载等动荷载引起的土单元应力路径和主应力旋转有所不同。机械振动一般可以简化为简谐荷载，地震和波浪荷载可以简化来回循环荷载，但是不能同时反映出主应力轴连续旋转以及主应力的差连续变化[154-155]。目前针对轨道交通引起的地基中土单元的应力状态变化的方法主要有数值分析法[32,156]、理论解析法[156-160]和室内试验方法[51,161-163]等，比较典型的是 Ishihara 等提出的静力解析法和王常晶等提出的动力解析法。

Ishihara[158]利用静力 Boussinesq 解模拟地面轨道交通得到土单元的应力，用荷载距考察点的距离变化来模拟荷载的移动，得到了考察点的应力路径。这种方法很好地反映了轮轴荷载引起土单元主应力轴旋转的性质，也便于计算分析，但这种方法无法考虑高速列车移动对地基土应力状态的影响。王常晶等[159-160]利用移动荷载作用下地基的动应力解答，分析了荷载移动正下方和移动线外土单元的应力状态变化及主应力旋转，考虑了荷载速度对应力路径的影响。其研究结果表明，当荷载速度接近地基内部剪切波速时，动应力峰值急剧增大，当荷载速度低于地基内部剪切波速时，动力解大小与静力解相似，静力方法可以适用。

大多数文献都基于高铁或路面交通，关于一定埋置深度的地铁列车运营引起的地基应力状态变化及主应力轴旋转的研究还未见报道。理论和实测均表明当列车荷载速度与地基土剪切波速的比值不超过 0.4 时，荷载移动速度时的水平剪应力和应力分量差曲线形状和大小均与静力解相近，如图 2-1 所示；超过 0.5～0.6

时，动力响应明显增大，此时必须采用动力法分析[158,164-165]。我国地铁列车运营最大速度一般为 80km/h 左右，地基内剪切波速为 260km/h 左右，列车荷载速度远低于地基内部剪切波速，其比值为 0.308，小于 0.4，因此静力方法可以适用与研究地铁列车运营引起的地基土体应力特征分析。

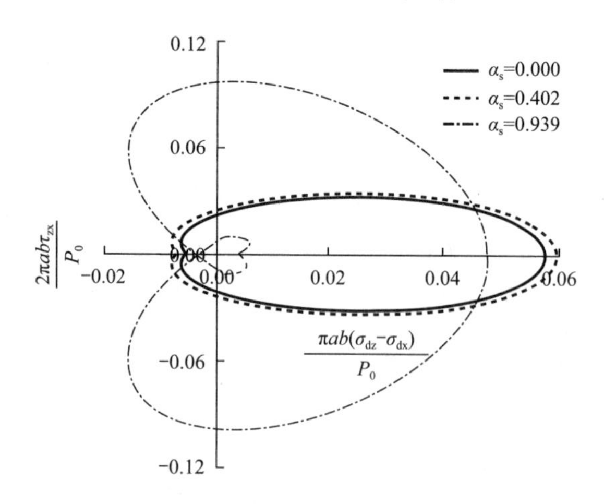

图 2-1　不同列车荷载移动速度时的水平剪应力和应力分量差的关系

（α_s 为列车速度与地基土剪切波速之比）[159]

地铁运行引起土体单元应力路径及主应力轴旋转本质上是由于地铁运行作用在轨道及地基土上的力[166]。文献［167］认为列车产生的地基土振动主要是低频振动（0～20Hz），低频部分主要是由移动荷载引起的地基土响应；高频响应主要由道床不均匀、轨道不平顺和车体自身振动等所引起的，但这些高频部分在轨道外部地基内很快就衰减得很小。因此本文对地铁列车作用力进行简化，将该力视为沿前进方向以一定速度运动的周期性集中力，并将集中作用力施加在地基土上。以弹性半空间 Mindlin 解[168]为基础，用荷载距考察点的距离变化来模拟荷载的移动，以单个轮轴荷载和列车移动荷载为研究对象，分析了地铁列车运营引起的地基动应力状态变化及主应力轴旋转。

2.2　地铁运营引起的应力状态变化弹性解

2.2.1　弹性半空间内的 Mindlin 解

假定土体是各向同性弹性半无限体，在地面以下 c 深度处作用一竖向集中力 P，如图 2-2 所示。

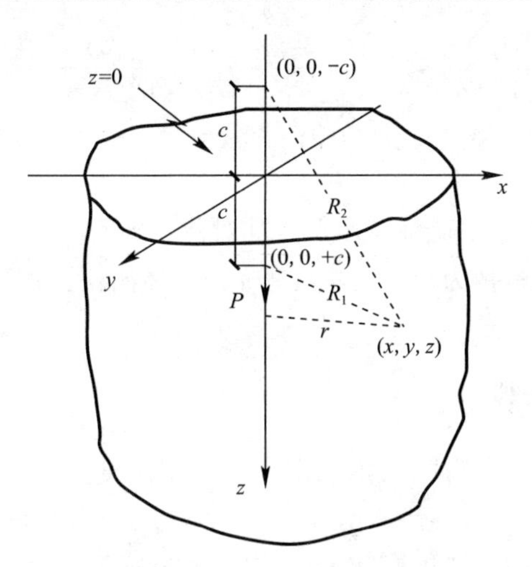

图 2-2 Mindlin 竖向集中力作用示意图

Mindlin（1936）[168]推导出土体中任一点（x，y，z）处的附加应力分量为：

$$\sigma_x = f_1(P,H) = \frac{P}{8\pi(1-\mu)} \cdot \left[\frac{(1-2\mu)(z-c)}{R_1^3} - \frac{3x^2(z-c)}{R_1^5} + \frac{(1-2\mu)[3(z-c)-4\mu(z+c)]}{R_2^3} - \frac{3(3-4\mu)x^2(z-c)-6c(z+c)[(1-2\mu)z-2\mu c]}{R_2^5} - \frac{30cx^2z(z+c)}{R_2^7} - \frac{4(1-\mu)(1-2\mu)}{R_2(R_2+z+c)}\left(1-\frac{x^2}{R_2(R_2+z+c)}-\frac{x^2}{R_2^2}\right)\right] \tag{2-1}$$

$$\sigma_y = f_2(P,H) = \frac{P}{8\pi(1-\mu)} \cdot \left[\frac{(1-2\mu)(z-c)}{R_1^3} - \frac{3y^2(z-c)}{R_1^5} + \frac{(1-2\mu)[3(z-c)-4\mu(z+c)]}{R_2^3} - \frac{3(3-4\mu)y^2(z-c)-6c(z+c)[(1-2\mu)z-2\mu c]}{R_2^5} - \frac{30cx^2z(z+c)}{R_2^7} - \frac{4(1-\mu)(1-2\mu)}{R_2(R_2+z+c)}\left(1-\frac{y^2}{R_2(R_2+z+c)}-\frac{y^2}{R_2^2}\right)\right] \tag{2-2}$$

$$\sigma_z = f_3(P,H) = \frac{P}{8\pi(1-\mu)} \cdot \left[-\frac{(1-2\mu)(z-c)}{R_1^3} + \frac{(1-2\mu)(z-c)}{R_2^3} - \frac{3(z-c)^3}{R_1^5} - \frac{3(3-4\mu)z(z+c)^2-3c(z+c)(5z-c)}{R_2^5} - \frac{30cz(z+c)^3}{R_2^7}\right. \tag{2-3}$$

$$\tau_{xz}=\frac{Px}{8\pi(1-\mu)}\cdot\left[-\frac{(1-2\mu)}{R_1^3}+\frac{(1-2\mu)}{R_2^3}-\frac{3(z-c)^2}{R_1^5}\right.$$
$$\left.-\frac{3(3-4\mu)z(z+c)-3c(3z+c)}{R_2^3}-\frac{30cz(z+c)^2}{R_2^7}\right] \tag{2-4}$$

式中　R_1、R_2 分别为集中荷载作用点及其对称点到所求应力点之间的距离；c 为集中荷载作用点埋深；P 为水平力集度；μ 为土体泊松比；(x，y，z) 为待求应力点的整体坐标。

2.2.2　单个移动荷载

如图 2-3 所示，土为均质土，地铁荷载作用深度为 $z=10$m，计算土单元位于隧道正下方 3m（$x=0$，$y=0$m，$z=13$m），地铁列车荷载简化为单个轮载，不考虑隧道的轨道及衬砌刚度影响。地铁列车以 $v_0$15m/s=54km/h 的速度运行，用荷载与计算土单元的水平距离变化来模拟荷载的移动，列车与计算土单元的水平距离为 $x=-30$m 时，即 $t=-2$s 时刻开始研究计算土单元的应力状态变化，直到 $t=2$s 列车离开计算土单元水平距离 $x=30$m。

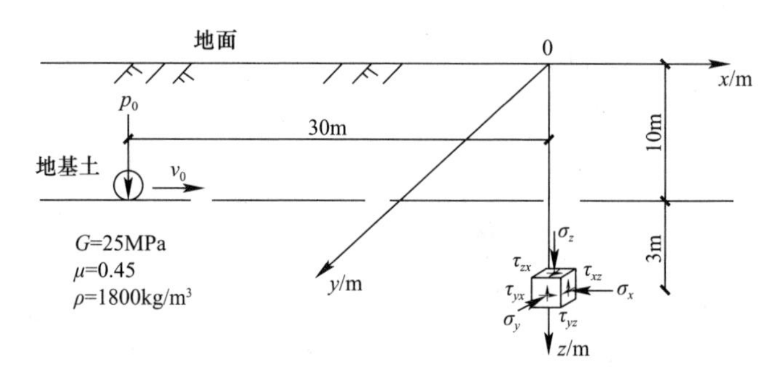

图 2-3　单个轮载移动引起的土单元应力状态分析示意图

运用弹性半空间内的任意一点 $M(x, y, z)$ 的 Mindlin 解，在荷载移动线正下方即 $y=0$ 平面上的土单元，其剪应力 $\tau_{xy}=0$，$\tau_{yz}=0$，所以 y 方向的动应力即为主动应力 σ_y，其值很小且始终为中主应力 σ_2，可以不考虑影响。现在仅对 $x-z$ 平面上的应力状态和主应力轴变化进行研究。由图 2-4 可以看出，正应力 σ_x 与 σ_z 的图形是关于 $x=0$ 对称的，剪应力 τ_{xz} 的图形关于 $x=0$ 反对称。当荷载移动接近计算土单元正上方时，土单元应力变化较大，并且 σ_z 接近 1.3kPa 远大于其他两个动应力。而在荷载离计算土单元较远时，三个应力分量大小相近。

图 2-5（a）是用水平剪应力和应力分量差表示的荷载移动过程中计算土单元应力路径变化，曲线上任意一点的矢量模量为：

$$r=\sqrt{\left(\frac{\sigma_z-\sigma_x}{2}\right)^2+\tau_{xz}^2} \tag{2-5}$$

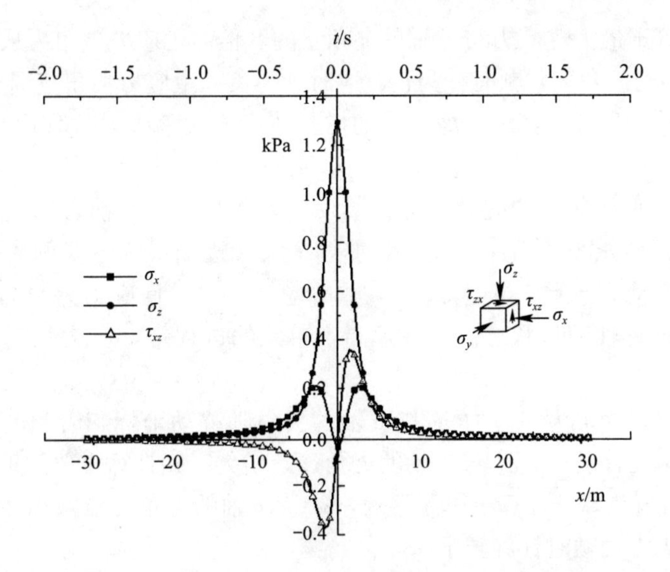

图 2-4 计算土单元动应力随时间和荷载的变化

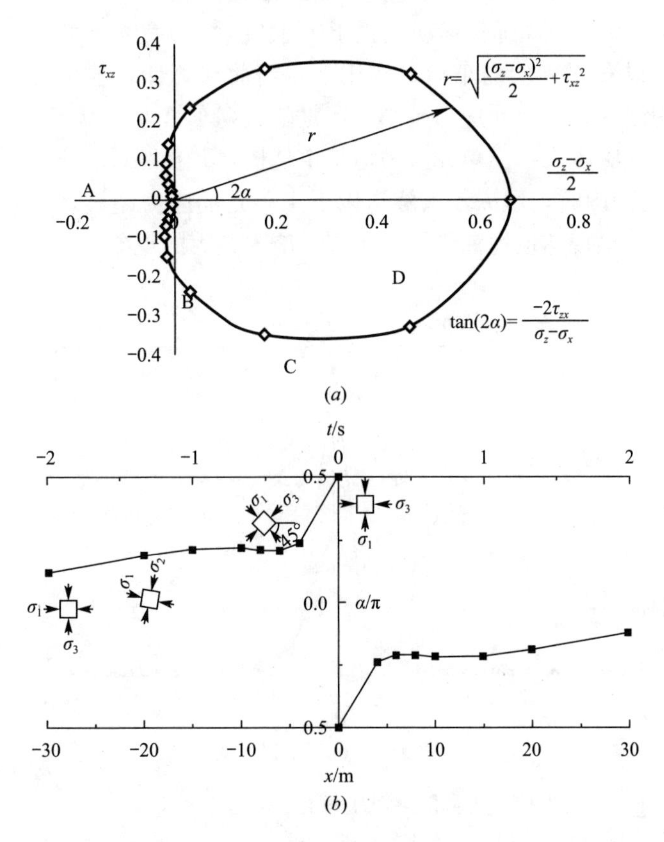

图 2-5 荷载移动线正下方土单元应力路径及主应力轴旋转

(a) 应力路径；(b) 主应力轴旋转

矢量角等于最大主应力与 x 轴的夹角 α 的 2 倍。主应力夹角为从 x 轴到主应力轴旋转所转过的角度，顺时针为正，逆时针为负，主应力夹角范围 $-\pi/2\sim\pi/2$。当轮载向土单元移动时，水平剪应力的增长速度要大于应力差分量的增长速度。到达 B 点时，此时应力差分量为 0，土单元处于单剪状态。当荷载继续向土单元移动时，水平剪应力和应力差分量继续增大，在 C 点时前者达到最大。随后水平剪应力开始减小，而应力差分量继续增大，逐渐成为主要的应力分量。在 D 点，荷载移动到土单元正上方，水平剪应力为 0，且应力差分量达到最大，土单元处于纯三轴剪切状态。荷载远离土单元的过程中，应力状态与上述过程相反。

图 2-5（b）为最大主应力 σ_1 与 x 轴的夹角随移动坐标和时间的变化。当荷载向计算土单元移动时，σ_1 与 x 轴的夹角逐渐增大，到计算土单元正上方时夹角为 $\pi/2$，此后荷载离开计算土单元移动，σ_1 与 x 轴的夹角逐渐减小并且为负。整个过程中主应力轴顺时针旋转了 180°。

图 2-6（a）和图 2-6（b）是用本文方法得到荷载作用深度分别为 $z_1=9$m，$z_2=10$m，$z_3=11$m 时，荷载移动线正下方土单元（$y=0$，$x=0$，$z=13$）应力变化情况。可以发现移动列车荷载作用下：当荷载离计算土单元水平距离较远时，隧道深埋越深，土单元应力越小，但是随着列车靠近土单元，土单元应力不断增长，隧道埋深越大，土单元应力增长也越快，并在距计算土单元水平距离 $-2\text{m}<x<2\text{m}$ 范围内时，埋深较大隧道以下土单元的应力超过埋深较小隧道以下的土单元应力，呈现隧道埋深越大，土单元应力越大的现象。

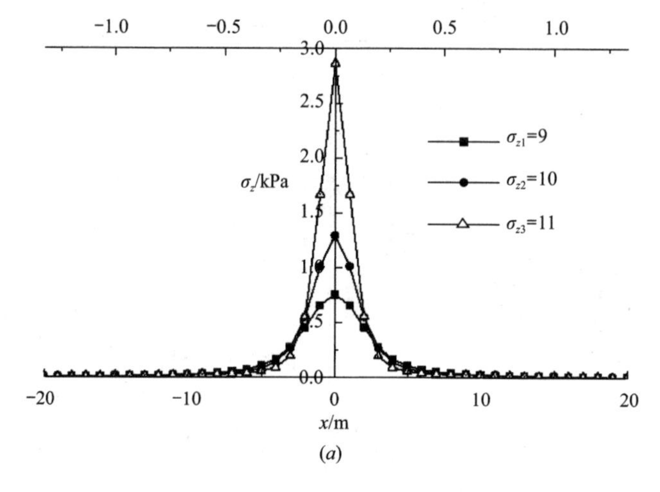

图 2-6　不同隧道埋深下土单元应力状态（一）

（a）不同埋深下 σ_z 对比

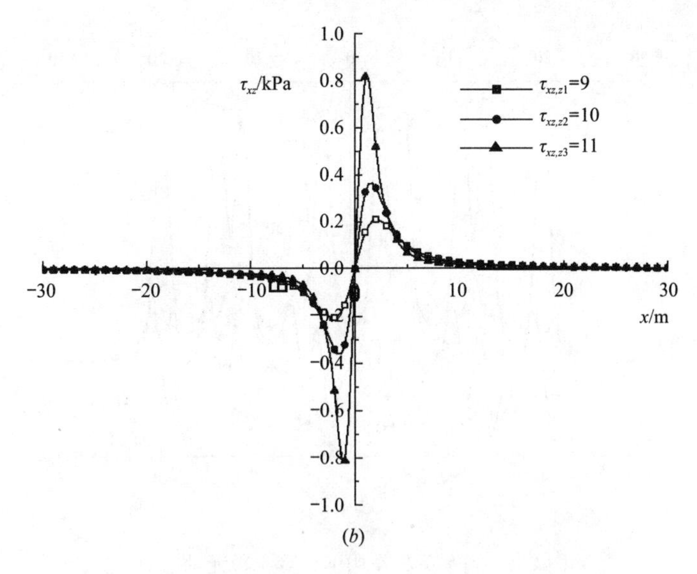

图 2-6 不同隧道埋深下土单元应力状态（二）

（b）不同埋深下 τ_{xz} 对比

2.2.3 列车移动荷载

在研究单个轮载引起地基应力状态变化及主应力轴旋转的基础上，通过相同的方法，分析列车移动过程中地基土应力状态变化。取地铁列车荷载作用深度 z=10m，计算土单元位于隧道正下方 3m（x=0m，y=0m，z=13m）。列车模型如图 2-7，一节车厢共有 4 对轮子，相邻轮子之间的距离分别为 2.5m 和 15m，相邻车厢间轮子间最近距离为 5m。列车取 5 节车厢，总长 120m，每节车厢重 20t。

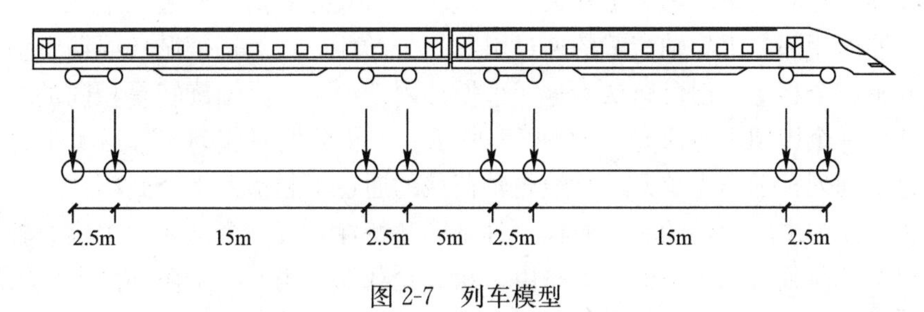

图 2-7 列车模型

考虑地铁列车运营时速度 v_0=15m/s，列车荷载通过轮子作用在地基土上，列车车头与计算土单元的水平距离为 x=－30m 时，即 t=－6s 时刻开始研究计算土单元的应力状态变化，直到 t=6s 时刻列车车尾离开计算土单元水平距离 x=30m。因此在 t 时刻列车车头与计算土单元的水平距离为：

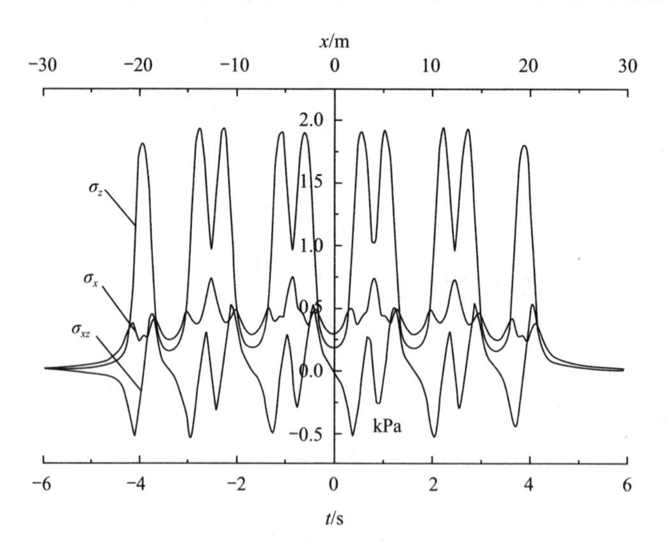

图 2-8　列车荷载作用下计算土单元动应力

$$x = v_0 \times (6 + t) - 30 \tag{2-6}$$

计算土单元的应力为各个轮载在该点产生应力的叠加。为了更好地反映列车运动的连续性，本文每隔 0.1s（列车移动 1.5m）计算一次土单元的应力。图 2-8 为计算土单元在列车移动荷载作用下动应力变化，可以看出在列车荷载作用下，土单元的动应力具有循环特性，从列车车头离计算土单元的水平距离 30m 开始，到车尾离开计算土单元的水平距离 30m 时，共产生 10 个循环，正好为车厢节数的两倍。根据计算土单元与列车的相对位置，可以将图 7 曲线分为Ⅰ、Ⅱ、Ⅲ三阶段。第 1 阶段对应列车从初始位置移动到第 1 节车厢的第 1 组轮轴荷载通过土单元，动应力的第 1 个循环是由第 1 组轮轴荷载通过引起的。第Ⅱ阶段包括 4 个循环周期，对应列车除第 1 组和最后 1 组轮轴荷载外的荷载通过土单元，每 2 节相邻车厢的相邻 2 组轮轴荷载的通过引起一个循环. 虽然每个循环周期中动应力数值并不完全相等，但可以认为这 4 个循环周期中主应力轴旋转是相同的，只需要对其中一个周期进行研究，如图 2-9 所示。第Ⅲ阶段对应列车最后 1 组轮轴荷载通过直到列车远离土单元，这组轮轴荷载的通过引起最后 1 个循环。

土单元中主应力轴的转动同样也具有循环特性，每一个循环中主应力轴的旋转与单个轮荷载情况下类似，但是由于相邻轮载的影响，一个循环内主应力轴并非单调递增或递减，而是具有来回震荡的特性。从图 2-9 中可以看出，在一列列车接近、通过、远离土单元的过程中，主应力轴旋转了 10 个 180°，在每旋转一个 180°的过程中，其变化规律与单个移动荷载作用下土单元主应力旋转的规律相似。

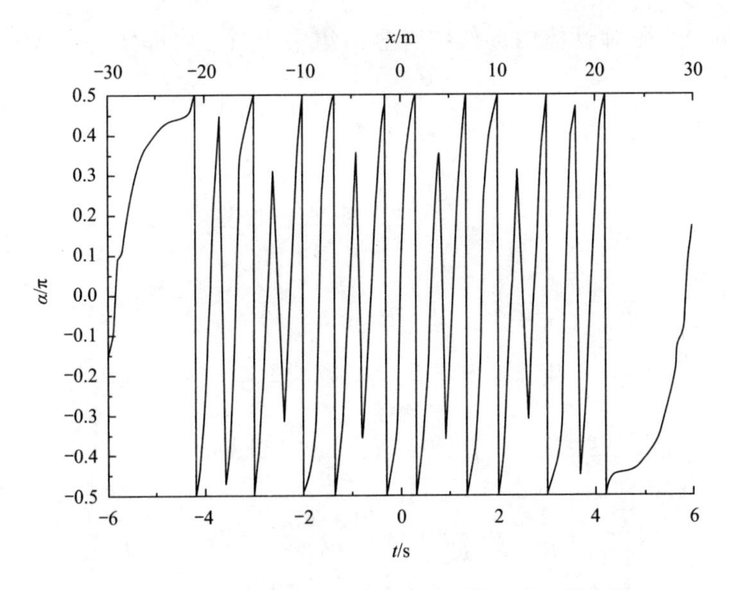

图 2-9 移动荷载作用下计算土单元的主应力轴旋转

2.3 地铁运营引起的应力状态变化粘弹性解

2.3.1 竖向力下半空间粘弹性体的应力解

由文献［169］，做出如下假定：地基土为空间半无限体，且是均匀各向同性、连续一致的线性粘弹性介质；土体在外部集中力作用下呈三维复杂应力状态，且应力球张量和应变球张量之间符合弹性关系；应力偏张量和应变偏张量之间符合 Kelvin 粘弹性本构方程。建立如图 2-10 所示模型。

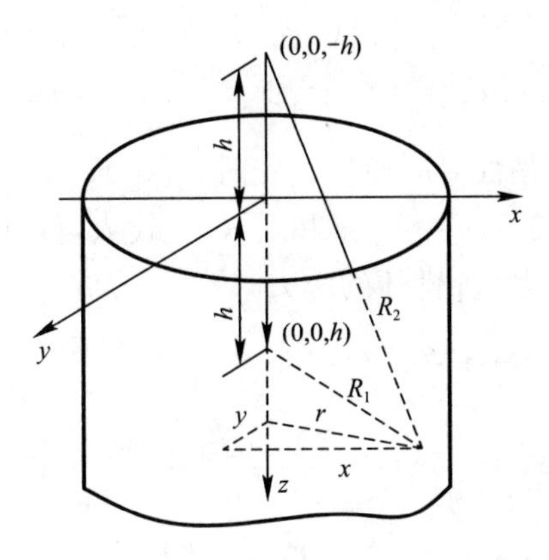

图 2-10 内部竖向集中力作用下的半无限体模型

Kelvin 半无限弹性体内部作用有竖向集中力时，内部任一点 $M(x, y, z)$ 的粘弹性解：

$$\sigma_x=\frac{P}{8\pi}\left\{-b_1\frac{(z-h)}{R_1^3}+b_2\frac{3x^2(z-h)}{R_1^5}-b_1\frac{3(z-h)}{R_2^3}+b_4\frac{4(z+h)}{R_2^3}\right.$$
$$+b_2\frac{30hx^2z(z+h)}{R_2^7}+b_3\frac{3x^2(z-h)}{R_2^5}-b_1\frac{6h(z+h)z}{R_2^5}+b_5\frac{12h^2(z+h)}{R_2^5}$$
$$\left.+b_6\left[\frac{4}{R_2(R_2+z+h)}\left(1-\frac{x^2}{R_2(R_2+z+h)}-\frac{x^2}{R_2^2}\right)\right]\right\} \tag{2-7}$$

$$\sigma_z=\frac{P}{8\pi}\left[b_1\frac{(z-h)}{R_1^3}+b_2\frac{3(z-h)^3}{R_1^5}-b_1\frac{(z-h)}{R_2^3}+b_2\frac{30hz(z+h)^3}{R_2^7}\right.$$
$$\left.+b_3\frac{3z(z+h)^2}{R_2^5}-b_2\frac{3h(z+h)(5z-h)}{R_2^5}\right] \tag{2-8}$$

$$\tau_{zx}=\frac{P}{8\pi}\left\{b_1\frac{1}{R_1^3}-b_2\frac{1}{R_2^3}+b_2\frac{3(z-h)^2}{R_1^5}+b_2\frac{30hz(z+h)^2}{R_2^7}\right.$$
$$\left.+b_3\frac{3z(z+h)}{R_2^5}-b_2\frac{3h(3z+h)}{R_2^5}\right\} \tag{2-9}$$

r 为集中力作用线到计算点的水平距离，

$$r=\sqrt{x^2+y^2};\quad R_1=\sqrt{r^2+(z-h)^2};\quad R_2=\sqrt{r^2+(z+h)^2}$$
$$b_1=(1-2\mu)/(1-\mu),\quad b_2=1/(1-\mu),$$
$$b_3=(3-4\mu)/(1-\mu),\quad b_4=\mu(1-2\mu)/(1-\mu),$$
$$b_5=\mu/(1-\mu),\quad b_6=1-2\mu \tag{2-10}$$

其中，μ 为土的泊松比（取 0.45）。

对式（4）取关于时间 t 的 Laplace 变换，可得式（2-11）：

$$b_1(s)=[1-2\mu(s)]/[1-\mu(s)],\quad b_2(s)=1/[1-\mu(s)],$$
$$b_3(s)=[3-4\mu(s)]/[1-\mu(s)],\quad b_4(s)=\mu(s)[1-2\mu(s)]/[1-\mu(s)],$$
$$b_5(s)=\mu(s)/[1-\mu(s)],\quad b_6(s)=1-2\mu(s) \tag{2-11}$$

根据准静态弹性-弹粘性对应原理，先对式（1）、（2）、（3）进行关于时间 t 的 Laplace 变换，并将式 $P(s)=P_0/s$ 和式（5）代入再进行关于时间 t 的 Laplace 逆变换，可得空间半无限粘弹性体的应力解答：

$$\sigma_x=\frac{P_0}{8\pi}\left\{\left[v_1(1-a_1(t))+\frac{3}{2}a_1(t)\right]\left[-\frac{(z-h)}{R_1^3}-\frac{3(z-h)}{R_2^3}+\frac{6h(z+h)z}{R_2^5}\right]\right.$$
$$+\left[v_2(1-a_1(t))+\frac{1}{2}a_1(t)\right]\left[\frac{3x^2(z-h)}{R_1^5}+\frac{30hx^2z(z+h)}{R_2^7}\right]$$
$$+\left[v_3(1-a_1(t))+\frac{7}{2}a_1(t)\right]\frac{3x^2(z-h)}{R_2^5}+[v_4-v_5a_2(t)+v_6a_1(t)]$$

$$\frac{4(z+h)}{R_2^3}+\left[v_7(1-a_1(t))-\frac{1}{2}a_1(t)\right]\frac{12h^2(z+h)}{R_2^5}$$

$$+\left[v_8(1-a_2(t))+3a_2(t)\right]\left[\frac{4}{R_2(R_2+z+h)}\left(1-\frac{x^2}{R_2(R_2+z+h)}-\frac{x^2}{R_2^2}\right)\right]\Bigg\} \tag{2-12}$$

$$\sigma_z=\frac{P_0}{8\pi}\Bigg\{\left[v_1(1-a_1(t))+\frac{3}{2}a_1(t)\right]\left[-\frac{(z-h)}{R_1^3}-\frac{(z-h)}{R_2^3}\right]$$

$$+\left[v_2(1-a_1(t))+\frac{3}{2}a_1(t)\right]\left[\frac{3(z-h)^3}{R_1^5}-\frac{3h(z+h)(5z-h)}{R_2^5}\right.$$

$$\left.+\frac{30hz(z+h)^2}{R_2^7}\right]+\left[v_3(1-a_1(t))+\frac{7}{2}a_1(t)\right]\frac{3z(z+h)^2}{R_2^5}\Bigg\} \tag{2-13}$$

$$\tau_{xz}=\frac{P}{8\pi}\Bigg\{\left[v_1(1-a_1(t))+\frac{3}{2}a_1(t)\right]\left[\frac{1}{R_1^3}-\frac{1}{R_2^3}\right]+\left[v_2(1-a_1(t))+\frac{1}{2}a_1(t)\right]$$

$$\left[\frac{3(z-h)^2}{R_1^5}+\frac{30hz(z+h)^2}{R_2^7}-\frac{3h(3z+h)}{R_2^5}\right]$$

$$+\left[v_3(1-a_1(t))+\frac{7}{2}a_1(t)\right]\frac{3z(z+h)}{R_2^5}\Bigg\} \tag{2-14}$$

式中，

$$v_1=\frac{6G_k}{3K+4G_k},\quad v_2=\frac{6K+2G_k}{3K+4G_k},\quad v_3=\frac{6K+14G_k}{3K+4G_k},$$

$$v_4=\frac{6G_k(3K-2G_k)}{3K+4G_k},\quad v_5=\frac{9K}{3K+G_k},$$

$$v_6=\frac{9K}{2(3K+4G_k)},\quad v_7=\frac{3K-2G_k}{3K+4G_k},\quad v_8=\frac{6G_k}{6K+2G_k},$$

$$v_9=\frac{6}{3K+4G_k},\quad v_{10}=\frac{3}{3K+3G_k},$$

$$a_1(t)=e^{-\frac{3K+4G_k}{4\eta_k}t},\quad a_2(t)=e^{-\frac{6K+2G_k}{2\eta_k}t},\quad a_3(t)=e^{-\frac{G_k}{\eta_k}t} \tag{2-15}$$

K 为体积弹性模量（2.3.2 节分析中取 20MPa），G_k 为剪切模量（取 3MPa）和 η_k 为粘滞系数（取 0.2GPa・d）。

2.3.2 地铁运营引起的土体应力状态变化

如图 2-11 所示，本文将地铁荷载简化为单个轮轴荷载。地铁列车荷载作用深度为 z=10m，计算土单元位于隧道正下方 3m（x=0，y=0m，z=13m），地铁列车以 v_0=22.2m/s（80km/h）的速度运行，以计算土单元与单轮荷载水平距离变化模拟地铁运行时荷载的移动，分析均质地基中的动应力状态变化。

列车与计算土单元的水平距离为 x=－30m（t=0）开始计算土单元的应力状态变化，直到列车离开计算土单元水平距离 x=30m（t=2.7s）。位于地铁列车移动荷载作用线正下方（即 $y=0$ 平面）的土单元，其剪应力 τ_{xy}、τ_{yz} 均为 0，故沿 y 轴方向，即垂直列车运行方向上的动应力即为主应力 σ_y，由于 σ_y 值很小且始终为中主应力 σ_2，可忽略其影响，现仅对 x-z 平面上的应力状态和主应力轴变化进行研究计算。

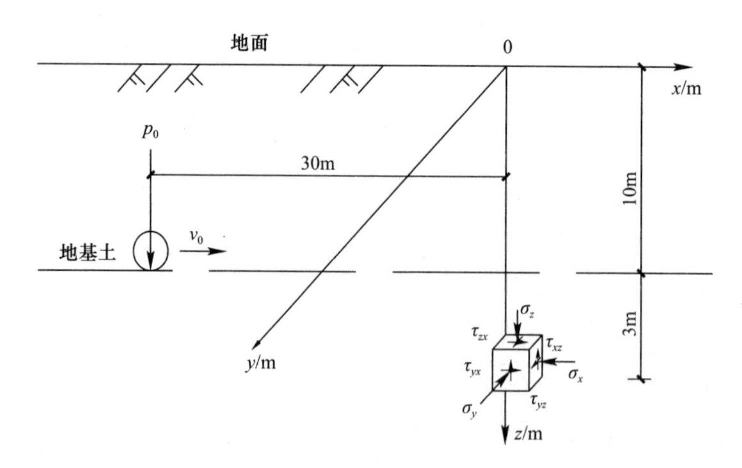

图 2-11　单个轮载移动引起的土单元应力状态分析示意图

由图 2-12 发现，粘弹性地基中的正应力 σ_x 与 σ_z 的随荷载移动变化的特征图像关于 $x=0$ 对称，且剪应力 τ_{xz} 的图形关于 $x=0$ 反对称。当荷载移动接近计算土单元正上方时，土单元应力变化较大，伴有峰值出现；而随着荷载远离计算土单元，三个应力分量大小逐渐接近并趋向于零。

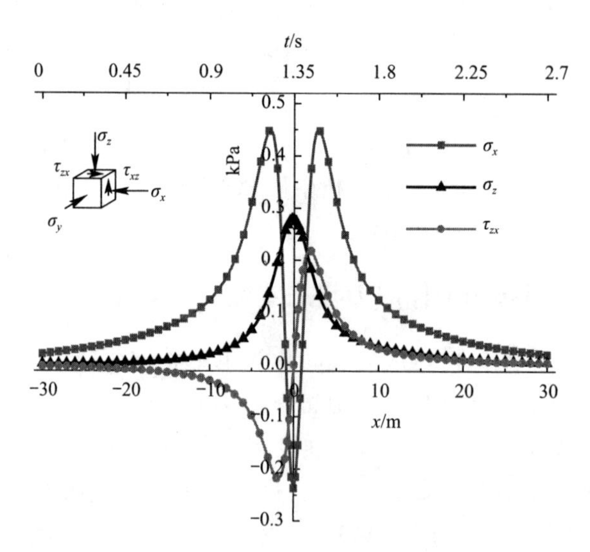

图 2-12　计算土单元动应力随时间和荷载的变化

图 2-13 给出了地铁列车荷载作用线正下方地基土中的各动应力弹性解与粘弹性解的变化特征，对比分析规律如下：

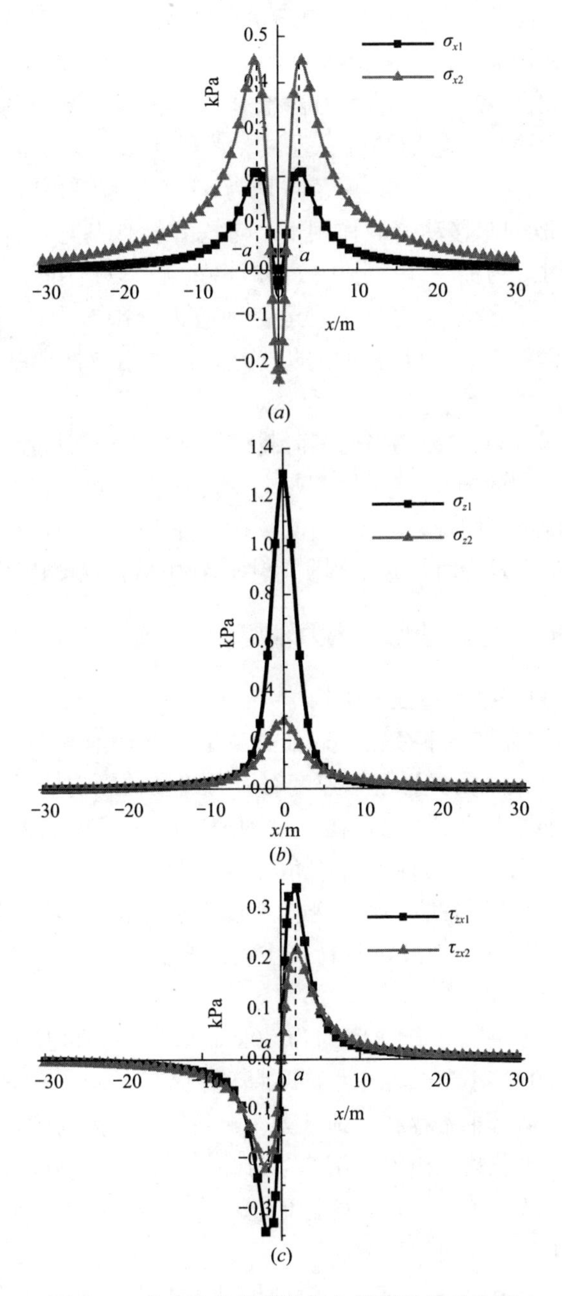

图 2-13　各应力分量弹性解与粘弹性解对比图

(a) 弹性解 σ_{x1} 与粘弹性解 σ_{x2} 对比；(b) 弹性解 σ_{z1} 与粘弹性解 σ_{z2} 对比；(c) 弹性解 τ_{zx1} 与粘弹性解 τ_{zx2} 对比

（1）各应力分量的弹性解与粘弹性解随时间和荷载的大体变化趋势一致。弹性地基与粘弹性地基中正应力 σ_x 与 σ_y 随列车荷载移动变化均关于 $x=0$ 对称，剪应力 τ_{yz} 关于 $x=0$ 反对称。当列车荷载逐渐远离观察点时，弹性解与粘弹性解逐渐接近，剪应力、切应力都趋向于零。

（2）随着荷载向观察点移动，弹性地基与粘弹性地基中各应力均有峰值出现，且峰值点位置接近，与地基的弹性或粘弹性无关：σ_{x1}、σ_{x2} 峰值点均为 $x=\pm a$，$x=0$，如图 4（a）；σ_{z1}、σ_{z2} 峰值点均为 $x=0$，如图 2-13（b）；τ_{zx1}、τ_{zx2} 峰值点均为 $x=0$。故列车移动荷载作用下，考虑弹性地基与粘弹性地基中的各应力极限出现位置时，为提高计算分析效率，弹性解可以适用。

（3）如图 2-13（a），当列车荷载运行到应力极限应力位置（$x=\pm a$）时，$\sigma_{x1}<2\sigma_{x2}$。因此考虑列车运行方向上的应力时，采用弹性地基模型计算较为危险，粘弹性模型更优。

（4）如图 2-13（b）、（c），当列车荷载运行到应力极限应力位置（$x=0$）时，σ_{z1} 远大于 σ_{z2}，故考虑列车运行中地基竖向附加应力变化趋势时，采用粘弹性地基模型计算更为合理。同理，如图 2-13（c），$\tau_{zx1}>\tau_{zx2}$，考虑列车运行中地层水平面上的剪应力影响较小时，在工程实际中，利用粘弹性解计算 τ_{zx} 更为合理。

2.3.3　土单元的应力路径和主应力轴旋转

2.3.3.1　应力路径的特征分析

已有学者[170]就弹性解下公路交通荷载移动速度对地基动应力路径的影响进行过研究。图 2-14 给出了弹性解下速度对应力路径的影响情况，在速度较低时，浅层地基与深层地基中的应力路径横、纵轴随速度均缓慢增加。但速度较大时，浅层地基中的应力路径会出现不规则角点，且纵轴加速增大，横轴显著减小；深层地基中的应力路径与浅层地基变化规律有所不同，横、纵轴均显著增大。提出在地基动应力特征模拟及沉降计算中，应考虑荷载移动速度对应力路径的影响。

但我国地铁列车最高运行速度约为 80km/h，地基剪切波速约为 260km/h，二者比值 α_s 为 0.308，小于 0.4，属于低速运行状态，文献［170］中荷载高速移动条件在地铁实际运行中不存在。地铁列车运行时，速度对弹性地基应力路径变化影响甚微，可予以忽略。由本文第 3 节可知，弹性解与粘弹性解随时间和荷载的大致变化趋势一致，因此，在粘弹性地基中，地铁运行速度对地基动应力路径变化仍可忽略，本文不予讨论。

移动荷载作用下，粘弹性地基与弹性地基中的土单元动应力路径区别较大。如图 2-15，α 为最大主应力 σ_1 与 x 轴的夹角，从 x 轴到主应力轴方向旋转，顺时针为正，逆时针为负，其范围是 $-\pi/2\sim\pi/2$。

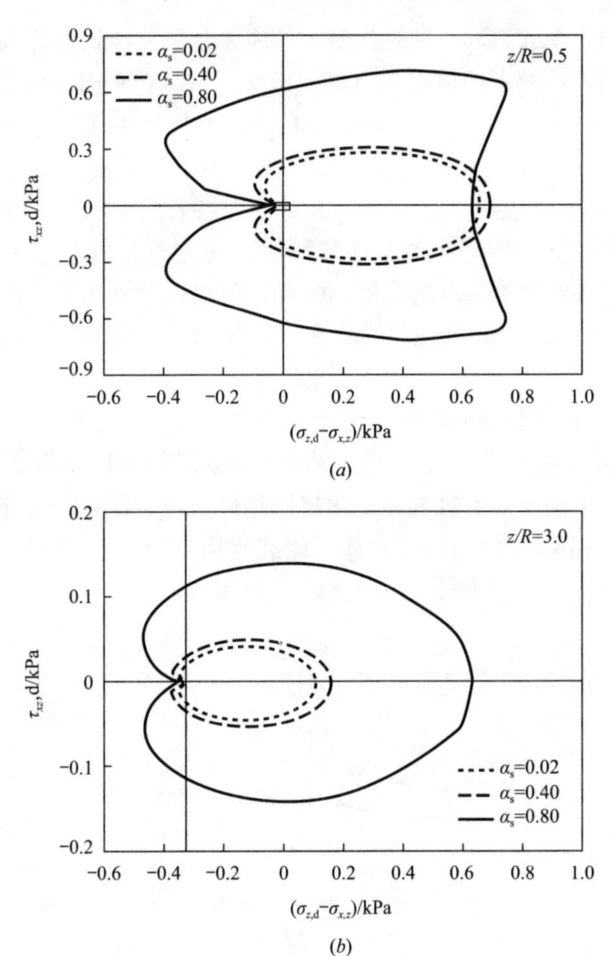

图 2-14　弹性解下速度对应力路径影响

（a）浅层地基；（b）深层地基

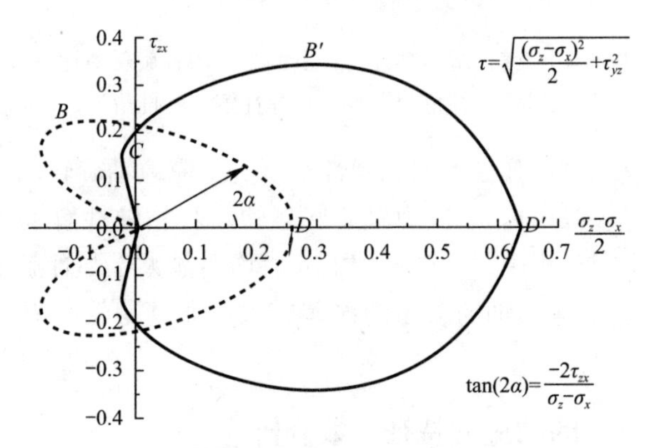

图 2-15　弹性解与粘弹性解下的应力路径对比图

（α_s＝0.30，虚线、实线分别表示粘弹性解、弹性解）

随着荷载向土单元移动，粘弹性解下的应力分量差增长速度大于水平剪应力的增长速度，而弹性解下的情况则与之1相反。到达 C 点时，两种解下的应力差分量均为0，即土单元处于纯剪状态时，粘弹性解与弹性解下的 τ_{zx} 值相等。但粘弹性解下的剪应力最大值 B 点在 C 点前出现，弹性解下的剪应力最大值 B' 在 C 点后出现，且 B 点 τ_{zx} 值明显小于 B' 点。剪应力最大值出现后，两种解下的 τ_{zx} 均开始减小，$\sigma_z-\sigma_x$ 继续增大，粘弹性与弹性解的应力分量差最大值分别出现在 D、D' 点，且后者值大于前者的2倍，此时，荷载运动到土单元的正上方，水平剪应力为0，土单元处于三轴纯剪切状态。荷载远离土单元的过程中，动应力状态与上述过程相反。

2.3.3.2 主应力轴旋转的特征分析

图2-16反映了最大主应力 σ_1 与 x 轴的夹角 α 随轮载移动和时间的变化关系。粘弹性与弹性解下的主应力轴旋转变化规律趋势相同：轮载由远处移动到土单元正上方过程中，α 逐渐增大至 $\pi/2$；此后轮载远离土单元，α 突变为 $-\pi/2$，并逐渐减小。上述过程中主应力轴顺时针旋转了180°。

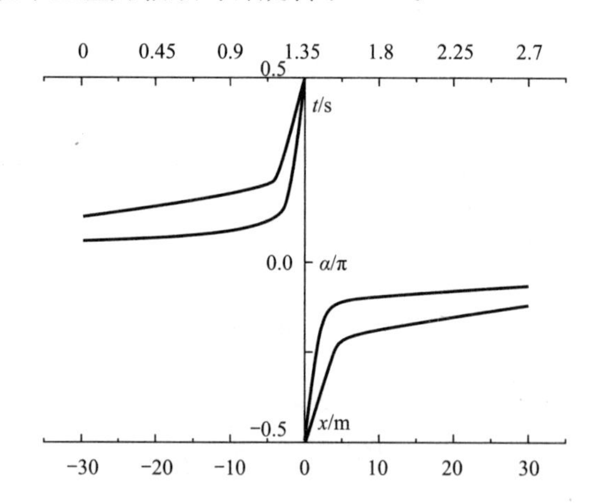

图2-16 弹性解与粘弹性解下的主应力轴旋转对比图
（绿色、红色分别表示粘弹性解、弹性解）

列车远离土单元时，弹性解与粘弹性解下的主应力轴旋转均较为缓慢，当列车约靠近土单元（$x<5$m），主应力轴旋转越快，且粘弹性解下的旋转速度约为弹性解的2倍。整个过程中，粘弹性解的 α 值均明显大于弹性解的 α 值。因此以弹性解最大主应力 σ_1 与 x 轴的夹角的误差较大，尤其是轮载靠近计算土单元时误差更为明显。

2.3.4 粘弹性解下的动应力特征参数分析

如图2-17给出了粘弹性地基中不同体积弹性模量 K 下的 σ_x 和 σ_z 随荷载移动

的变化过程。分析发现：如图 8（a），相同条件下，σ_x 的值随 K 值单调递增，且在 K 值较小时增幅明显；如图 8（b），在 −5m～5m 范围内，σ_z 的值随 K 值单调递增，轮载移动超出此范围时，σ_z 的值随 K 值增大递减。当荷载在远处（$|x|>$ 30m）时，K 对 σ_x 和 σ_z 的影响较小，可忽略不计。

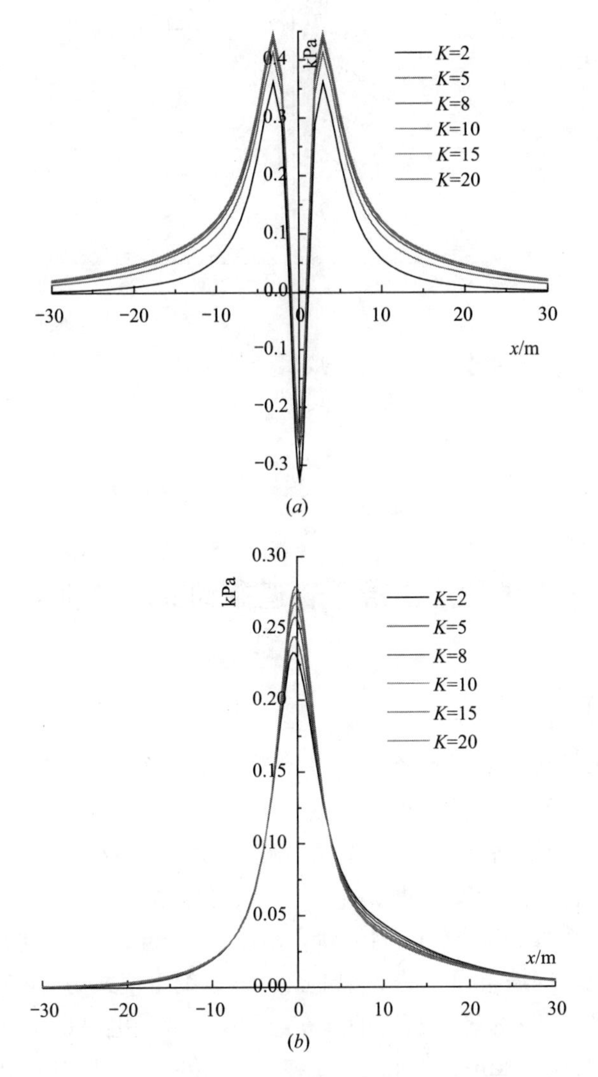

图 2-17 不同体积模量 K 下土单元应力状态

（a）不同 K 下 σ_x 的曲线图；（b）不同 K 下 σ_z 的曲线图

图 2-18 给出了粘弹性地基中不同剪切弹性模量 G_k 下的 σ_x 随荷载移动的变化过程。在轮载移动至计算土单元过程中，σ_x 随 G_k 增大呈递增趋势，当荷载位于近距离（$|x|<3$m）或远处（$|x|>30$m）时，σ_x 值随 G_k 的变化甚微，可忽

略。进一步经过分析发现，剪切模量 G_k 对 σ_x、σ_z 的影响相对体积模量 K 更显著；而体积模量 K 对 τ_{xz}，剪切模量 G_k 对 τ_{xz}、σ_z，粘滞系数 η_k 对 τ_{xz}、σ_z、σ_x 则均无明显的影响。

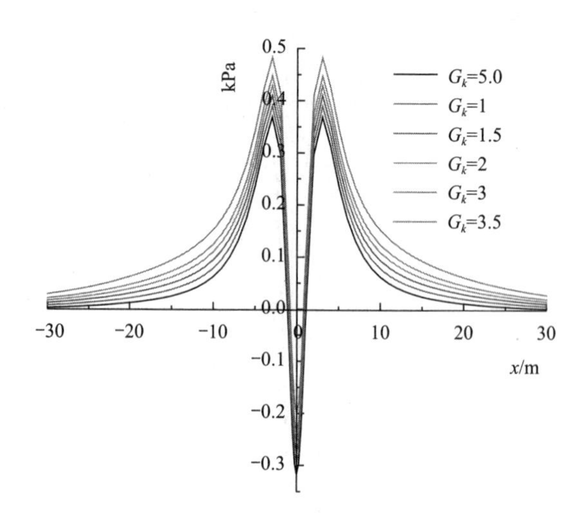

图 2-18　不同剪切模量 G_k 下 σ_x 的变化

2.4　考虑地铁隧道变形工况下轨道振动实测分析

2.4.1　测试背景

杭州地铁 1 号线是杭州市首条地铁线路，工程于 2007 年 3 月 28 日开工建设，2012 年 11 月 24 日正式运营。地铁 1 号线全长 53km，其中一期工程 48km，共设车站 31 座（地下站 28 座，高架站 3 座），两次穿越钱塘江、四次越过京杭大运河。其中上行线路始发于湘湖站，终点文泽路站。

杭州地铁钢轨采用 60kg/m 的重轨，轨距 1435mm。运行列车采用中国南车生产的四动两拖六辆编组模式的 B 型地铁（列车编组模式为 Tc-Mp-M-M-Mp-Tc 的对称编组，其中 Tc 为带司机室的拖车，Mp 为带受电弓的动车，M 为普通动车），列车最高时速 80km/h，每列车安装 12 个转向架，其中 8 个动车转向架，4 个拖车转向架，半列列车结构尺寸如图 2-19 所示。

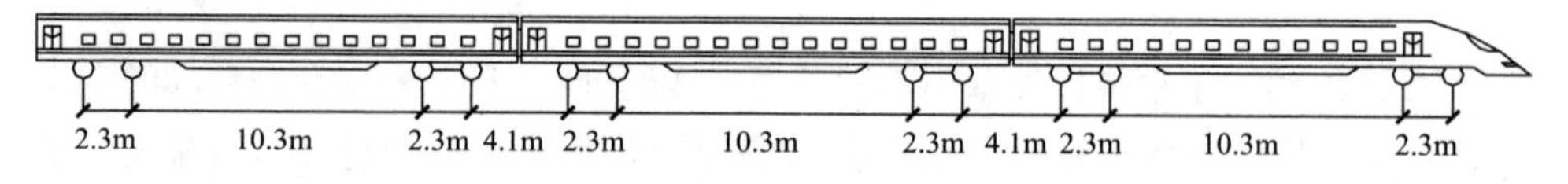

图 2-19　半列列车结构尺寸

由于杭州地区土质较软，因此杭州地铁多采用盾构施工。杭州 1 号线部分线路穿越杭州主城区，且穿过大量的医院、学校等公用建筑及老旧居民区，所以运营的地铁对上盖物业及周边环境的影响是不得不考虑的问题。针对此问题，设计方在不同区间采用了不同的轨道结构，一般减振等级段采用整体式道床；高级减振等级段采用橡胶浮置板道床；而特殊减振等级段采用的是钢弹簧浮置板道床。其中，西湖文化广场-打铁关区间，该段区间长 1.3km，因为处于杭州市中心，且上盖小区为 30 年房龄以上的老旧居民小区朝晖小区，所以作为特殊减振段采用钢弹簧浮置板道床，钢轨与钢弹簧浮置板之间采用压缩型减振扣件连接。该段地上全部为居民楼，有些甚至直接跨在隧道之上，减振要求较高。

对于该段浮置板轨道结构的振动特性及减振效果，应当进行实际测试，得到相应的实测数据并分析，比较不同轨道形式下的振动差异，为今后杭州类似的地铁线路规划及设计提供参考依据。

2.4.2　测试内容及步骤安排

测试选在西湖文化广场-打铁关的上行线路以及客运中心至乔司南区段的上行线，全长分别为 1.3km 和 2.3km。西湖文化广场-打铁关的上行线路待测主站为西湖文化广场，经过分析，选择 K16＋647.726 为检测断面（对应环数为 NO.748 环），布线长度约为 200m。客运中心至乔司南区段的上行线的待测主站为客运中心站。本区段轨道形式为全路段中等减振，故检测断面将在此区间选定。经过分析，选择 K29＋135.000 为检测断面（对应环数为 NO.570 环），布线长度约为 850m。其他两个备用断面为 K129＋0.000（NO.683 环）和 K29＋235.000（NO.487 环）。

2.4.2.1　测试内容

基于自主研发的光纤传感器，测试钢轨及浮置板道床的振动加速度时程，并经过数学变换求出相应位置的速度及位移时程。

2.4.2.2　光纤传感器地铁监测设备的研制

为了避免传统电学传感测试系统存在抗电磁干扰性差、信号传输距离小衰减大等不足，加之地铁内作业空间小、周围地磁干扰性大等对于振动测试结果的精度及现场仪器安装的影响。本次测试采用自主研制的光纤光栅加速度传感器地铁振动测试系统，该测试系统具有抗干扰性强、信号传输距离远衰减小、信噪比高、测试精度高等优点，且测试时无需向传感器供电，环境适应性强，适用于地铁振动测试。

1. 光纤光栅传感器制备

（1）光纤掩模板的制备：传感器内光纤光栅均采用相位掩模板法制得，图 2-20 为相位掩模法制作光纤光栅示意图，相位模板利用电子光束±1 级衍射光（3 和

5）干涉形成的周期性的明暗条纹对载氢光纤进行曝光而得到光纤光栅 2，此法不依赖入射光波长，只与相位模板的周期有关，大大简化了光纤光栅 2 的制作过程，降低了对写入条件的限制，可实现批量化生产。该法的关键技术在于衍射光包含有若干级衍射光谱，而制作光纤光栅所需光谱为±1 级，而实际 0 级光谱 4 较强，因此需要抑制 0 级光谱增强±1 级光谱的衍射效率。实际试验证明，合理控制光纤掩模 1 的占宽比和槽形深度（最优占宽比为 0.5，最优槽形深度为 234±10nm）可有效抑制 0 级光谱的衍射效率并同时增强±1 级光谱的衍射效率。本发明采用的光纤掩模板可大大抑制 0 级光谱的衍射效率，制作出的光纤光栅具有高反射率、高边模抑制比及窄带宽等优点，测量结果准确。

（2）光纤光栅传感器封装：本次测试共用到两款传感器，为光纤光栅加速度传感器和光纤光栅温度传感器，图 2-21 为传感器成品图。图 2-22 为光纤光栅加速度传感器机械结构简图，图中悬臂梁一端固定在机座上，另一端放有质量块 m，把光纤光栅两端点粘贴在悬臂梁的固定端附近，有利于光栅在受力时应变均匀．在测量物体振动时，把机座固定在振动源上，振动源与机座同时振动，从而引起质量块 m 的振动，在惯性力的作用下悬臂梁产生收缩和伸长，带动光纤光栅产生应变从而引起布拉格波长的变化，通过探测布拉格波长的变化来实现振动的测量，波长偏移量与振动加速度的换算关系为 $\Delta\lambda/\lambda=-[(1-p_e)\cdot 6lm/(EBh^2)]\cdot a$，$\Delta\lambda$ 为波长变化量，λ 为未振动时光纤光栅布拉格波长，p_e 为有效弹光常数，l 为悬臂梁长，m 为悬挂质量块质量，E 为悬臂梁弹性模量，B 为悬臂梁宽，h 为悬臂梁厚度，加速度传感器精度可达 0.009g。本光纤光栅加速度传感器的频响范围为 0～300Hz，适应于地铁低频振动的特点。

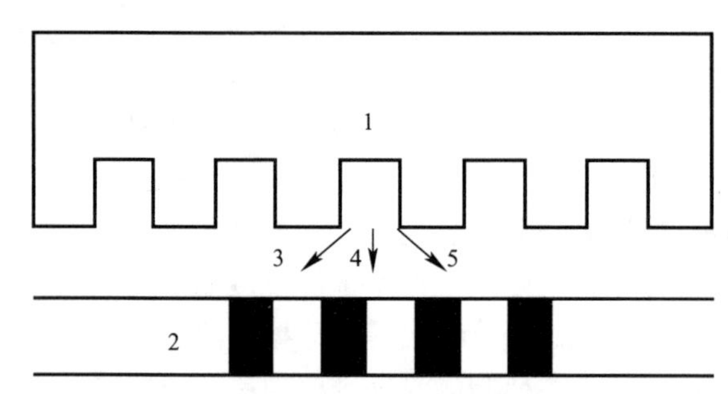

图 2-20　相位掩模法制作光纤光栅示意图

图 2-21　传感器成品

图 2-23 为光纤光栅温度传感器封装结构图，是将光纤光栅 3 置于传感器盒 1 内小槽中，中间充填不固化导热膏 2 加以固定制成，导热膏不固化，可以吸收和缓冲外界应力，避免光纤光栅受外界应力的影响，只受传感器所处温度的影响。对于光纤光栅温度传感器波长偏移量与温度变化的换算关系为 $\Delta\lambda=\lambda_0[a+\xi+(1-p_e)(a_s-a)]\Delta T$，$\Delta\lambda$ 为波长变化量，λ_0 为标定温度下对应光纤光栅布拉格波长，a 为布拉

格光栅热膨胀系数，a_s 为封装材料的热膨胀系数，ξ 为热光常数，p_e 为有效弹光常数。选用大热膨胀系数材料作为衬底材料，可以大为提高光纤光栅的温度灵敏度，本温度传感器导热膏选用的 353ND 双组分环氧树脂，环氧树脂与传感器金属外壳间采用导热型有机硅胶，减小当环氧树脂收缩或拉伸时受到金属外壳摩擦影响，制得的光纤光栅温度传感器温度灵敏度是相应裸光纤光栅的 12 倍。

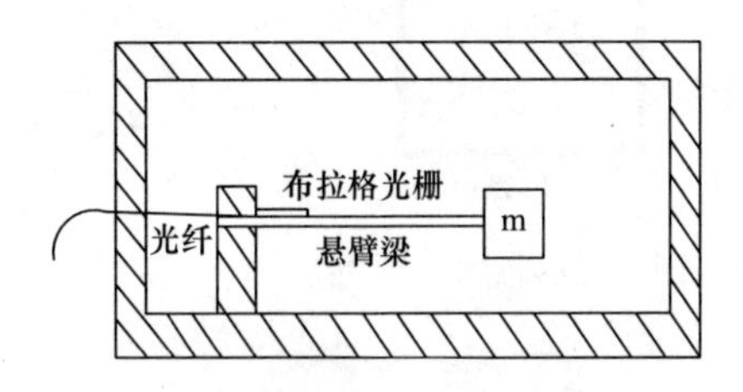

图 2-22　光纤光栅加速度传感器结构简图

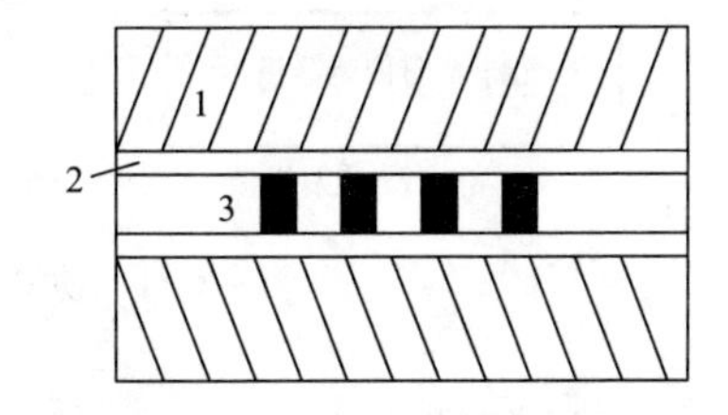

图 2-23　光纤光栅温度传感器结构简图

2. 振动测试系统

本次监测采用光纤光栅传感技术进行振动测试，与传统的电学传感测试技术相比，光纤光栅传感测试技术主要具有以下优点：抗辐射、抗电磁干扰能力强，具有广泛的应用领域；光纤光栅结构精巧，适于多类型传感器的结构设计与二次开发；光纤光栅性能稳定，在测量范围内的测量重复性高；光纤光栅传感器现场无需供电，安全可靠；光纤光栅传感器的信号采集和输出都为光学信号，可以实现长距离的监测。

由于地铁区间管道空间有限，不可能在隧道区间段内安装所有的测试仪器，而只能在测试点安装传感器后由传输缆线将测试信号传送至地铁站，然后再对数据进行采集。但是传统的电学传感器经过长距离的线路传输后信号衰减较大，测试精度不高，且地铁运营过程中处于一直通电状态，电磁干扰较大，因此将光纤光栅传感技术运用至地铁振动测试是更为合适的一种选择。

采用光纤光栅测试技术对轨道振动进行监测，需组建一套地铁振动监测系统。图 2-24 即为此振动监测系统结构示意图，共包括光纤光栅传感器组、一分八光分路盒、光纤光栅解调仪、监控主机及传输光纤等部件。监测系统的作用机理为：解调仪发出各种波长的入射光波经传输光纤传送至光分路盒，光分路盒将光波分成若干份经支路光纤传送至各个传感器中；传感器内安装有布拉格光栅结构的光芯，入射光经纤芯布拉格光栅结构产生投射和反射，当入射光波长不满足匹配条件时，光栅面的反射光相位错乱从而相互抵消；当入射光波长满足匹配条件时，光栅面的散射光相位一致，反射光逐步累积加强，汇聚形成反射峰。反射光经过原路返回传送至光纤光栅解调仪中，解调仪对反射光波长进行识别，再将识别后波长数据传送至监控主机，监控主机基于各测点传感器参数将波长数据换算为实时加速度，如此即可实现对于待测结构的振动监测。

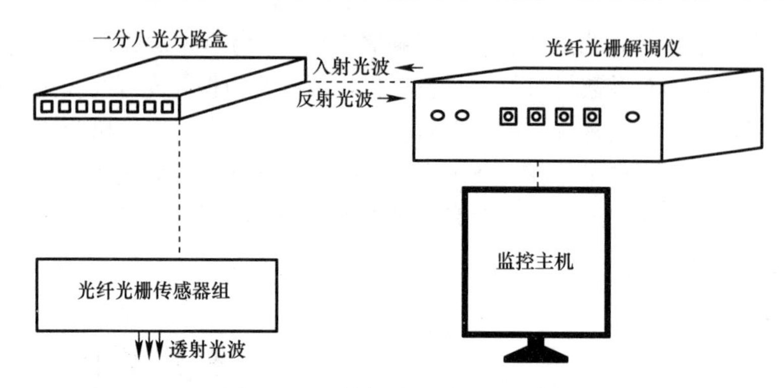

图 2-24　地铁振动监测系统示意图

2.4.3　现场测试方案

2.4.3.1　地质概况及轨道形式

项目所在地为冲积平原地貌，地质主要为第四系冲海积、海相及河流相沉积物，下伏基岩为安山玢岩。其中整体式轨道断面（以下称 1 断面）处土层分为 9 层，隧道顶部埋深 9.8m，隧道所处地层土性为砂质黏土及粉砂土。钢弹簧浮置板断面（以下称 2 断面）所在地势较 1 断面低，土体性质较差，从上到下共分为 11 层，隧道顶部埋深为 20.3m，隧道所处土层为淤泥质粉质黏土，如图 2-25 所示。

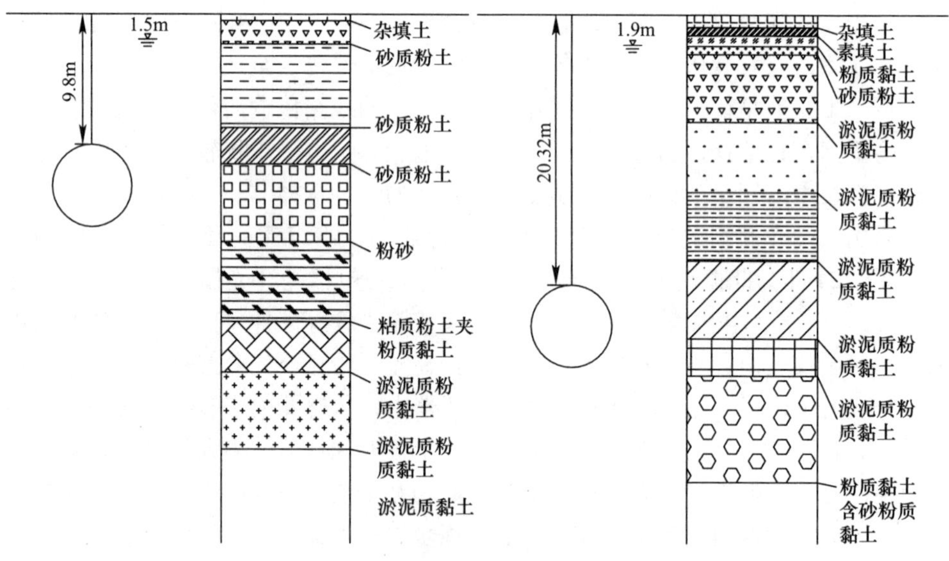

图 2-25　两组断面地质剖面图

监测断面分别为整体式轨道和钢弹簧浮置板轨道，两种轨道形式的差别在于钢弹簧浮置板轨道中浮置板与隧道壁之间采用钢弹簧进行连接，而整体式轨道板和隧道壁之间只用混凝土和砂浆填料凝结。两种轨道形式断面图见图 2-26，上图为整体式轨道，下图为浮置板轨道。两种轨道形式衬砌断面内半径为 2.75m，衬砌壁厚为 0.35m，衬砌采用 C50 混凝土进行预制，轨道板及钢弹簧浮置板均采用 C30 混凝土浇筑。整体式轨道上表面长为 2.65m，顶面距离衬砌最大高度为 0.44m。钢弹簧浮置板轨道断面上表面长为 3.2m，钢弹簧浮置板又可分为上下两个矩形块，尺寸分别为 1m×0.18m、2.15m×0.24m。

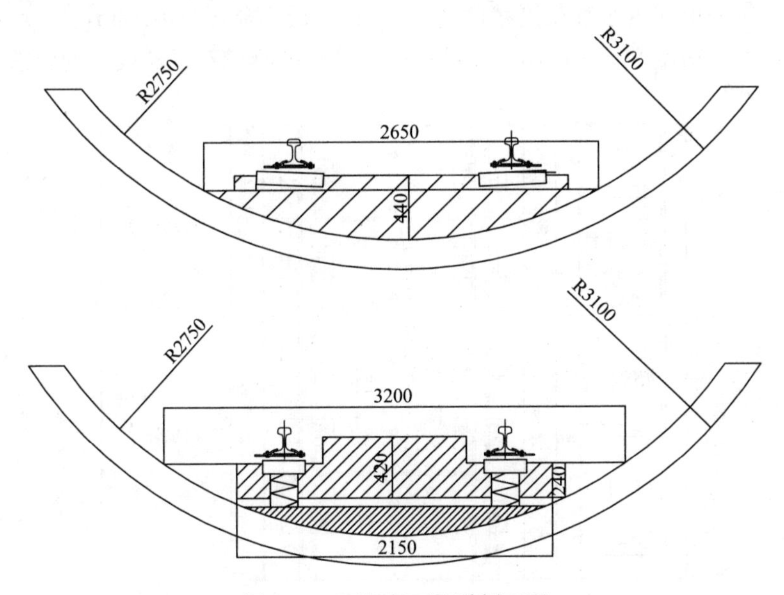

图 2-26　两组断面轨道剖面图

2.4.3.2　测试点设置及现场情况

图 2-27 是两个断面处地铁线路平面图，上部为整体式轨道，下部为钢弹簧浮置板轨道。其中 1 断面里程号 K29＋135.000（对应环数为 NO.570 环），2 断面里程号 K16＋647.726（对应环数为 NO.748 环）。

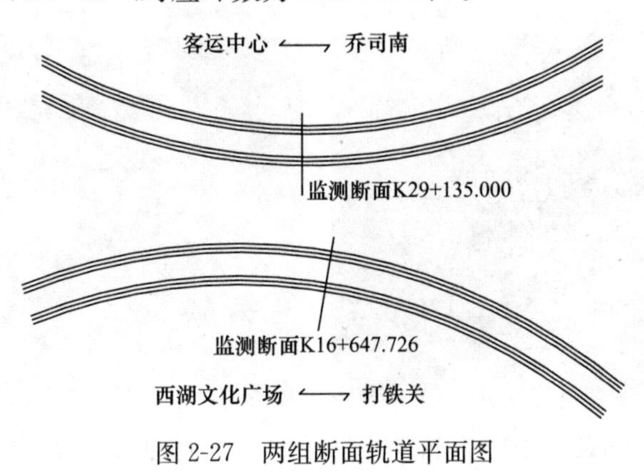

图 2-27　两组断面轨道平面图

为了研究轨道振动与隧道沉降变形的相互影响，本书中对地铁的监测包括对地铁的变形监测和振动监测。通过变形监测获得地铁运营 6 个月后区间隧道结构的沉降情况，在区间隧道内按 6m 间距（每 5 环管片）布设沉降监测点。沉降监测点布设在整体道床上，且在线路中心线上的两根轨枕中间，避开道床伸缩缝以及隧道结构变形缝，并确保测量钉避开道床上层钢筋。水准测量仪器采用天宝 DINI03 精密水准仪及相应的条码式铟瓦尺，仪器相关参数及要求如下：

（1）每公里往返水准观测精度达 0.3mm，最小显示 0.01mm；（2）15′内自动补偿，安平精度±0.2″；（3）满足一、二等水准测量对仪器设备的要求。

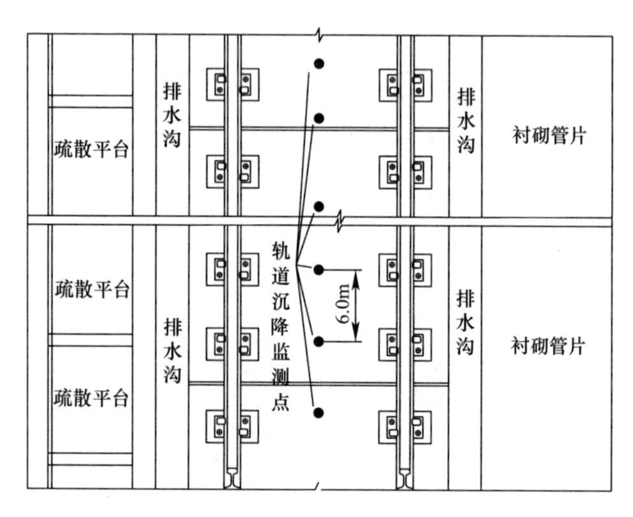

图 2-28　轨道沉降监测布点图

本文的实测方案针对地铁隧道本身的检测，其振动监测分为三个内容：轨道竖向振动、道床或轨道板振动以及盾构衬砌振动。未布设光纤传感器地铁监测系统前的隧道现状见图 2-29。

图 2-29　布设前隧道整体情况、普通道床、浮置板道床、衬砌管片（一）

图 2-29 布设前隧道整体情况、普通道床、浮置板道床、衬砌管片（二）

2.4.3.3 地铁振动监测系统设备安装

地铁振动监测系统设备安装分三个部分，分别为传感器安装、走线以及解调仪安装。

1. 传感器安装

传感器标准尺寸为 20mm×20mm×40mm，每个断面安装三组（每组两只）传感器，分别安放于钢轨、道床及衬砌管片。以下将分别详述：

在整体式道床部分，在选定截面将安装三组（每组两只，与线路中心线对称布置），轨道传感器置于钢轨底部，采用胶粘的方式。金属胶计划采用结构性较强且对原钢轨构件无损的环氧树脂。图 2-30 是整体式道床加速度传感器安装的示意图和现场图。

在浮置减震板部分钢轨的传感器安装与整体式道床一致，可参考图 2-30 中的安装方式。

道床部分传感器拟采用膨胀螺栓固定，每个传感器预计安装 4 个膨胀螺栓，孔深 40mm。置于衬砌的传感器采用膨胀螺栓与结构面固定，植入深度 40mm。道床传感器置于钢轨外侧道床，距轨道边缘 100mm，并将光缆引导道床的外侧，接入主干光缆，其现场照和安装示意图如图 2-31 所示。

衬砌传感器用环氧树脂将传感器粘贴于边墙，离道床高度大约为 2～2.5m 处，高于疏散平台标高 100mm。光缆引至道床外侧。图 2-32 是衬砌传感器现场图及安装示意图。

2. 各断面光缆布置

置于各断面的传感器由光缆连接，光缆外直径 3mm，材质为玻璃纤维内芯外覆橡胶保护层，防火、绝缘。为固定光缆，并起到防水、绝缘的作用，拟将光缆置于直径 1.5cm 的 PVC 套管内，如图 2-33 所示，将套管贴道床引出，间隔 500～1000mm 布置一道管卡，采用塑料膨胀螺丝与结构连接。每个断面最终引出一条光缆于疏散平台的支架下方。

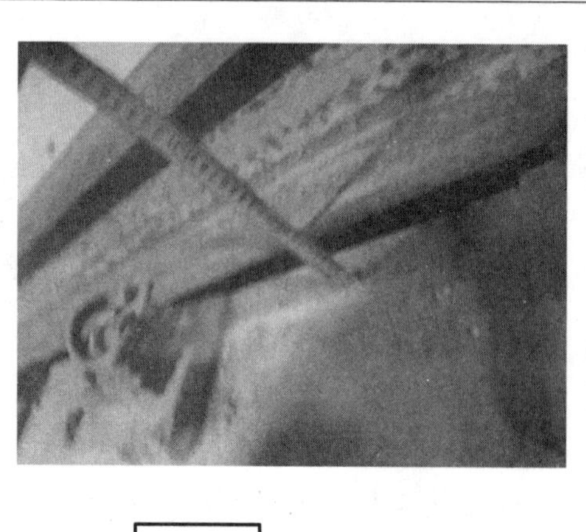

单位：mm

钢轨

80

50

支架

胶粘

80

140

50

加速度传感器

图 2-30　钢轨传感器现场照和安装示意图

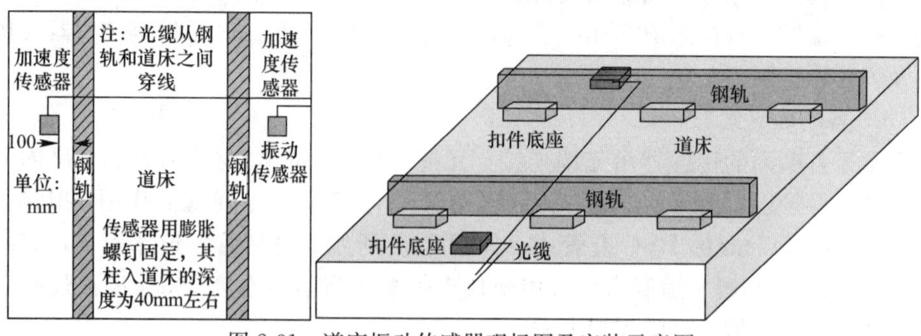

图 2-31　道床振动传感器现场图及安装示意图

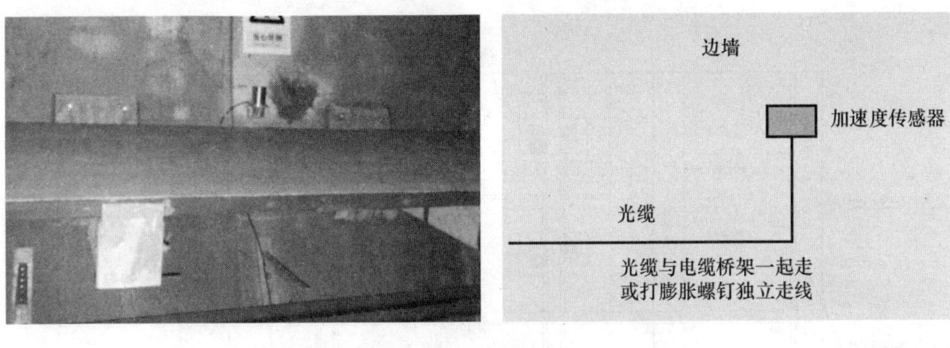

图 2-32　衬砌传感器现场图及安装示意图

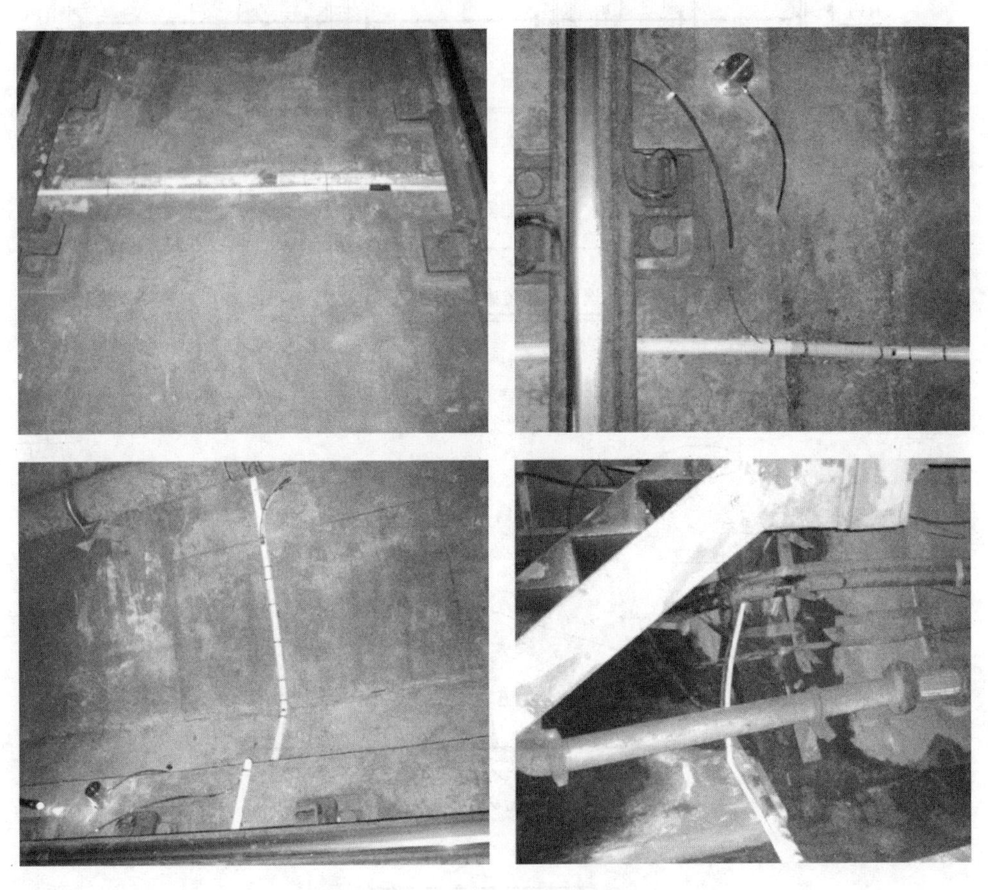

图 2-33　断面内光缆走线现场图

断面传感器安装走线布置及连接件详见图 2-34。

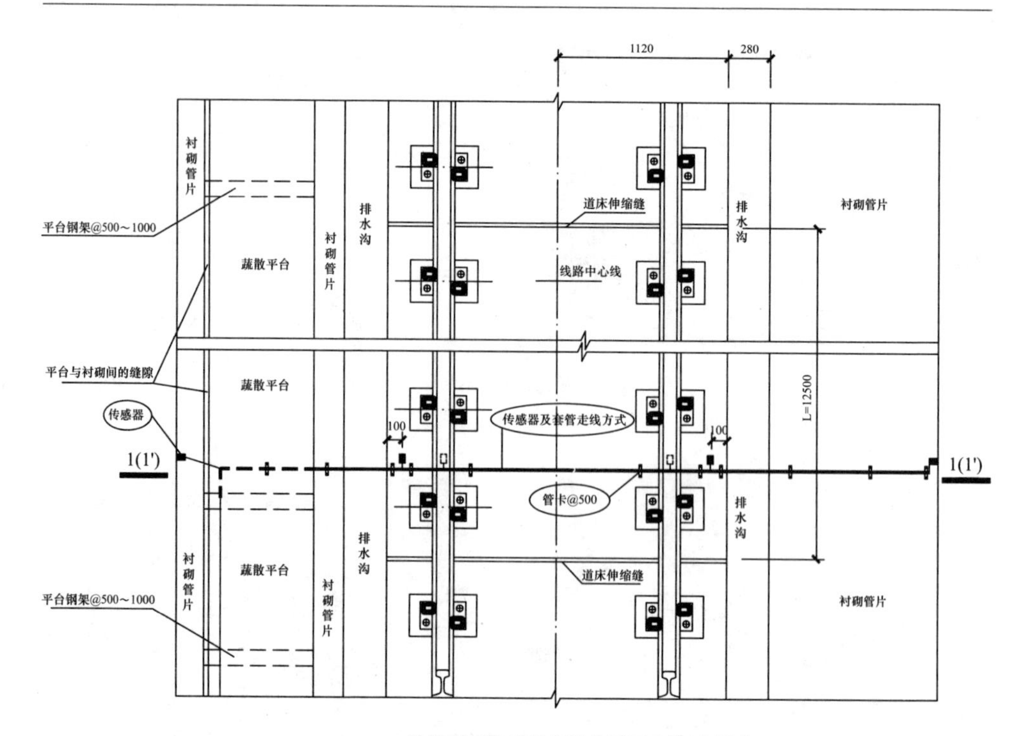

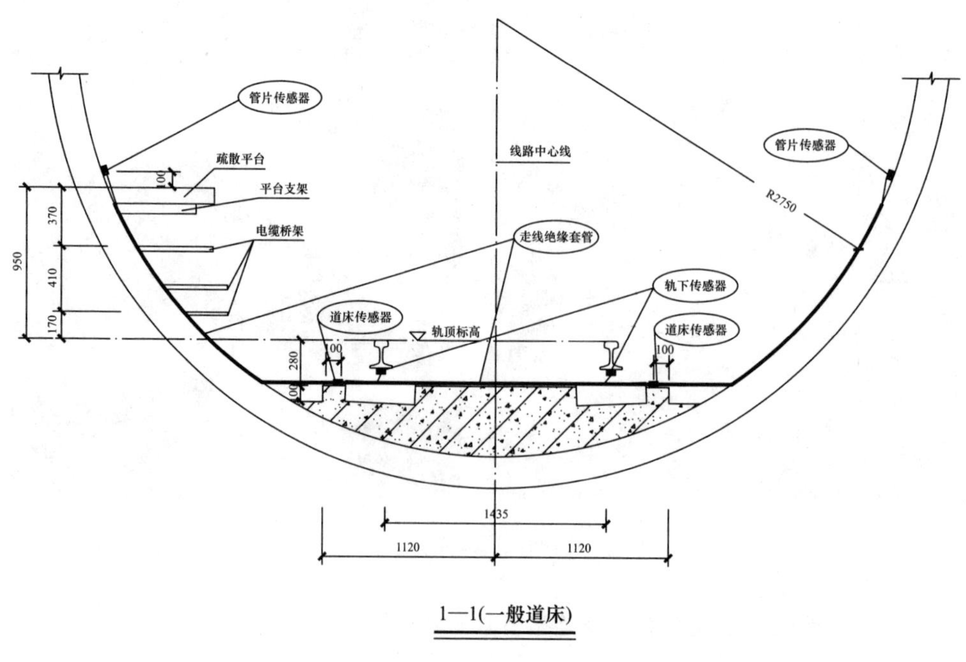

图 2-34　选定断面传感器布设位置及走线示意图（一）

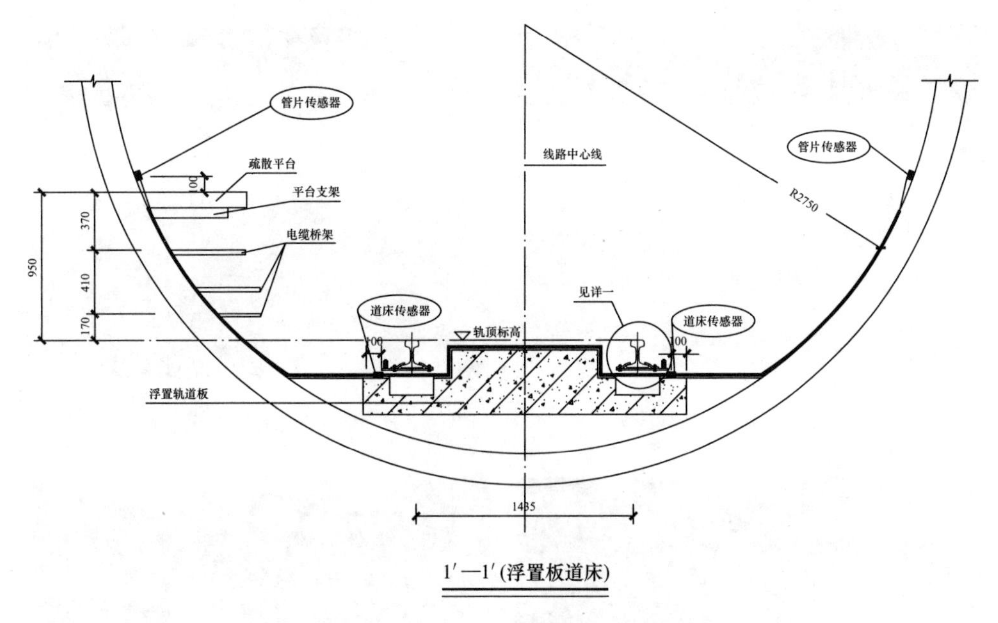

图 2-34 选定断面传感器布设位置及走线示意图（二）

3. 光缆走线方式

由各断面引出的光缆将引至相应的主站，与解调仪连接。光缆走线的原则是贴墙布设、均匀间隔固定，不破坏结构并且避开隧道内低空电缆桥架。根据以上原则，拟将光缆绑扎在延疏散平台底部的平台钢支架上，与钢支架等距固定。为安装方便，计划采用绝缘的尼龙自扣式扎带，绑扎带采用带标示牌的款式，扎带式样及绑扎位置见图 2-35～图 2-37。

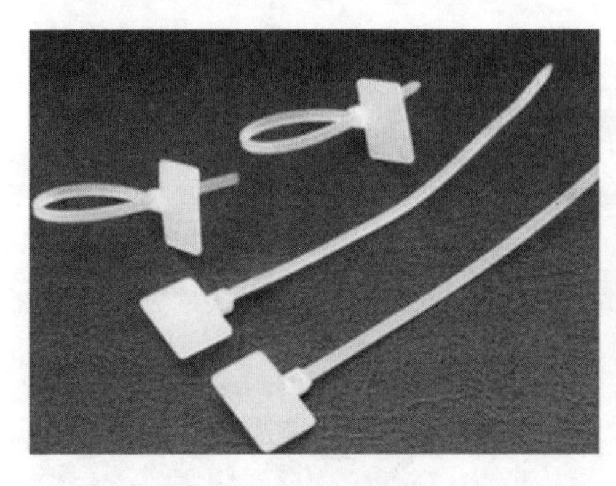

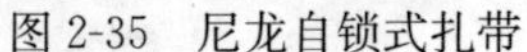
图 2-35 尼龙自锁式扎带

图 2-36 疏散平台及平台钢架

光缆走至车站部分时，由平台钢架引出，贴地走引至电缆箱上方 100mm 处走线，由塑料膨胀固定，转弯及其他重要处穿套管，将线引至待分配的电缆井口（洞口），见图 2-38、图 2-39。

图 2-37 平台钢架走线方式

图 2-38 站内走线方式

图 2-39 井口或洞口光缆走线

4. 调解仪的安装

光缆引至车站区域将与解调仪安装，将解调仪安装在隧道站台区间，用膨胀螺丝或强力胶固定，但是数据采集须请点进站。该方案优点在于安装线路短，前期安装工作较为简便，后期读取数据需进站，如图 2-40 所示。

图 2-40 解调仪安装位置及安装后现场图

2.4.4 测试结果

2.4.4.1 振动信号智能分析软件研发

开发了“基于光纤传感器的地铁振动信号智能分析软件”对振动测试数据进行分析。该软件的主要功能在于，该软件主要包括三个功能模块。(1) 转换数据：在对该软件进行相关参数设置后（包括灵敏度和采样率），软件会对振动测试源数据去除趋势项，乘以对应灵敏度后得到监测所得加速度值并加以保存；(2) 数据分析：选择上一步所保存数据文件后，软件对数据进行分析处理，可绘制得到加速度时域图、频谱图、功率谱图，速度图，加速度图，Z 振级图，三分之一倍频程图；(3) 图像显示：显示图像，并对图像进行放大、拖动、X、Y 方向放大等操作，以便用户查看图像细节信息。

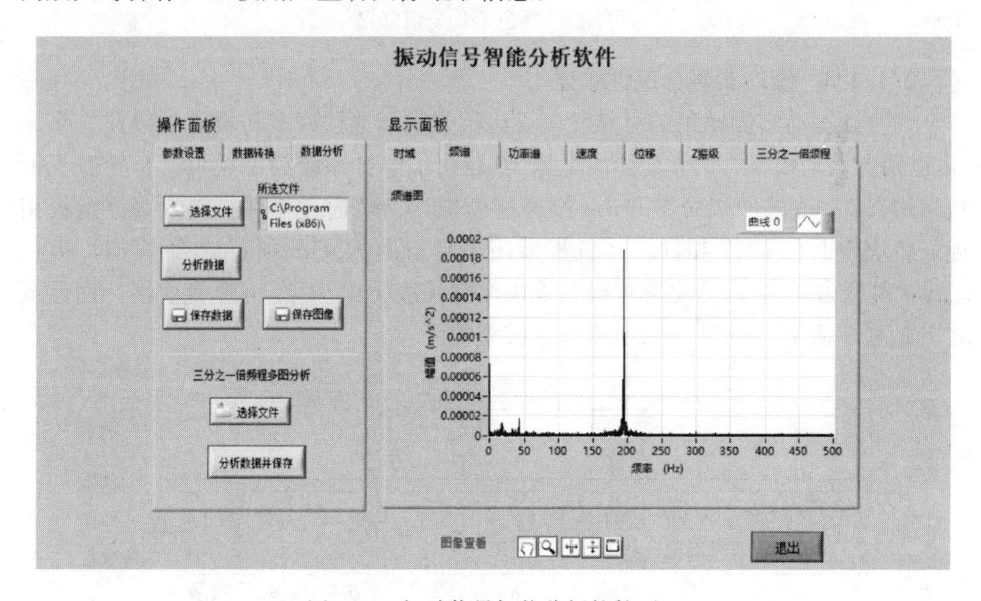

图 2-41 振动信号智能分析软件页面

2.4.4.2 沉降实测数据处理分析

图 2-42 分别为两个断面的道床沉降监测曲线。图中实线为整体式隧道沉降，虚线为钢弹簧浮置板隧道沉降，图中圆圈处为振动监测断面位置所在处。整体式轨道监测隧道沉降波幅变化较大，变化范围为 2～6mm，振动监测断面处沉降值约为 4mm。而钢弹簧浮置板轨道沉降值变化则较小，变化范围为 1～3mm，振动监测断面处约为 2mm。

如地质概况中所述，整体式轨道断面处的土体性质要优于钢弹簧浮置板轨道处，但是沉降监测曲线却显示整体式轨道处隧道沉降要大于钢弹簧浮置板轨道处，这说明列车通过时整体式轨道振动响应对周围土体的扰动要大于钢弹簧浮置板轨道对周围土体的扰动，因此有必要对不均匀沉降工况下的钢轨动力测试进行研究。

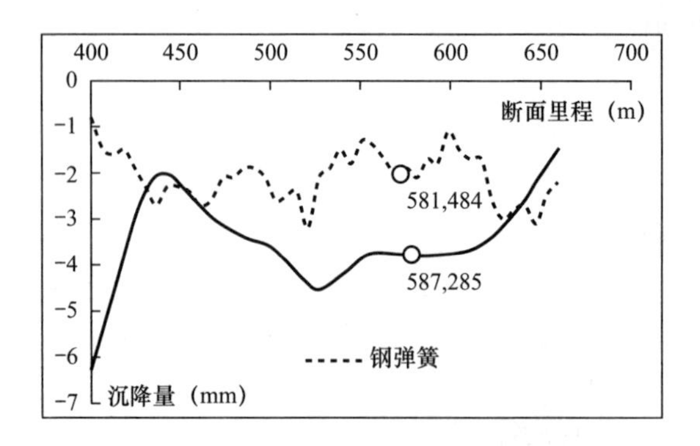

图 2-42 轨道不均匀沉降图

2.4.4.3 振动实测合理性验证

为验证振动实测结果的可靠性，采用杭州实际地铁列车和轨道参数建立车体-轨道耦合振动模型。6 节车体均采用 10 自由度悬挂系统模型模拟。车轮底下钢轨采用长 300m 的两端简支 Euler 梁进行模拟，钢轨通过扣件与钢弹簧浮置板相连，单块板上有 40 个扣件。浮置板采用两端自由的 Timoshenko 梁模拟，板长 25m，模型中共包含 12 块浮置板。单块浮置板底下由 16 个钢弹簧承接，钢弹簧之下是刚性地基，图 2-43 为所建理论模型简图。

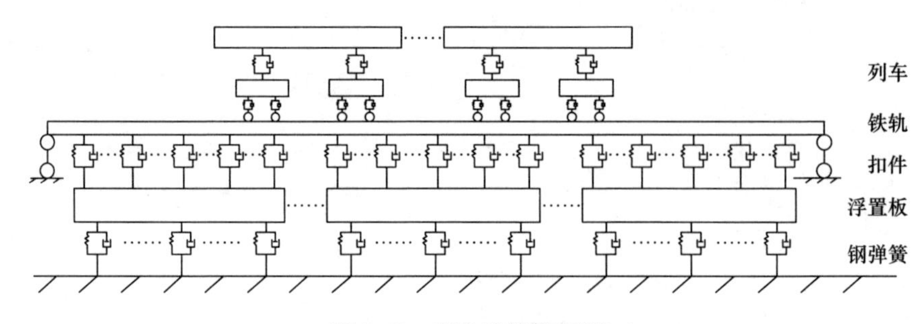

图 2-43 理论计算模型图

模型中车体及转向架考虑竖直位移及转角两个自由度，对应质量及转动惯量用 M_c、I_c、M_b、I_b 表示，车轮只考虑竖向位移，质量用 M_w 表示。车体与转向架之间为二系悬挂 K_2、C_2，转向架与车轮之间为一系悬挂 K_1、C_1。车长为 L_c，同一转向架之间轮距 L_w，转向架间距 L_b。钢轨考虑为 Euler 梁，因此只考虑竖向挠度，钢轨抗弯刚度为 EI_r，单位长度质量 ur，轮轨接触刚度为 k_{beam}。浮置板为 Timoshenko 梁，考虑挠度和转角两个自由度，弹性模量为 E_E，剪切模量为 G_G，密度为 ρ，截面面积为 A，截面惯性矩 I 由浮置板上下两个矩形面叠加换算，

剪力修正系数 κ 取常数 0.8451。钢轨与浮置板之间扣件刚度和阻尼为 k_{rs}、c_{rs}，浮置板之下钢弹簧刚度和阻尼为 k_{st}、c_{st}。计算模型车速为 15m/s，计算时间步距取 0.002s，总时长 12s，表 2-1 为模型中各参数值。

模型计算参数表　　表 2-1

车体参数		轨道参数	
M_c(kg)	4.09e^4	EIr(N＊m^2)	1.22e^7
I_c(kg＊m^2)	2.10e^6	ur(kg)	1.21e^2
M_b(kg)	3.04e^3	E_E(pa)	3.00e^{10}
I_b(kg＊m^2)	3.93e^3	G_G(pa)	1.25e^{10}
M_w(kg)	1.76e^3	ρ(kg/m^3)	2.55e^3
K_2(N/m)	2.65e^5	A(m^2)	0.696
C_2(N/m/s)	4.51e^4	I(m^4)	0.0059
K_1(N/m)	1.18e^6	k_{rs}(N/m)	1.00e^8
C_1(N/m/s)	3.92e^4	c_{rs}(N/m/s)	5.00e^4
L_c(m)	19.50	k_{st}(N/m)	1.00e^9
L_b(m)	12.60	c_{st}(N/m/s)	5.00e^4
L_w(m)	2.30	k_{beam}	1.20e^9

图 2-44 是采用上述理论计算模型计算所得钢轨振动加速度时程图，图 2-45 为钢弹簧浮置板轨道断面处钢轨振动加速度实测图。可知理论计算所得钢轨振动加速度峰值为 20m/s^2，实测钢轨加速度峰值为 60m/s^2，理论值与实测值量级上一致，但较实测值稍小，且理论计算所得结果图可以明显看出六节车辆经过时引起钢轨产生振动峰值，而实测结果图这一规律则不太明显。导致上述差别的原因在于，理论计算模型未考虑轨道线路弯曲效应，而且计算模型中也未加入轨道的不均匀沉降。而且实际地铁振动有较多干扰因素，实际振动状况较理论计算模型要复杂，因此规律性不如理论计算所得结果。

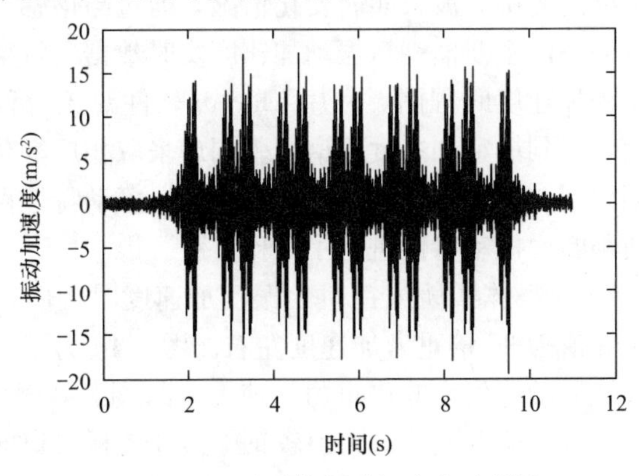

图 2-44　理论计算振动加速度时程图

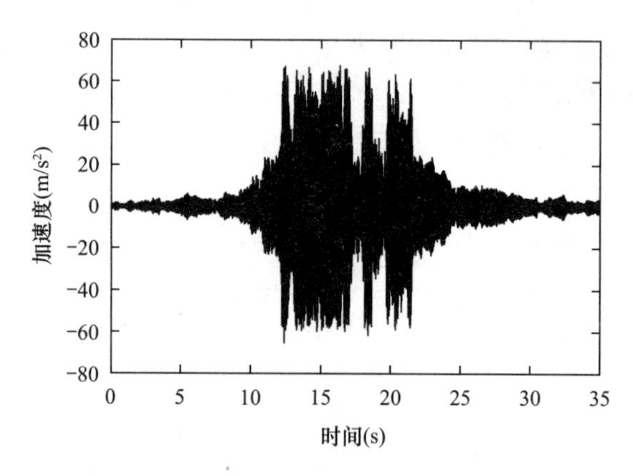

图 2-45　钢弹簧浮置板轨道钢轨振动加速度时程图

表 2-2 为国内已有的关于浮置板轨道钢轨振动加速度实测与研究成果，目前关于这一方面的研究尚不成熟，所得钢轨振动加速度差别较大。本文浮置板轨道钢轨振动加速度无论是实测值还是理论值均在已有的研究成果范围内，可以在一定程度上验证实测结果的可靠性。

已有研究成果表　　表 2-2

代表文献	轨道型式	方法	钢轨加速度
刘鹏辉[43]	钢弹簧浮置板	实测	16.98m/s²
吴磊[171]	钢弹簧浮置板	数值计算	40m/s²
张格妍[172]	钢弹簧浮置板	数值计算	42.1m/s²
王汉民[173]	钢弹簧浮置板	有限元	30.78m/s²
魏金成[174]	钢弹簧浮置板	有限元	140m/s²

2.4.4.4　振动实测数据分析

振动测试成果共获得整体式轨道和钢弹簧浮置板轨道钢轨振动信号数据两套。该数据记录了反射光中心波长实时变化情况，通过与传感器配套的波长加速度换算公式，即可得到两个断面钢轨振动加速度实时数据。将变换后的数据绘制成图，即可得到振动加速度时程图。利用 Matlab 软件对该时程数据进行时域和频域的傅里叶变换，得到振动加速度频谱图。同理采取相应变化，又可获得振级图和三分之一倍频程图。本节利用上述图谱，对钢轨振动特性做了频域和时域的相应分析，并对两种断面振动特性进行了对比。

图 2-46 是实测所得整体式轨道钢轨的振动加速度时程图，图中可以得出该断面钢轨振动加速峰值为 30 倍重力加速度左右。图 2-46 为钢弹簧浮置板轨道钢轨振动时程图，钢轨振动峰值为 6 倍重力加速度，与刘鹏辉[43]、吴磊[171]等人研究成果相比其量值是合理的。整体式轨道较钢弹簧浮置板轨道的钢轨振动加速度要大很多，这是由于整体式轨道的整体刚度大于钢弹簧浮置板轨道，且该段轨道

的沉降值要大于钢弹簧浮置板轨道，因而导致其振动加速度峰值较钢弹簧浮置板轨道断面要大很多。

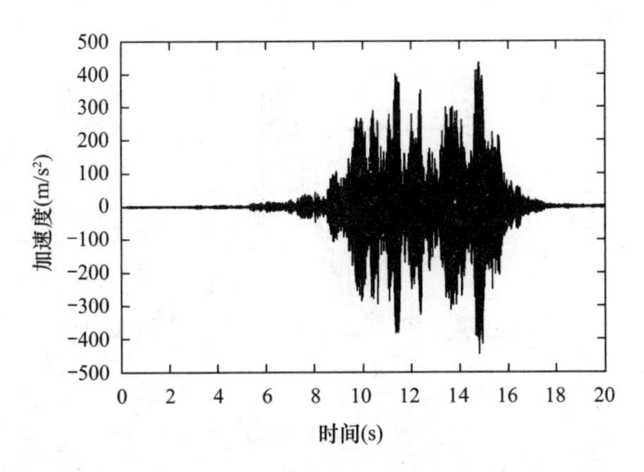

图 2-46 整体式轨道钢轨振动加速度时程图

图 2-47 和图 2-48 分别为断面 1 和断面 2 的钢轨振动频域图。图中可以得出整体式轨道振动加速度峰值段对应振动频率值为 200Hz，而钢弹簧浮置板轨道钢轨振动加速度峰值对应频率则为 125Hz 左右。这也进一步说明整体式轨道的整体刚度要大于钢弹簧浮置板轨道的整体刚度。钢弹簧浮置板振动峰值频率较低，因此也可以较早地将振动能量传递周围低频振动环境中，但同时在地铁列车通过后，钢弹簧浮置板钢轨振动也容易受周围低频环境回振影响，因而其振动时域图加速度降低较慢。

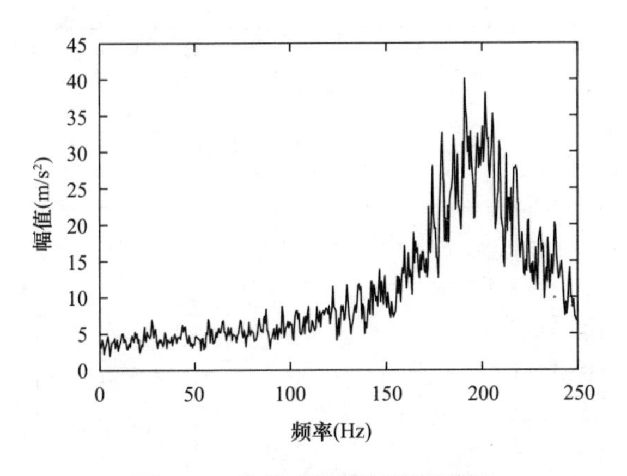

图 2-47 整体式轨道钢轨频谱图

图 2-49 和图 2-50 分别为两个断面的钢轨振级图，图中可以得出钢弹簧浮置板轨道钢轨振级要比普通整体式轨道的振级小 10dB 左右。钢弹簧浮置板轨道相比整体式轨道而言，其振级更快达到峰值。而过车后钢弹簧浮置板钢轨余振平息

时间约为13s，而普通整体式轨道余振平息时间则为5s，前者余振平息时间要长很多，这和之前频谱图分析结果是一致的。

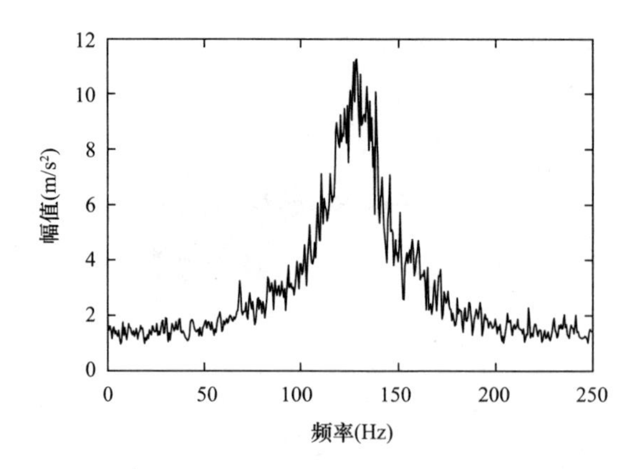

图2-48　钢弹簧浮置板轨道钢轨频谱图

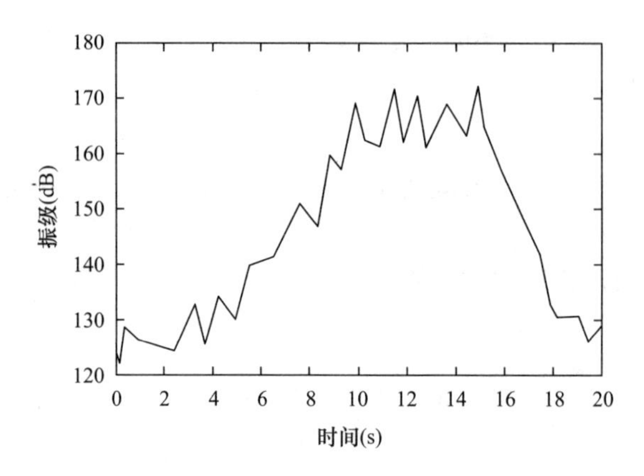

图2-49　整体式轨道钢轨振级图

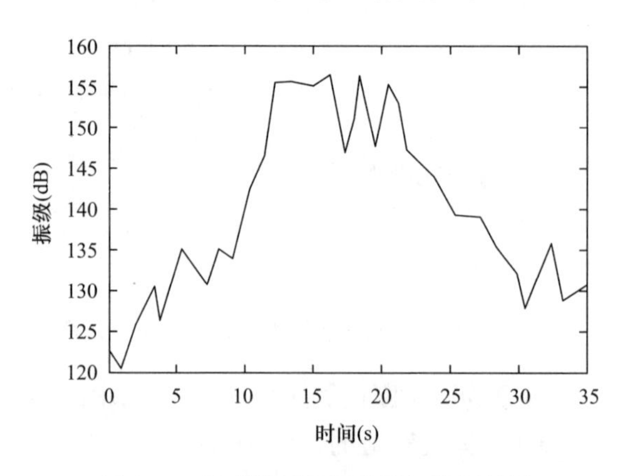

图2-50　钢弹簧浮置板轨道钢轨振级图

图 2-51 为两断面三分之一倍频程对比图，图中可以得出在整体频域内，钢弹簧浮置板轨道钢轨的加速度振级要比整体式轨道钢轨振级要小 10dB 左右。但在各自峰值频段内，钢轨的振级均明显有增加。在钢弹簧浮置板轨道钢轨峰值频率处，其振动加速度分量甚至还大于整体式轨道钢轨的振级。因此，在进行轨道及行车设计时，应将量避免振动激励接近钢轨的振动峰值频率，以免发生共振影响行车安全及乘车舒适度。

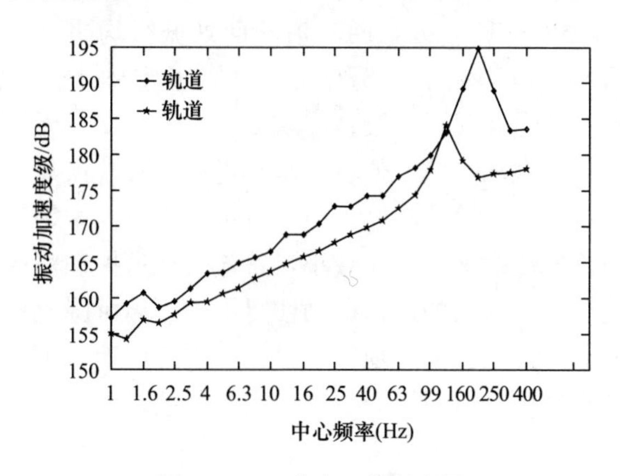

图 2-51 三分之一倍频程图

2.5 本章小结

本章分别采用弹性解法和粘弹性解法对地铁列车运营引起的地基应力状态变化及主应力轴旋转进行了分析，并对已运行的杭州某地铁区间的钢轨和道床进行了原位振动测试，得到以下结论：

(1) 单个轮轴荷载作用下，计算土单元主应力轴旋转了 180°且方向始终为顺时针。在荷载移动的整个过程中，土单元的应力状态由最初的单剪模式变化到三轴剪切模式并最终回到单剪模式；当荷载离计算土单元水平距离较远时，隧道深埋越深，土单元应力越小，但是随着列车靠近土单元，土单元应力不断增长，隧道埋深越大，土单元应力增长也越快，并在距计算土单元水平距离 $-2m<x<2m$ 范围内时，埋深较大隧道以下土单元的应力超过埋深较小隧以下的土单元应力，呈现隧道埋深越大，土单元应力越大的现象。

(2) 在列车荷载作用下，土单元的动应力和主应力轴旋转具有持续循环特性，循环次数与列车车厢节数有关。列车远离计算点的过程与列车接近计算点的过程中应力的变化互为相反过程。每一个循环中主应力轴的旋转并非单调递增或递减，而是具有来回震荡过程的特性。

(3) 粘弹性地基与弹性地基中的各应力变化总体趋势相同，研究地基动应力影响时，采用弹性解计算列车运行方向上的应力 σ_x 较为危险，粘弹性解更符合安全性；采用弹性解计算所得的地基竖向附加应力 σ_z、地层水平剪应力 τ_{yz} 偏安全；粘弹性解的最大主应力 σ_1 与 x 轴的夹角 α 值明显大于弹性解；剪切模量 G_k 对 σ_x、σ_z 的影响相对体积模量 K 更显著；而体积模量 K 对 τ_{xz}，剪切模量 G_k 对 τ_{xz}、σ_z，粘滞系数 η_k 对 τ_{xz}、σ_z、σ_x 则均无明显的影响。

（4）钢弹簧浮置板轨道钢轨振级在整体频域上比普通整体式轨道钢轨振级小10dB左右。但在峰值对应频率处，两轨道断面处振级均明显增大，甚至在钢弹簧浮置板轨道钢轨峰值对应频率125Hz处，比普通整体式轨道钢轨的振级还要大。因钢弹簧浮置板轨道固有频率较整体式轨道低，因此前者钢轨振动加速度在列车经过时，较早达到振动峰值，但在列车经过后，较晚恢复至平息状态。

（5）整体式轨道处土体性质较好，但是轨道沉降值大，钢弹簧浮置板轨道处土体性质较差，但是轨道沉降值却比较小，整体式轨道振动对周围土体的扰动要比钢弹簧浮置板轨道大。较大的运营振动使得周围土体沉降也更大，从而进一步加大地铁振动响应。因此软土地区地铁轨道选型需考虑地基不均匀沉降工况，建议采用钢弹簧浮置板轨道进行减振，以减小列车荷载对周围土体的振动影响。

第3章　列车简化荷载的试验论证

3.1 引言

土作为最原始的建筑材料之一，是一种由矿物颗粒、液体、气体以及其他多矿物所组成的多相不连续介质，其组成物质的多相性和复杂性也决定了其工程性质的复杂。通过室内试验可以得到土体的物理、力学参数，还可以通过控制变量的方式进行科学研究。由于科研性试验对土样的均匀性具有较高要求，而原状土较难保证，并且目前已有的室内制样手段也存在一定缺陷。因此本文对现有的室内重塑土制样技术进行了改进，研制的新型多联通道重塑土真空预压设备具有制土效率高，操作简便，制土均匀性较好等优点。对制得的重塑土样采用微观扫描实验论证其微观结构的均匀性，为软黏土的动力特性的室内试验研究提供技术支持。

长期以来关于土动力学的研究成果层出不穷，在研究土动力特性时因室内动三轴试验系统操作简单、数据采集便利以及精确度高等优势被越来越广泛地使用。近年来由于各领域的工程需要，土动力学界展开了大量关于交通荷载、波浪荷载以及地震荷载等的研究。在这些研究中动三轴仪、空心扭剪仪等试验系统等常作为室内试验的首选设备。在不同的研究中研究者所采用的加载方式也有所区别，然而不同的加载方式又会造成不同的动力特性表征。在现有研究中大多数研究者所采用的加载方式是通过和既有研究进行类比，然而当被借鉴的荷载与所研究的方向有所区别时试验结果就会产生较大的误差。为了使本研究的试验荷载更可靠，在研究之初有必要对常用的试验荷载进行对比，从中选取与列车荷载最为接近的一种应用于试验。

3.2 仪器介绍

在土工三轴仪研制方面，我国静三轴仪制造水平相对成熟，足以满足生产和科研的需要。而在动三轴仪、空心扭剪仪等高精度的复杂仪器方面仍处于起步阶段，目前国内科研所用动三轴仪仍以进口为主（比较知名的有GDS、GEOCOMP、SEILKEN、MELYTEC等）。本文所采用的是英国GDS双向动三轴试验系统（图3-1），其加载频率0.1～5Hz；最大动载10kN；最大围压2MPa；具有各种规则波形、自定义波行、排水、不排水、等压、偏压、弯曲元等试验功能，试验过程电脑自动采集数据。

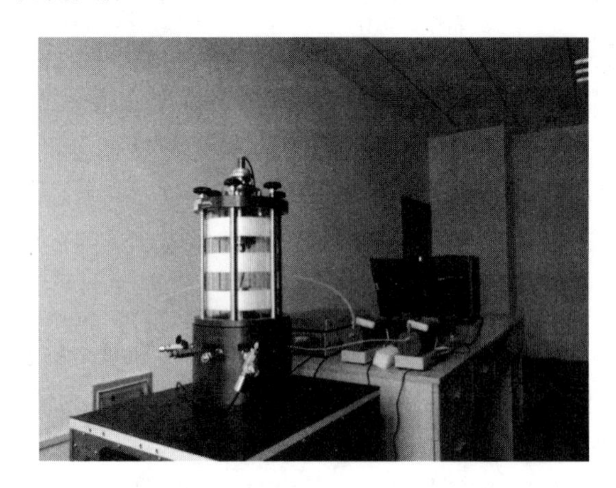

图 3-1　GDS 动三轴试验系统

3.3　试样制备

3.3.1　重塑土试样设备的研制

原状土空间差异性大，均匀性较差，在室内试验中难以对试验数据进行准确的分析。因此为了确保试样的整体性质均一性和对照试验的有效性，对采取的土样进行重塑是确保其性状均一的重要技术手段。现行室内制样技术主要包括两种：击实法和固结法，其中固结法按照固结动力的不同又可分为加压固结法和真空固结法。其原理是通过施加静载或者真空施加负载加速土样固结，采用单向或三向排水固结法获得重塑土试样。固结法制成的重塑土样抗剪强度比击实法制成的重塑土样抗剪强度高，且大孔隙相对较少，均匀度较高。但加压固结法的缺点是操作相对复杂，如果要获得含水量分布均匀的理想试样，必须逐步施加静载，加载设备笨重，固结时间长。

真空预压法最早由杰尔曼教授（W. Kjellman）于 1952 年提出，并在 20 世纪 90 年代成功应用于软土地基加固处理工程。真空预压加固技术是通过在软土地基表面覆盖密封膜，并在地基中设置塑料排水板作为竖向排水通道，在表面铺设砂垫层和水平抽水通道，对排水体系进行抽气，使密封膜内、外产生压力差，便于将地基土中的气体和液体排出，通过排水固结达到加固地基土的目的[175]。基于真空预压原理，纪玉诚等[176]提出了室内重塑土真空预压制备方法，将软黏土加水搅拌成泥浆，倒入预压槽，以土工布包裹泥浆，橡胶模密封，从中引出排水管与储水罐和真空泵相连。与泥浆固结法相比，具有制样时间短，均匀性较好的优势。

尽管该方法相较击实法和泥浆固结法具有一定优势，但是从制样效果看，仍存在较大改进空间。以浙江大学重塑土真空预压设备为例，如图 3-2 所示，主要存在仪器笨重，制样过程土体浪费严重，制备时间难以控制且历时长久，不确定因素较多，以及抽真空不完全等缺陷。

图 3-2 原始重塑土真空预压设备

对原始重塑土真空预压设备的工作原理进行研究，针对土体利用效率低这一缺陷进行思考和分析。其主要原因在于包裹土样所使用的密封材料为塑料膜，其为软塑可变形材料，在土体进行真空预压时会发生较大变形，出现上端表面土体的中间部分下凹严重，柱形土体中间部位向里缩进的现象，整个土样的成型呈现类似漏斗的形状。由于土样整体形状不规则分布，因此在土工试验中，可能会导致试样无法满足尺寸要求，在试验切样过程中造成土体的大量浪费。

其次，排水设备为简易的矿泉水瓶，较简陋。并且往往由于真空度不足，使固结过程排水困难，增加了固结时间，土样饱和度也较低。固结完成后可能存在外表面固结完好，但其内部仍处于软塑状态，使重塑土质量较差。设备较笨重，固结完成后需利用起重器将土样取出，操作不便，同时存在一定不安全因素。

针对原始真空预压设备存在的缺陷，在现有设备基础上做如下改进：(1) 改变密封材料，从而改进土体中间部位出现“漏斗型”下凹现象，确保制样的真空度；(2) 改善排水路径，加快固结时间并确保固结均匀性；(3) 建立土样含水量与排出水量以及土样高度之间量化关系，实现制样过程可视化；(4) 为满足用户对制土量的需求，设置多联通道制土桶，可根据需求选择土样制备桶数量，更具人性化；(5) 改善取土工艺，避免原设备所存在的仪器笨重，取样困难的现象；(6) 增加智能控制显示系统，使设备实现智能化操作。改进后的新型真空预压仪预期可确保制样真空度，人性化选择制土量，制土过程可视化，且土质均匀，初始损伤小。同时克服了原始真空制土设备笨重等缺陷，以及原状土取样不可避免的扰动、均匀性差等问题，可为土力学实验教学与科研工作的开展提供技术支持。

本文提出改进的多联通道重塑土真空预压设备，包括三个土样制备桶、一个真空水罐及排水桶、一个真空泵和一套智能控制显示系统，设计原理如图3-4所示。其特征在于：真空水罐外侧中部入水口分别通过三条排水通道与土样制备桶底部排水孔连接；真空泵通过气体管道与真空水罐顶部连接以防止抽入水流；智能控制显示系统通过端口分别将传感器连接于土样制备桶、真空水罐、真空泵和排水管。调节智能控制系统显示压力读数来改变真空泵运转马力；通过设定压强的上下限来控制真空泵的工作时间以确保其工作效率，保证制土过程中抽真空的稳定运行。

图3-3　多联通道重塑土真空预压设备实物图

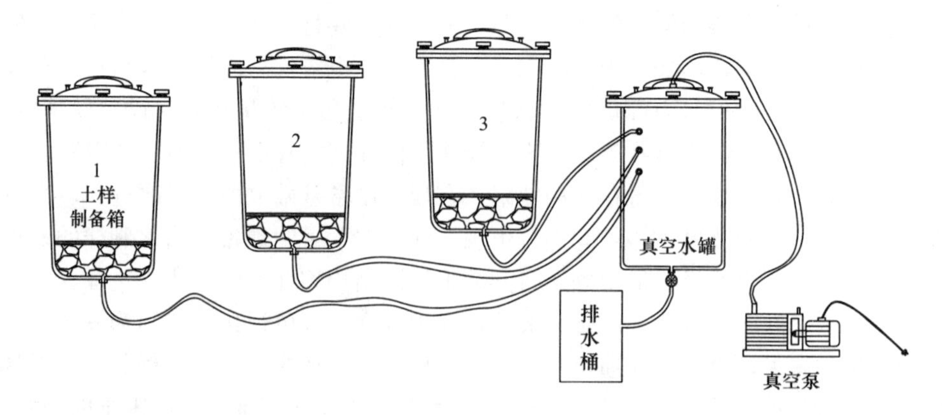

图3-4　多联通道重塑土真空预压设备原理图

土样制备桶呈圆台状，顶部直径为 350mm，底部直径为 300mm，高为 500mm，如图 3-5 所示。顶部开口处安装旋钮密封盖 3，密封盖上设有直径为 10mm 的排气阀 3 以及安全阀 4。土样制备桶内部主要由两部分构成：上部空腔 6 和下部排水层 8，上下部通过透水孔 7 隔开，并在透水孔上设有 100 目过滤网；排水层铺设透水石，与过滤网一同起反虑作用，减少抽水过程中细颗粒的流失。在排水层下方设有排水孔，通过排水管道 10 将土样制备桶与真空水罐连接。并且在土样制备桶顶部还设有压力传感器 11，可以将土样制备桶内负压数据传输到智能显示系统，便于实时掌握制土过程的真空度。

真空水罐设计如图 3-6 所示，为直径 350mm 的圆柱形钢化玻璃桶，顶部分别设有与大气连通的排气阀和安全阀，真空管道 12 将真空水罐与真空泵相连。内部侧壁设有压力传感器 15 与水位传感器 16，三个入水口 17，分别由水管连接至三个土样制备箱底部。水罐底部设有排水阀门 13，制样过程中处于关闭状态，待制样结束后打开并通过排水管 14 将水罐中的水排入排水桶。

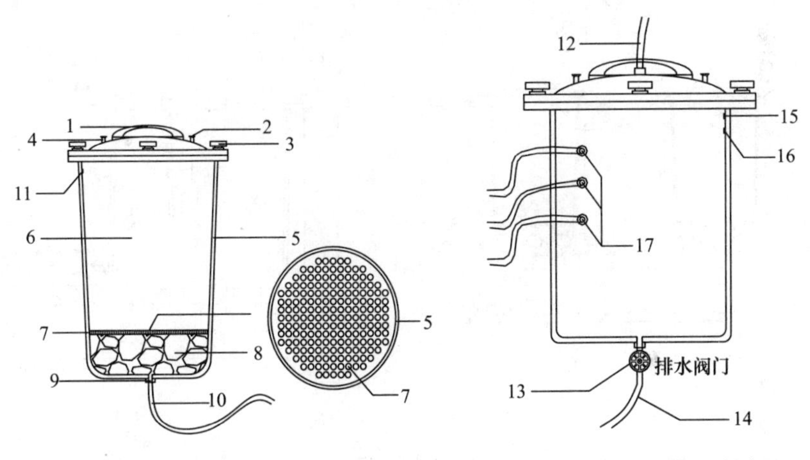

图 3-5 土样制备桶详图　　图 3-6 真空水罐设计详图

智能控制系统为长方体塑料盒，内置智能控制芯片，分别与土样制备桶内压力传感器、真空水罐内压力传感器和水位传感器、真空泵连接，实时获取工作过程中各项指标。试验时通过智能控制系统设置负压上、下限值，可实时获取真空水罐内压力传感器的数据，调整真空负压值在设定范围。智能控制系统设有土样制备桶工作指示灯，可以显示土样制备桶是否处于正常工作状态，其开启状况与土样制备桶中压力传感器所示负压相关：当土样制备桶中负压≠0MPa 时，说明土样制备桶中真空度不满足试验设置需要，可能是密封盖未盖紧，或者土样与桶壁之间、土样内部出现贯通裂隙，此时指示灯开启，提示需要检查土样制备桶内部状况，以确保设备的有效运转。同时也可以根据需求量，智能选择单通道单桶制样或者多联通道多桶制样，更具人性化。

上述设备安装在由长方体钢化玻璃与钢骨组合而成的框架箱内，顶部平面分布四个圆形孔洞用于放置土样制备桶与真空水罐，内部由钢骨组成支撑。框架箱底部放置真空泵 22，真空泵抽气口 20 与真空水罐相连，21 与智能控制系统相连。框架箱正面安装有智能控制系统 18。框架箱底部设有万向轮，便于移动。

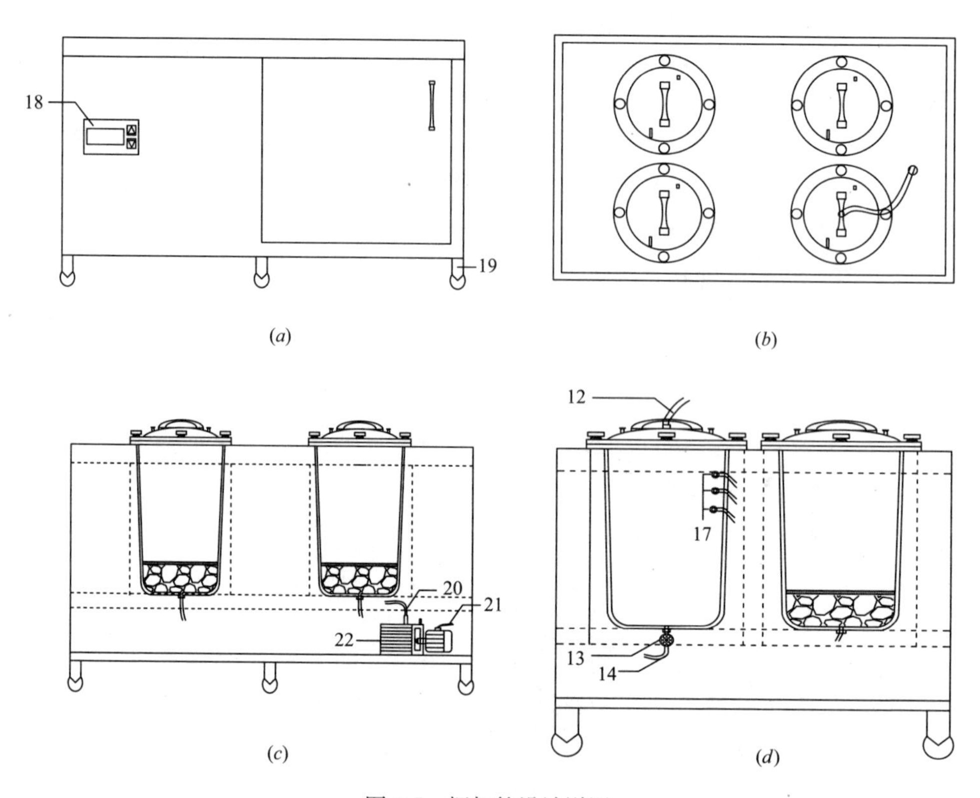

图 3-7　框架箱设计详图

(a) 正视图；(b) 俯视图；(c) 内部构造正视图；(d) 内部构造侧视图

本设备与现有技术相比，主要具有以下五大特点：(1) 设备共设有三个土样制备桶，可根据制土需求量，智能选择单通道单桶制土或多联通道多桶制土；(2) 通过智能控制显示系统的设置可以保证设备的有效运转，包括土样制备桶内的真空度和真空水罐内负压值及水位线高度，实现制样过程的智能化、可视化；(3) 试验操作安全快捷，仅需将泥浆倒入土样制备罐，做好密封措施，进行智能系统参数设置，打开开关即可完成操作；(4) 制样结束后，采用不同尺寸的取土器进行取土，减少拆模时对内部结构的扰动，同时可满足不同试验对土样尺寸的需求，具有安全灵活的特点。

3.3.2 重塑土样制备过程

重塑黏土制样过程如下：（1）取杭州某工地原状黏土，置于烘干箱内烘干，采用破碎机将大块土破碎，再进一步进行人工碾碎，过 0.2mm 筛出细颗粒干土，称重 $M_{干}$；（2）将自来水进行真空处理，尽可能排去空气，取一定量的无气水与过筛后干土混合浸泡，并用搅拌机充分均匀搅拌，记录加水质量 $M_{水}$；（3）将搅拌均匀的泥浆分层倒入土样制备箱，每加入一层泥浆后，人工抹平泥浆表面；（4）泥浆注入完成后，拧紧土样制备箱和真空水罐密封盖上的螺旋钮使其处于密封状态；（5）开启设备，设置智能控制系统的各项参数，真空负压值上限－0.8MPa，下限值－0.6MPa，设备运行过程中可以通过真空水罐内压力传感器实时获得负压值，当不足－0.6MPa 时真空泵自动开启进行抽真空，达到－0.8MPa 时停止工作。还可以通过智能显示系统上的土样制备桶工作指示灯掌握各土样制备桶的工作状态，确保其真空固结的有效性。（6）制样过程中可以通过智能控制系统了解真空水罐内排水高度 h(m)，已知圆柱形真空水罐底面积 S (m^2)，干土质量 $M_{干}$，加入水的质量 $M_{水}$，可以建立重塑土含水率 ω 的量化指标：$\omega=\dfrac{M_{水}-\rho_{水} Sh}{M_{干}}\times100\%$。制样前根据需求设计重塑土的目标含水率，则可以通过排水高度的测定，实现制样过程的可视化。（7）试样制备完成后，根据后续试验的需要，选取不同尺寸的取样器将土样取出，并将其置于恒温恒湿的土样储存箱内备用。

3.3.3 重塑土样均一性论证

试样均匀性对结构性质有重要影响，为了确保后续研究成果的可比性和精确度，利用荷兰 FEI 公司生产的 QUANTA FEG 650 型场发射扫描电镜（如图 3-8 所示），观测重塑土样不同高度处水平、垂直断面的微观结构，并对其孔隙结构参数进行对比，论证其均匀性。

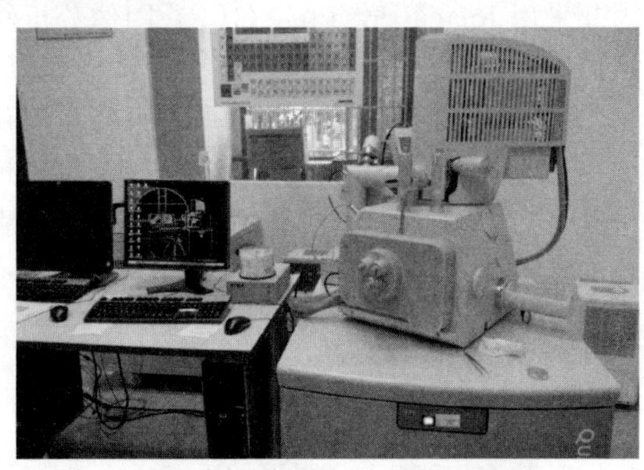

图 3-8 场发射扫描电子显微镜

留取重塑土样的芯部，切取长约10cm，断面约2cm×2cm的土条进行干燥处理后，沿试样高度方向，每2cm选取一个水平和垂直断面作为观测面，用刻刀在断面四周刻一道划痕，沿此划痕掰开，获得新鲜的观察断面。在确保观察面不受扰动的前提下，将试样切削、打磨成5mm×5mm×2mm的微观试样，再用洗耳球吹去观测断面上松动的浮土颗粒。由于软黏土导电性较差，为确保微观图像的质量，干燥试样表面喷镀一层20～50nm金膜作为导电物质。SEM试验选取8000倍放大倍数，对具有代表性的区域连续拍摄15张照片。图3-9分别为某高度处重塑土水平和垂直断面的微观结构图像，可以看出采用新型多联通重塑土真空预压设备所制备的重塑土呈片状结构，颗粒单元之间多以边-边、边-面的方式接触，颗粒之间接触较紧密，挤压镶嵌结构明显。有孔隙发育，但是孔隙尺寸较小且分布较少，无明确定向性，主要存在于团粒和颗粒之间。

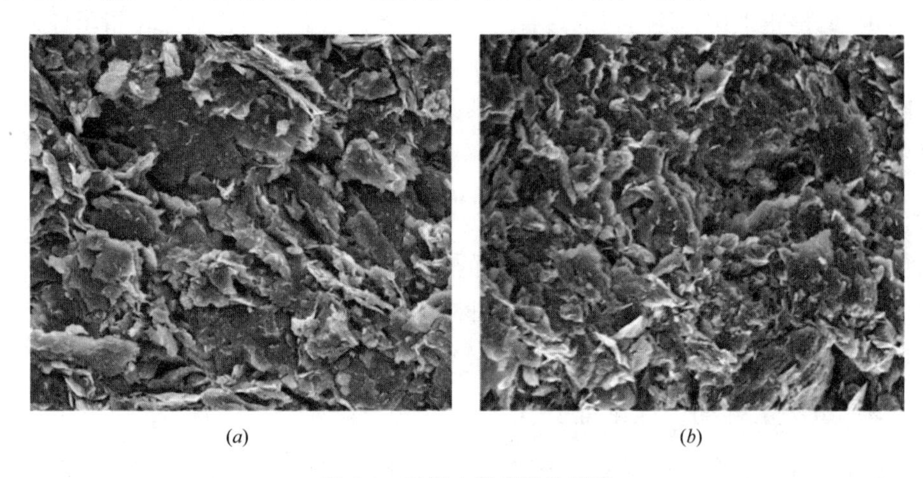

(a)　　(b)

图3-9　重塑土微观结构图像

(a) 水平断面；(b) 垂直断面

在电镜扫描图像中，团粒单元体中的孔隙可以观察到，但对于微粒单元中的孔隙则较难发现，因此采用Image Pro Plus（IPP）图像分析软件对微观照片进行二值化处理。通过识别、标记得到微观结构的特征参数，并统计各孔隙的各项特征参数。如图3-10即为各高度上重塑土样水平和垂直断面孔隙面积的分布情况，水平断面各组试样孔隙面积分级统计方差均小于1.74885E-05，垂直断面各组试样孔隙面积分级统计方差均小于1.36E-05，从孔隙分布情况可以看出该重塑土样具有较好的均匀性。

3.3.4　试样制备

试验用土取自杭州地铁1号线沿线某基坑工地，根据章节3.3.2中介绍的方法将试验土制作成均一性良好的重塑土。制得的重塑土密度ρ=1.81～1.83g/cm^2，

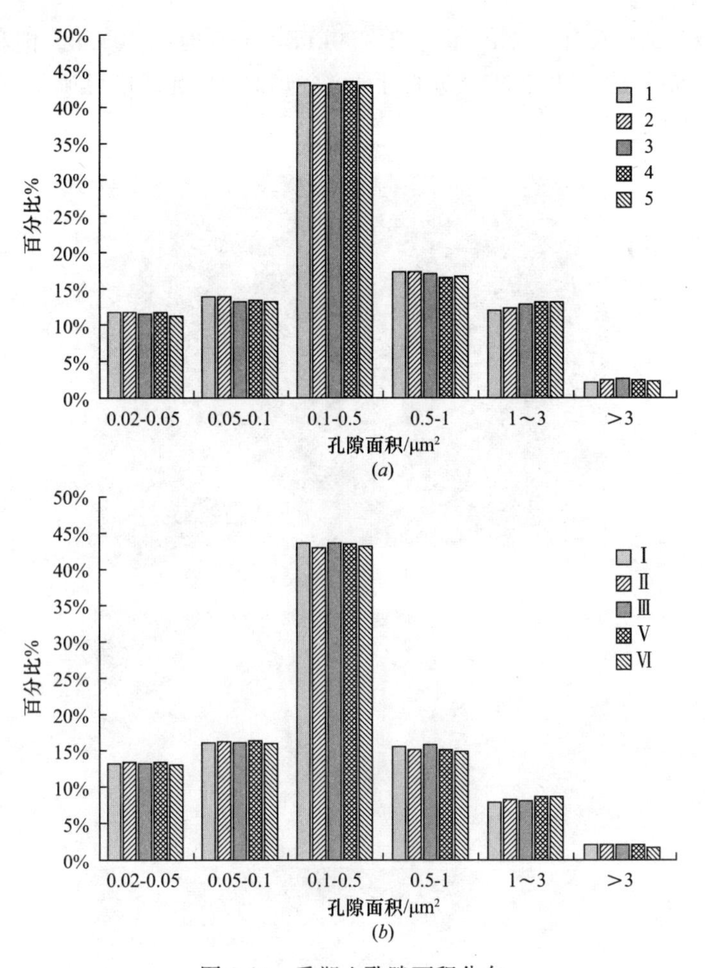

图 3-10 重塑土孔隙面积分布

（a）水平断面孔隙面积分级统计；（b）垂直断面孔隙面积分级统计

比重 $G_s=2.75$，含水率 $\omega=42.9\%\sim47.5\%$，塑限 $\omega_p=33.4\%$，液限 $\omega_L=51.6\%$，塑性指数 $I_p=18.2$。根据相应的试验方案将重塑土块切成 $D\times H=38\text{mm}\times76\text{mm}$，$D\times H=50\text{mm}\times100\text{mm}$ 等尺寸的圆柱体，按照土工试验规程 SL237-1999 的要求进行真空包和：将试样装入饱和器放置在负压为－0.1MPa 的真空缸中，抽真空 3 小时后，向真空缸中缓慢注入无气水直至淹没试样，继续维持 0.1MPa 负压半小时后，缓慢打开进气阀，最终试样在大气压下静置 12 小时以上，此时试样饱和度可确保在 0.98 以上；将试样装入动三轴仪压力舱后分级施加反压继续饱和：为防止反压迅速变化可能产生的试样扰动和结构破坏，在分级饱和的过程中始终保持围压和反压的差值为 20kPa，第一级反压 130kPa，围压 150kPa，饱和时间 30min，孔压稳定后采用线性加载的方式施加第二级饱和荷载（反压 180kPa，围压 200kPa，历时时间 30min）；采用和第二级相同的加载方式施加第三级荷载：反压 230kPa，围压 250kPa，饱和时间 60min。饱和后程序立即进入B检测阶段，由于试样进行了两次饱和，本组试样可确保B检测值在5min内达到0.99甚至更高。

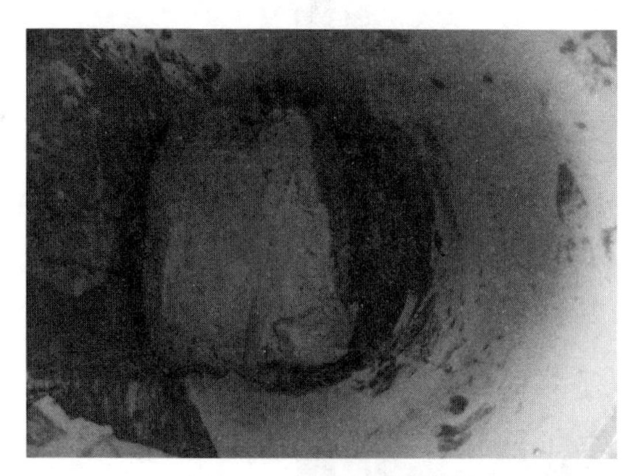

图3-11　固结成型切块

图3-12　切成试验所需土样

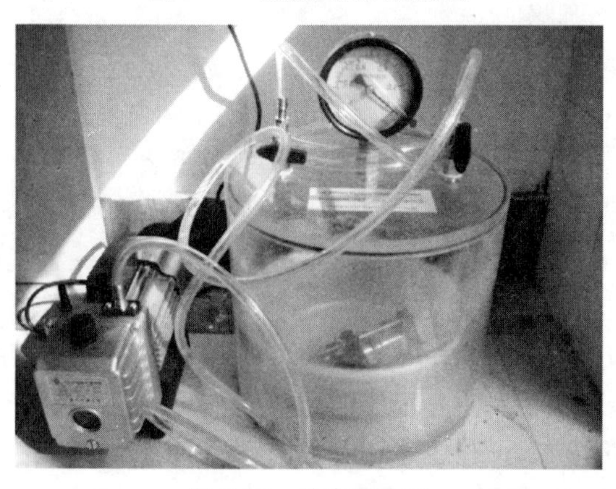

图3-13　抽真空饱和

3.4 试验常用荷载分析

几十年来国内外学者对土的动力特性进行了大量研究也取得了丰硕的成果，这些研究中很大一部分是以室内动三轴试验为基础的。由于动荷载的种类繁多，在室内试验研究循环荷载作用下黏土动力特性时需根据所研究的问题选取适当的试验荷载。

作者通过对近百篇国内外软黏土动三轴试验相关文献的整理，选取了比较有代表性的研究成果进行分析，见表 3-1。

试验条件汇总表 **表 3-1**

文献	背景	研究内容	土类别	固结条件	固结应力	动应力比	波形	频率	振次
6	列车荷载	长期沉降	软黏土	等向	25	0.387，0.475，0.61	正弦波	0.5	10000
48	地震荷载	孔压	黏土	等向		0.27～1.1	正弦	0.01，0.1，0.5，1	3000
75	地震交通	孔压	黏土	偏压	196	0.375～0.6	正弦	0.1	2000
54	地铁荷载	应变	淤泥质粉土	等向	60～130	0.1～0.4		0.5，1，1.5，2	10000
59	地铁荷载	孔压	黏土	偏压	200	0.05～0.1	正弦	0.5，1.5，2.5	5000
70		孔压	软黏土	等向	60	0.333～0.958	正弦波	0.01～8	10000
71	交通荷载	孔压～应变	黏土	等向	60	0.333～0.958	正弦	1	5000
81	地铁荷载	强度，孔压	海相软土	等向，偏压		0.06	正弦	0.73，1.22	10000
88	地震、波浪	应变软化	软黏土	偏压		0.16～0.35	正弦波	1	10000
98	交通荷载	骨干曲线	软黏土	等向	50，100，150	0.05～0.4	正弦波	4	3000
100		流变	软黏土	偏压	52.8	0.185～0.757	正弦波	0.01，0.1，1	100000
106	高铁荷载	变形	软黏土	等向	25～300	0.38～0.66	正弦波	1	100000
107	交通荷载	变形	软黏土	等向	100，200	0.5，0.25，0.2	三角形波	0.5	10000

续表

文献	背景	研究内容	土类别	固结条件	固结应力	动应力比	波形	频率	振次
108	波浪交通	应变速率	软黏土	偏压		0.25～0.75	三角形波	0.5，0.75，1	100000
177	交通荷载	变形	超固结软土	超固结	60	0.333～0.958	正弦波	0.01，0.1，1，2，4，8	5000
178	地铁荷载	应变	淤泥质黏土	等向	95	0.1	正弦波	0.5、0.8、1.5、2.5	10000
179	地铁荷载	应变	软黏土	偏压	70，100，130	0.1，0.2	正弦波	0.5、1.5、2.5	5000
180	交通荷载	长期沉降	软黏土	等向	100，200	0.2，0.25	正弦波	0.5	10000
181	交通荷载	应变	软黏土	等向	50、100、150	0.05～0.4	正弦波	4	3000
182	交通荷载	应变	软黏土	偏压		0.416～0.958	正弦波	0.01～1	
183		应变软化	软黏土	等向，偏压		0.333～0.749	正弦波	1，2，4，8	50000
184	地震	动模量	粉土	等向			正弦波	1	<2000
185	交通荷载	动力特性	软黏土	等向	50，100，150	0.2～1			10000
186		孔压	黏土	偏压		0.56，0.63，0.75	正弦，非等幅		
187		软化—孔压	黏土	偏压		0.333～0.749	正弦	1	
188		孔压	黏土粉砂	等向，偏压			正弦		1000
189	打桩	孔压，强度	软土	等向		0.2～0.5	正弦		1000
190		孔压	黏土	等向			正弦		40
191		孔压	黏土	等向			矩形	0.01667	2000

从表3-1可以看出：无论是交通荷载还是波浪荷载或者地震荷载，在室内试验研究时荷载基本被简化为正弦波，少数研究者使用了矩形波和三角形波；固结应力25kPa到200kPa不等；动应力比从0.05到1.1不等；频率从0.01Hz到8Hz不等；循环次数基本在10000次以下少数在50000次以上。由于真实荷载类型复杂、采集成本高加之针对某一交通荷载的研究成果不具有对地铁列车荷载的普遍适用等原因，在室内试验研究地铁列车荷载时采用简化的荷载形式是一种合

理的选择，但是这种荷载简化需要尽量保留列车荷载的主要特性不至于过于失真。在现有研究中很多研究者在没有加以论证的情况下直接参照了以往的研究成果。为尽量消减试验所用波形产生的试验误差，采用较为合理的简化波形在试验前必须做好荷载验证工作。

3.5 验证方案及结果分析

为了使该组试样更具可比性，所用土样统一采用上述均匀重塑土：其含水率42.19%～46.22%，比重2.68，塑限18.4，液限52.5，塑性指数34.1。抽真空饱和后再采用反压饱和的方式确保试样达到较高的饱和度（B值在0.99及以上）。在进行列车荷载加载时采用杭州地铁的真实参数：列车共6节车厢，总长度120m左右，正常运营情况下最高时速可达80km/h，平均时速37km/h以上。综合考虑不同形式荷载的对比性以及列车荷载的不完整性等方面的因素，试验中将列车通过时间设置为5s，等效时速86.4km/h，图3-14是杭州地铁的列车模型；当地铁经过时地基土某一点所受动荷载形式如图3-15。

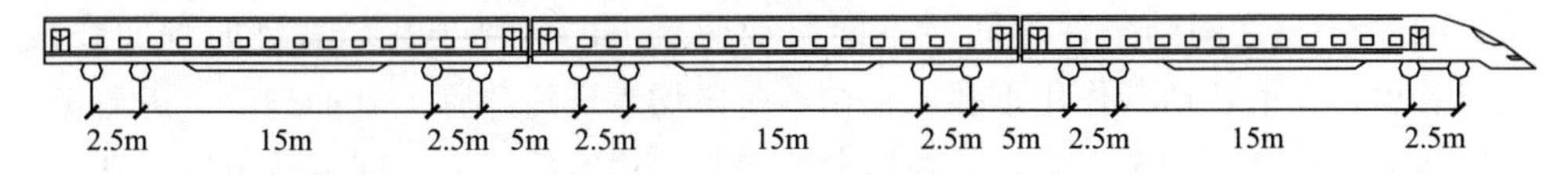

图3-14 杭州地铁列车模型

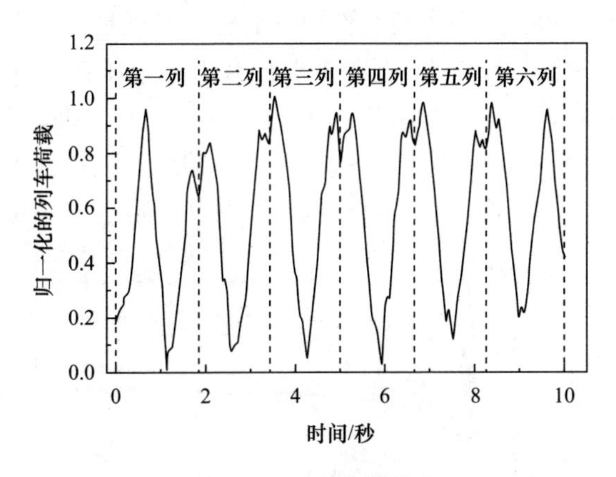

图3-15 列车荷载形式

3.5.1 试验方案

为了对比不同形式动荷载与列车荷载的相似度，本文选取了常用的正弦波、三角形波、矩形波和偏压正弦波。其中偏压正弦波的施加方式，与以往研究不同：本文所施加的偏压与正弦波同时施加，如此可以反映列车通过的瞬间才产生偏压的状态。实验方案见表 3-2。

荷载对比方案　　表 3-2

试样编号	固结应力/kPa	试验波形	排水条件	频率/Hz	循环次数
C-1	200	正弦波	不排水	1	50000
C-2	200	三角形波	不排水	1	50000
C-3	200	矩形波	不排水	1	50000
C-4	200	偏压正弦波	不排水	1	50000
C-5	200	列车荷载	不排水	0.2	50000
C-6	200	偏压正弦波	排水	1	50000

3.5.2 试验结果分析

在不同形式的循环荷载作用下软黏土所表现的出来的动力特性会有所差异，通过这种差异分析，在模拟列车荷载时要选取最接近真实情况的简化荷载。

3.5.2.1 孔压试验结果分析

图 3-16 是在固结条件相同时不同振动荷载下的软黏土孔压发展时程曲线，可以看出：在上述荷载作用下孔压在初始阶段均表现为急骤上升的趋势，随着振动次数的增加孔压增幅变缓，并在后期趋向某一稳定值。但不同振动荷载下孔压发展情况仍有所不同：在不排水条件下矩形荷载、三角形荷载以及正弦荷载三者孔压发展较为接近，相较于列车荷载作用下的孔压发展趋势后者在较少的振动次数下即可进入稳定阶段。图 3-15 表明矩形荷载下，孔压在 30000 次循环后基本趋于稳定；三角形荷载、正弦荷载作用下孔压在 50000 次循环时仍有上升趋势；而列车荷载作用下 15000 次左右时已趋于稳定。偏压正弦荷载下孔压发展模式与列车荷载下的孔压较为接近，在 15000 次左右时孔压也进入稳定阶段，只是最终

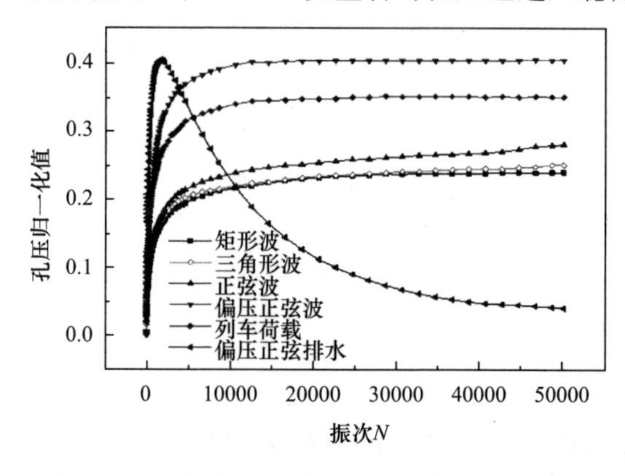

图 3-16　不同荷载条件下的孔压发展规律曲线

的稳定值要略高于列车荷载下的孔压。在模拟列车荷载下软黏土的不排水孔压时偏压正弦波比矩形波、三角形波以及正弦波效果更好，且模拟结果偏于保守。

在排水条件下，孔压会经历迅速上升、下降、趋于稳定三个阶段，在本次试验中经过 1691 次振动后孔压即达到峰值。

3.5.2.2 应变实验结果分析

图 3-17 矩形波下软黏土轴向应变随循环次数的发展趋势，可以看出在矩形荷载下轴向应变在循环开始时拉压等幅，随着振动次数增加压应变出现了先减小后增大的趋势，而拉应变与之相反表现为先增大后减小，整个过程拉应变占据主导地位。

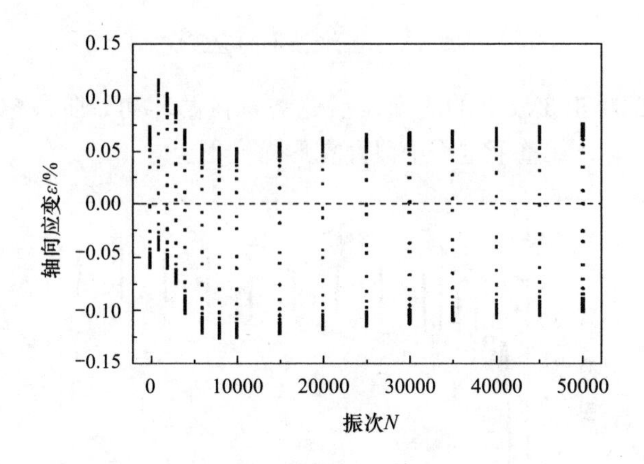

图 3-17 矩形波下的应变

如图 3-18 在三角形荷载作用下压缩应变随着振动次数的增加逐渐增大拉伸应变逐渐减小，最终压应变略大于拉应变。

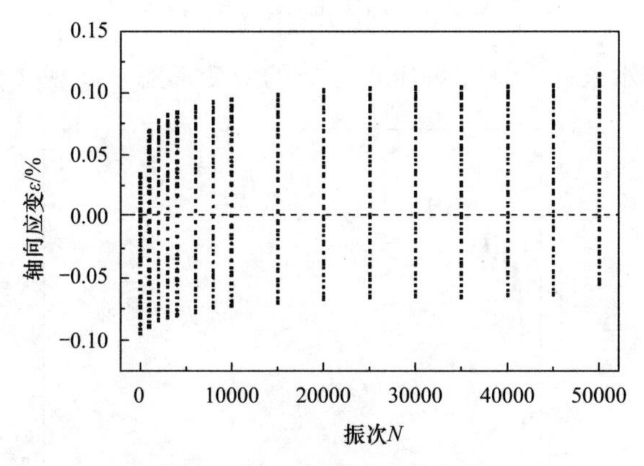

图 3-18 三角形波下的应变

如图 3-19 在正弦荷载作用下，循环开始时拉应变与压应变等幅，随振次增加拉应变增大压应变减小，最终拉伸应变仍然存在但远小于压缩应变。

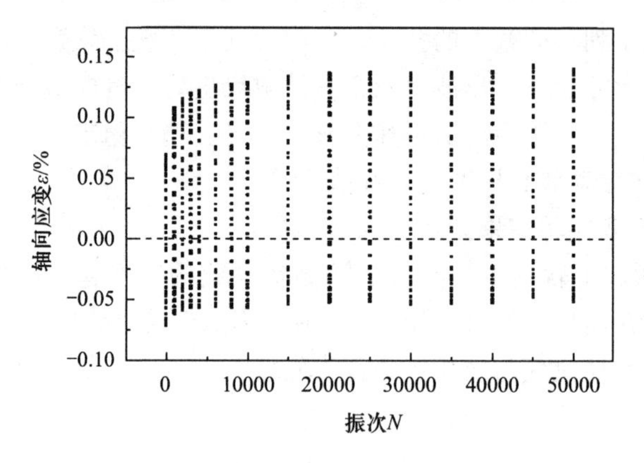

图 3-19　正弦波下的应变

图 3-20 是偏压正弦波下的应变发展趋势，在循环初始阶段累计变形迅速增加并逐步趋于稳定，在整个过程中只存在压缩变形。

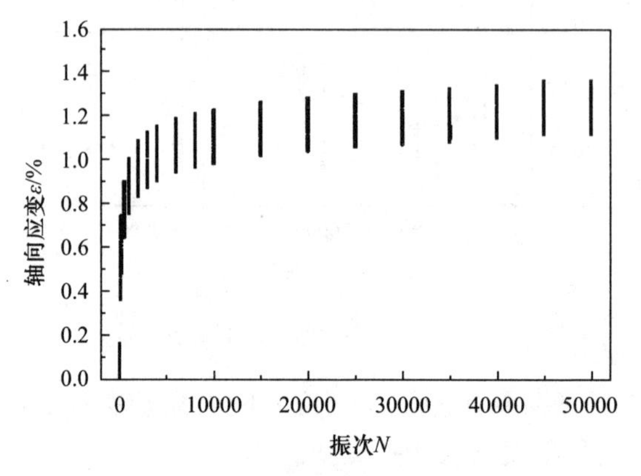

图 3-20　偏压正弦波下的应变

图 3-21 是排水条件下施加偏压正弦波的应变形态，在现实工况下由于黏土

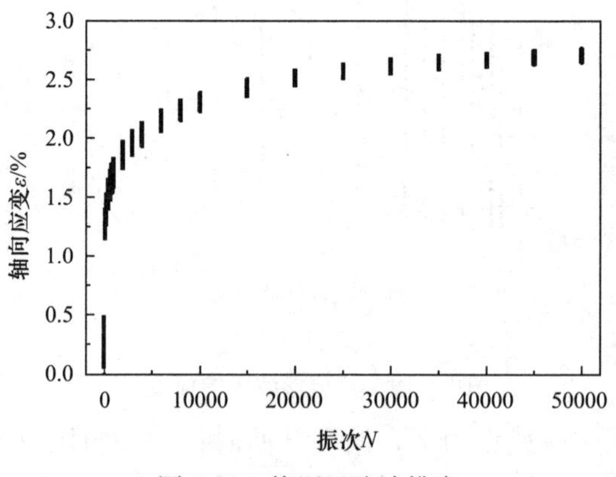

图 3-21　偏压正弦波排水

地基处于排水与不排水之间，应适当考虑一定的排水因素。和不排水下的变形相比，孔隙水的排出会使土体在动载下的累计变形进一步增加。

在真实的列车荷载作用下，不会产生拉力进而土体变形只存在压缩变形，并且在荷载施加初期变形速率较快，随着振动次数的增加变形速率逐渐减小最终达到变形稳定，如图 3-22 所示。

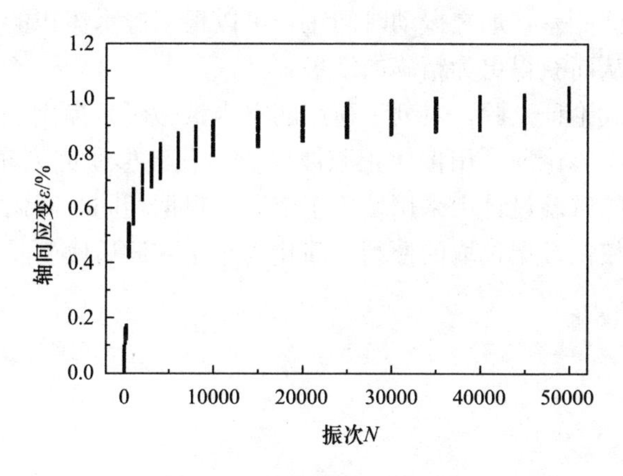

图 3-22 列车荷载下的应变

对比不同动载下软黏土轴向应变随循环次数的发展趋势，真实的列车荷载作用下：在循环初始阶段累计变形迅速增加并逐步趋于稳定，在整个过程中只存在压缩变形，从这一方面来说偏压正弦荷载更逼近真实的列车荷载。黄博[26]等在研究列车荷载时曾提出用半正弦波来模拟，在半正弦波下虽然土体不会产生拉应力但是半正弦波不能反映列车的瞬时偏压。王常晶等[25]研究表明列车经过时是存在偏压的，但在试验模拟时采用的是先施加偏应力再施加动载的方式。综合上述分析，偏压正弦荷载用于模拟列车试验荷载时比矩形波、三角形波、正弦波、半正弦波更有优越，可兼顾真实性、可重复性、简便已操作等方面的优势。

3.6 本章小结

为了克服原有真空固结制土设备存在的制备土样灵活性差、固结时间过长、试验设备简陋、操作复杂等缺点，发明了一种新型重塑土真空制样技术；同时本章归纳总结了近年来室内动三轴试验研究软黏土动力特性的加荷条件。在试验的基础上论证了用室内试验模拟交通荷载的可行性，对荷载控制方式进行研究并获得了以下结论：

（1）通过微观扫描试验对本文制备的重塑土样进行水平和垂直断面孔隙结构的扫描试验，孔隙面积分级的定量统计结果证明了其具有较好的均一性。

（2）在列车荷载作用下，地基土中只有压应力而没有拉应力，因而采用正弦波、三角形波、矩形波来模拟列车荷载是不合理的；偏压正弦波可以较好地模拟列车荷载，该种波形式简单可重复性强，在室内试验中具有普遍适用的优点方便对比。

（3）列车荷载下地基土的排水状态介于排水与不排水之间，在黏土地基中由于土体自身排水性能差，加之振动时间短，可以根据排水体积的多少对不排水变形结果进行修正从而获得更为精确的结果。

（4）通过荷载论证试验，对列车荷载的室内试验研究提供了依据，获得了相应的试验方案。实验论证了用偏压正弦波作为简化波形研究列车荷载的可行性，作者在以下研究的试验设计中采用偏压正弦波，根据相同时间内列车荷载出现的峰值数为标准，权衡数据选取的便利，简化为半正弦波后频率采用1Hz。

第 4 章　地铁列车荷载下软黏土孔压试验研究

4.1　引言

循环荷载会使土体的超孔隙水压力产生变化，从而使土体的力学性能改变。列车荷载作用下，土体超孔隙水压力的上升会使土体有效应力减小，加速土体的软化进而影响土体的强度和稳定性。在软土地区由于黏土的渗透系数小、超孔隙水压力积累迅速而消散缓慢，且在地铁循环荷载作用下，孔隙水压力的累积、消散是土体变形和强度降低的主要原因之一，因此建立合理的孔压模型是预测地铁长期沉降的重要手段。

在列车荷载下软黏土的孔压发展状况不仅与运营列车的荷载条件和原状土层性状相关还与轨道的前期施工有关，施工扰动，如盾构扰动的影响将持续到地铁运营期，葛世平[192]对上海地铁的研究表明地铁施工的影响要 1～3 年方能稳定，对于土质性状差的地区这个时间会更长；某盾构试验段覆土深度为 6.8～7.8m，固结沉降历时达 5 年[193]；而盾构隧道建成到正式运营一般只有 1 年左右时间，所以地铁刚开始运营时，隧道施工引起的超孔压仍然存在固结并未完成，因此在研究时要考虑到前期施工扰动对长期运营的附加影响。本章将对以往研究成果进行归纳总结，在试验的基础上建立能够反映不同固结程度的孔压模型，以及适用于排水条件下的孔压模型。

4.2　现有孔压模型归纳

目前，循环荷载下孔压发展模型的相关成果报道更多的是砂土、粉土，而软黏土相对较少。表 4-1 总结了国内外研究者近些年来在动三轴试验中获得比较有代表性的循环荷载下饱和软黏土孔压模型及试验条件。

孔压试验模型归纳　　　　**表 4-1**

文献	固结条件	频率/Hz	振次	孔压模型
Atilla M. Ansal[48]	等向	0.01，0.1，0.5，1	<3000	$u^* = (a-b\lg N-\tau_t)(c+\lg N)$
MASAYUKI HYODO[75]	偏压	0.1	<2000	$u^* = \tau_e\left(\frac{1}{\eta_s}-\frac{1+\varepsilon}{a\varepsilon}\right)$

续表

文献	固结条件	频率/Hz	振次	孔压模型
周建[51]	等向		<3000	$u^*=(a+b)\ln N$
唐益群[55]	K_0 固结	2.5	60000	$u=u_t-\dfrac{u_t-u_0}{1+a\ (N/b)^c}$
王元东[59]	偏压	0.5，1.5，2.5	5000	$u^*=a(\lg N)^2+b\lg N+c$
陈春雷[74]	等向	1	5000	$\varepsilon=a(u^*)^b+c$
叶俊能[81]	等向、偏压	0.73，1.22	10000	$u^*=aN^b$
章克凌[186]	偏压			$u^*=\dfrac{N}{a+bN}$
王军[187]	偏压	1		$u^*=a\delta^2+b\delta+c$
陈国兴[188]	等向、偏压		<1000	$u^*=\dfrac{N/N_f}{a+b(N/N_f)}$
聂庆科[189]	等向		<1000	$u^*=u_f(1-e^{-at/t_f})$
NEVENMATASOVIC[190]	等向		<40	$u^*=a(\varepsilon_c-\varepsilon_t)^2+b(\varepsilon_c-\varepsilon_t)$
NYAL E. WILSON[191]	等向	0.01667	<2000	$\Delta u^*=a\cdot\Delta\varepsilon$

为了方便不同模型间的对比和理解，作者已将模型的符号进行了统一处理，其中 N 为循环次数；u^* 为第 N 次循环结束时的孔压归一值：$u^*=\Delta u/\sigma_3$，Δu 为相应的超孔压，σ_3 为有效围压；δ 为软化系数，$\delta=1-a\lg N-b(\lg N)^2$；$\varepsilon$ 为与 N 对应的应变值；N_f 为试样破坏时对应的循环次数；t_f 为孔压达到稳定时的振动时间，u_f 为稳定孔压归一化值；τ_t 为门槛循环应力比；ε_c 为双幅应变幅值，ε_t 为门槛循环应变；τ_e 为达到5%双幅应变所需的有效循环应力幅值比；η_s 为总应力路径上某一点所对应的有效应力比；Δu^*，$\Delta\varepsilon$ 为 u^*，ε 的变化值；u 为孔压值；u_o，u_t 分别为静水压力值和超孔压极限值；a，b，c 均为针对不同实验条件的拟合参数。

上述模型大致可分为：双曲线模型、幂函数模型、负指数模型、对数模型、孔压-应变模型、孔压-应变软化模型等。由于实验条件的差异，章克凌模型[186]只在循环周期较少（小于10次）的情况下适用；幂函数模型[81]在孔压增长阶段拟合程度高，但在不排水试验中随着循环次数的增加孔压将趋于稳定而该模型在循环后期的收敛性不好，对于超固结土在循环荷载下孔压先下降后上升的趋势该模型也不适用；一阶对数模型[51]对实验数据的拟合效果不佳，但在拟合系数中考虑了超固结比、门槛循环应力比的影响；二阶对数模型[59]虽然没有考虑门槛循环应力但是由于实验建立在工程实测数据的基础上，仍然有很大的参考价值；负指数模型[189]大多运用在粉土砂土中，如曾长女[194]、黄斌[195]等建议了类似的模型，该模型在软黏土中的应用报道不多，有待于进一步考证；孔压-应变模型[74-75,187,190-191]均将孔压的发展与应变发展相联系，但是在试验中应变规律大多没有孔压的发展规律明朗，对实验的控制需要把握得相当精确并且需要大量的试验重复才能得到可靠的结果，MASAYUKI HYODO[75]在试验中发现将孔压与应变直接联系起来的结果并不理想，建议通过有效循环应力比的过渡来实现，只是式中的参数确定比较复杂。

上述各模型都是建立在试样完全固结基础上的，不能反映不同初始固结程度对孔压发展规律的影响，因此软黏土在循环荷载下的孔压发展模式有待于进一步研究。本文在室内 GDS 试验的基础上研究了固结程度、固结应力和循环应力比下饱和软黏土的孔压的发展情况，通过改变固结程度来模拟盾构隧道施工后土层的恢复状态，建立能够考虑前期施工影响的地铁长期荷载下的孔压模型，为地铁的运营安全及长期沉降研究提供参考。

除此之外以往建立的孔压模型基本都是针对非冻融土，目前对冻融循环作用的研究主要是关于季节性冻土的冻胀和融沉现象，然而人工冻土和天然冻土在形成过程、温度梯度和冻胀融沉等方面都存在一定区别，而对人工冻融土静、动力特性的研究尚处于起步阶段。王伟等[123]对滨海软土进行三轴试验研究冻融循环后的应力-应变本构关系模型，指出随着冻融循环次数的增加，应力-应变峰值逐渐减小，其软化特性也将逐渐消失，提出的复合软化指数模型能够较好的模拟其由软化到硬化特性的过渡特性。唐益群等[149]以上海某联络通道冻结法施工中原状和冻融作用后的粉质黏土为研究对象，分析不同加载频率下冻融前后土体的动应力-应变关系，并结合电镜扫描试验从微观角度解释宏观动力特性的变化机理。以上对人工冻融土的研究中，王伟[123]仅对人工冻融土的静力特性进行了研究，唐益群[149]未能对冻结法施工中的冻结温度、冻融循环周期以及融土初始固结度等因素对冻融土动力性质的影响进行深入研究。因此对地铁荷载下人工冻融土的孔压发展规律有待探讨，分析冻融过程中各因素的影响。

4.3 室内 GDS 试验

4.3.1 软黏土试验方法及方案

试验基于重塑黏土试样，原土取自杭州地铁二号线良渚站沿线。重塑土的制备采用新型多联通道智能重塑土真空预压设备，其设计原理与制样方法如第二章所述。前文 3.3 节对试样内部微观结构的试验结果也论证了其良好的均一性，确保了室内试验结果的可比性，减小因试验土样均一性的差异对试验结果的影响。为了实现不同固结程度的控制试验采用单面排水等向固结，试验过程可实时读取孔压值，按照平均固结度计算公式通过控制超孔压消散情况来完成：$U=1-\Delta u/p$，式中 U 为平均固结度，Δu 为超孔隙水压力，p 为平均有效固结应力。本文在研究一般软黏土孔压发展时主要考虑循环应力比、初始固结度以及排水条件的影响，试验方案如表4-2所示。

软黏土试验方案 表4-2

试样编号	循环应力比	固结应力/kPa	频率/Hz	初始固结度	是否排水	循环次数
C-1	0.2	100	1	0.98	否	50000
C-2	0.2	100	1	0.9	否	50000
C-3	0.2	100	1	0.8	否	50000
C-4	0.2	100	1	0.7	否	50000
C-5	0.2	150	1	0.98	否	50000
C-6	0.2	150	1	0.9	否	50000
C-7	0.2	150	1	0.8	否	50000
C-8	0.2	150	1	0.7	否	50000
C-9	0.2	200	1	0.98	否	50000
C-10	0.2	200	1	0.9	否	50000
C-11	0.2	200	1	0.8	否	50000
C-12	0.2	200	1	0.7	否	50000
C-13	0.1	200	1	0.98	否	100
C-14	0.05	200	1	0.98	否	100
C-15	0.03	200	1	0.98	否	100
C-16	0.02	200	1	0.98	否	100
C-17	0.2	200	1	0.98	是	50000
C-18	0.2	200		0.9	是	50000
C-19	0.2	200	1	0.8	是	50000
C-20	0.2	200	1	0.7	是	50000

4.3.2 冻融土试验方法及方案

冻融土的试验也是基于重塑黏土试样，根据第三章所述的制作方法制取试样后对其进行冻融循环处理。为了使冻融循环过程更近于冻结法施工工况，冻结时间的选取依照实际工程按比例换算[196]，本文冻结试样厚度约10cm，因此冻结时间选取为48h。参照文献［123］对试样进行冻融循环，将试样置于低温冻结箱（图3-4），在设置的实验温度下冻结48h，后再置于恒温恒湿养护箱中融化48h，此为一次冻融循环。因为地铁联络通道冻结法施工时冻结壁设计平均温度一般为－10℃，冷却介质选取－30℃左右，所以分别设置低温冷冻箱冻结温度为－30℃、－20℃和－10℃下进行48h恒温冻结，考虑地铁施工中土层可能存在二次冻结法施工[197]，因此设置0～2次冻融循环对比试验。将冻融循环后土样制备成直径38mm，高度76mm的圆柱体，参考土工试验规程（SL37-1999）进行真空饱和：将土样装入饱和器，置于−0.1MPa的真空饱水机抽真空饱和3h，再于大气压下浸泡12h。本文针对冻结温度、冻融循环周期以及融土初始固结度影响下的孔压发展规律进行室内动三轴试验，考虑地铁施工中土层可能存在二次冻结法施工[197]，因此设置0～2次冻融循环对比试验，试验方案如表4-3所示。

冻融土试验方案 **表4-3**

试样编号	循环应力比	静偏应力/kPa	频率/Hz	冻结温度/℃	冻融循环周期	初始固结度	循环次数
C-1	0.2	40	1	—	0	100%	20000
C-2	0.2	40	1	−30	1	100%	20000
C-3	0.2	40	1	−20	1	100%	20000
C-4	0.2	40	1	−10	1	100%	20000
C-5	0.2	40	1	−30	2	100%	20000
C-6	0.2	40	1	−20	2	100%	20000
C-7	0.2	40	1	−10	2	100%	20000
C-8	0.2	40	1	—	0	90%	20000
C-9	0.2	40	1	—	0	80%	20000
C-10	0.2	40	1	—	0	70%	20000
C-11	0.2	40	1	−30	1	90%	20000
C-12	0.2	40	1	−30	1	80%	20000
C-13	0.2	40	1	−30	1	70%	20000
C-14	0.2	40	1	−20	1	90%	20000
C-15	0.2	40	1	−20	1	80%	20000
C-16	0.2	40	1	−20	1	70%	20000
C-17	0.2	40	1	−10	1	90%	20000
C-18	0.2	40	1	−10	1	80%	20000
C-19	0.2	40	1	−10	1	70%	20000

4.4 试验结果分析

4.4.1 不排水试验结果分析

4.4.1.1 循环应力比对孔压孔压的影响

图4-1、4-2分别为不同循环应力比下的孔压和应变发展形态，可以得到孔压上升速度和应变发展速率均随着循环应力比的增加而增加。当循环应力减小到一定水平时不管循环的次数怎么增加孔压都将不再发展，这一特定值被称作门槛循环应力比[48]，由图4-1可以看出循环应力比减小至0.02时孔压已不随振动次数的增加而发展，循环应力比为0.03时孔压随振次的增加尚有变大趋势，因而可

以认为杭行路地区软黏土的门槛循环应力比在 0.02～0.03 之间，这与周建[51]用杭州电信局东新分局大楼场地土试验所得门槛循环应力比 τ=0.02 的结果接近。在已知地铁荷载衰减规律时，测试门槛循环应力比可为计算长期沉降确定计算土层厚度提供理论参考。值得指出的是土体固结状态以及加荷频率都可能对门槛循环应力比造成影响。结合图 4-2 可以看出在循环应力比 τ=0.02 时试样的应变几乎没有发展。

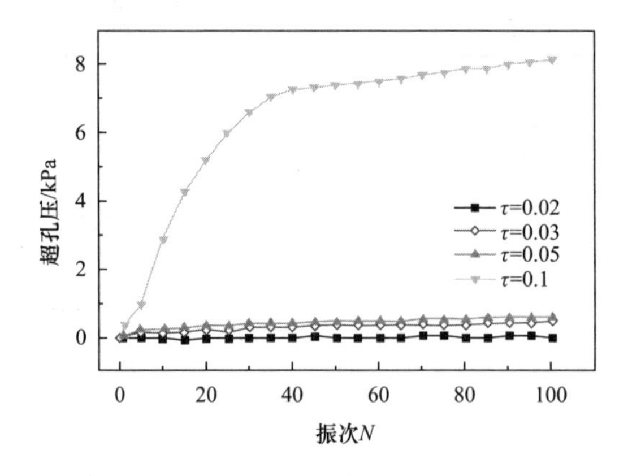

图 4-1　超孔压与振次关系

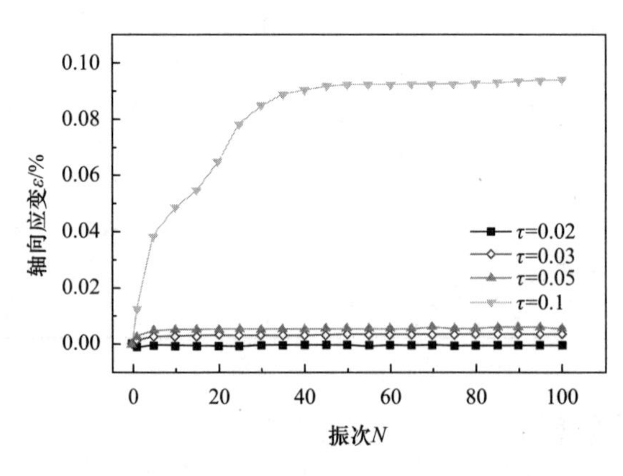

图 4-2　应变与振次关系

4.4.1.2　考虑初始固结程度的孔压发展规律

由图 4-3 可以看出随着振次 N 的增加孔压在初始阶段迅速增加，在循环荷载施加 10000 次左右时孔压已基本稳定。固结程度愈高的试样孔压达到稳定所需的时间愈长，固结程度低的试样会快速达到稳定值，这主要是因为高固结度的试样土粒结构更加密实不利于孔压的发展。但是在孔压达到稳定试的情况下不同固结程度的土体孔压增长的幅度是接近的，本组试样中相对孔压值增幅均在 0.4 左右并不会因高固结度的土体孔压增长空间更大而变大。

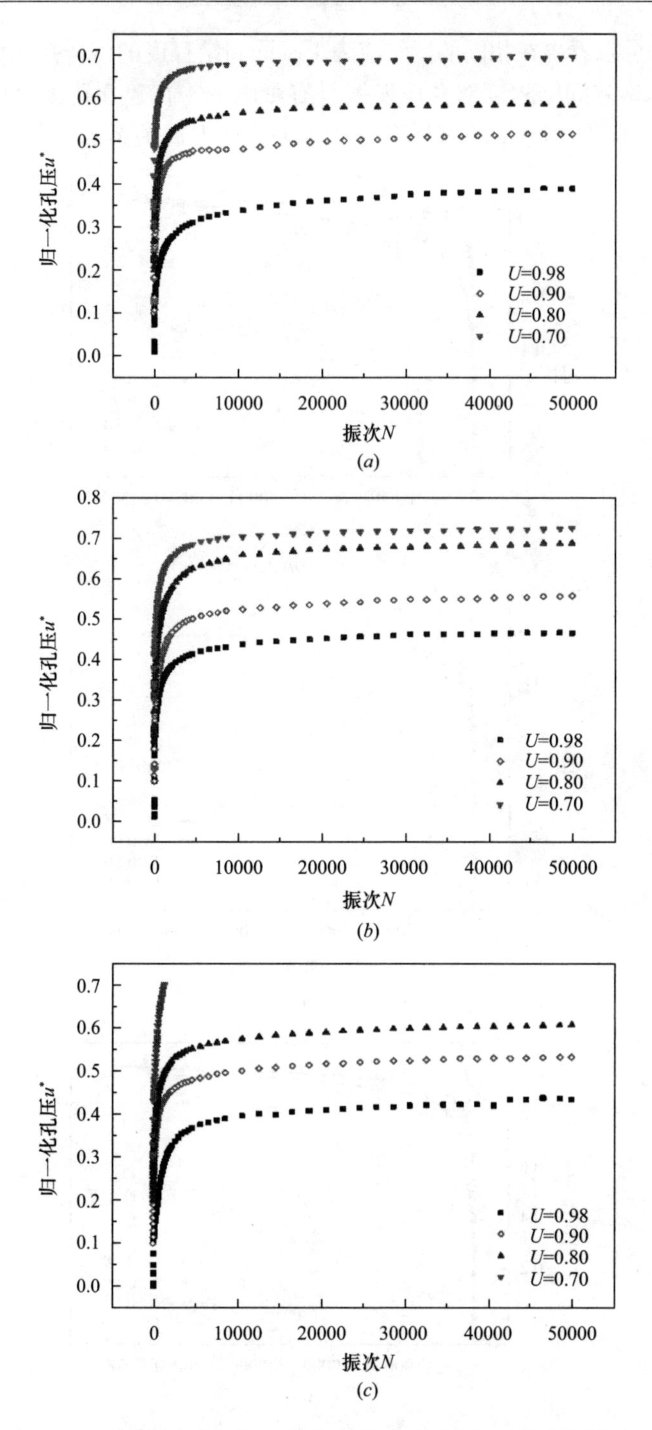

图 4-3 不同固结度下归一化孔压值 u^* 随振次 N 的发展关系

(a) p=100kPa；(b) p=150kPa；(c) p=200kPa

由图 4-4 可以看出在相同的固结应力下不同固结程度的试样孔压增长规律是有偏离的，可以推测固结程度对孔压发展是有影响的，在建立孔压模型时应予以考虑，而图 4-5 中相同固结度的试样孔压比随振次的发展关系的各条曲线颇为紧密，

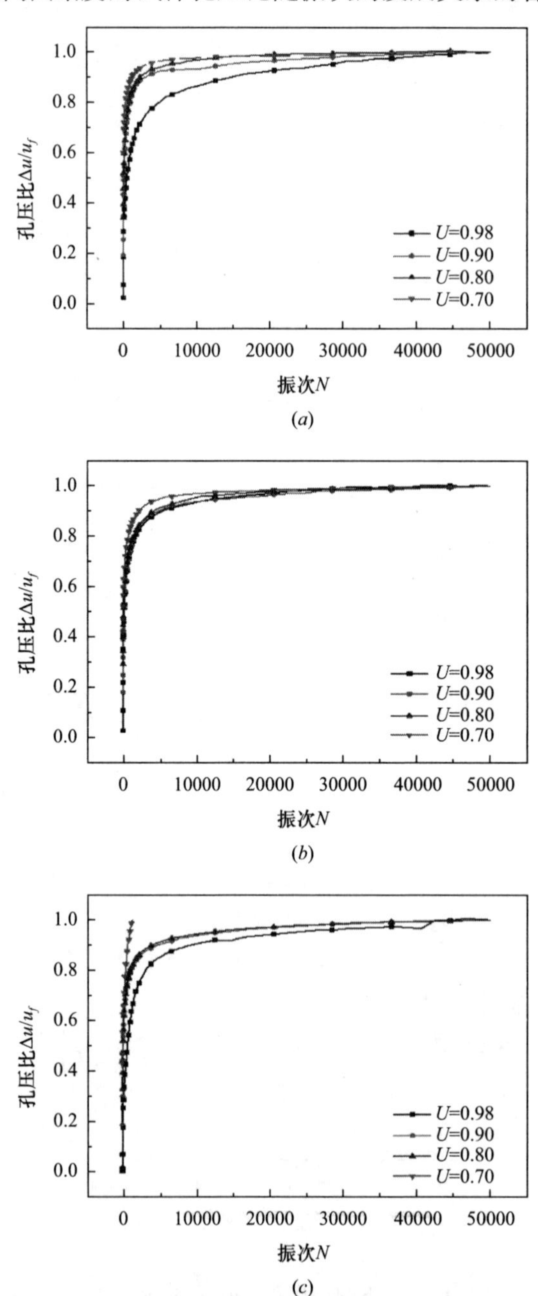

图 4-4　不同固结度下孔压比 $\Delta u/u_f$ 随振次 N 的发展关系

（*a*）p=100kPa；（*b*）p=150kPa；（*c*）p=200kPa

具有一致的规律性，其中（a）图中各条曲线也有较大的偏离主要是因为在制备高固结度的土时固结程度常常会超过0.98，因而在固结程度上并不完全一致，这不排除固结应力不同的影响，但从其他各图可以推测在循环应力比相同的情况下固结应力对孔压的发展不起主导作用，因此本文的孔压模型暂不考虑固结应力的影响。

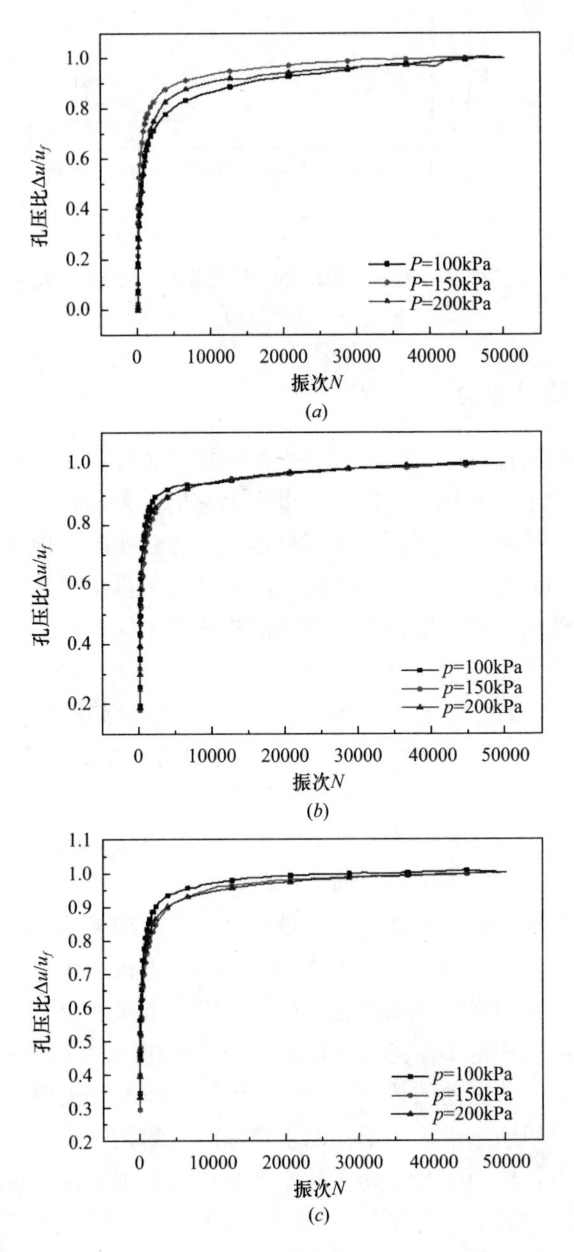

图4-5 不同固结应力下孔压比 $\Delta u/u_f$ 随振次 N 的发展关系（一）

（a）U=0.98；（b）U=0.90；（c）U=0.80

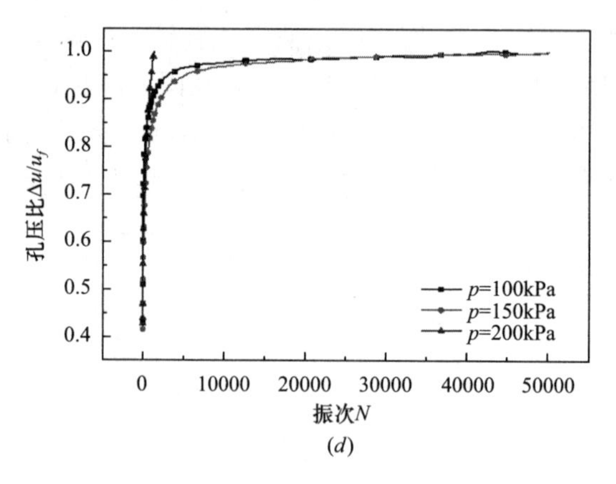

图 4-5　不同固结应力下孔压比 $\Delta u/u_f$ 随振次 N 的发展关系（二）

（d）U=0.70

4.4.2　排水试验结果分析

在室内试验中通过排水阀门的开关来控制排水条件，在排水开关打开的情况下理论上讲试样处于自由排水阶段，但事实上它仍受包裹在外的橡皮膜以及排水路径的限制，因而精确地说图样处于部分排水状态。实际上地铁列车长期荷载下地基土也是处于部分排水状态，两者最大的区别在于排水速率与排水方向，而试验中排水量可以精确获取。所以室内排水试验研究土体在动荷载下的孔压对现实工程具有很大的指导意义。

由图 4-6 可以看出，在不同固结程度下孔压的发展趋势都可以划分为两个明显不同的的阶段：第一阶段孔压迅速上升，达到峰值后进入第二阶段即下降阶段。比较上升阶段与下降阶段可以发现孔压在第一阶段的孔压变化速率明显大于第二阶段的变化速率，这是因为在振动过程中由于土样的循环压缩导致孔压不断累积，同时土体中的空隙水因挤压而流出从而对孔隙水压力起到了释放作用。累积孔压增加与否取决于孔压增加是否超过孔压消散：在第一阶段土体中的孔压有足够的上升空间，孔压累计速度大于消散速度因而累积孔压表现为上升趋势；随着孔压的不断累积孔隙水的排除速度也得到促进，进而加快了孔压的消散，当振动挤压产生的孔压累积速率与排水产生的孔压速率相同时孔压达到一个“瞬态平衡”即出现峰值。随着振动的持续在土样不破坏的情况下土颗粒不断被挤密，由挤压产生的孔压累积速率逐渐小于孔隙水排除产生的孔压消散速率，孔压开始表现为下降趋势。当孔压消散时，处在低压下的孔隙水排除速率也逐渐放缓，最终孔压的累积与消散达到“稳态平衡”。之所以第一阶段的孔压变化速率要快于第二阶段，土颗粒的密实程度是一个非常重要的因素。

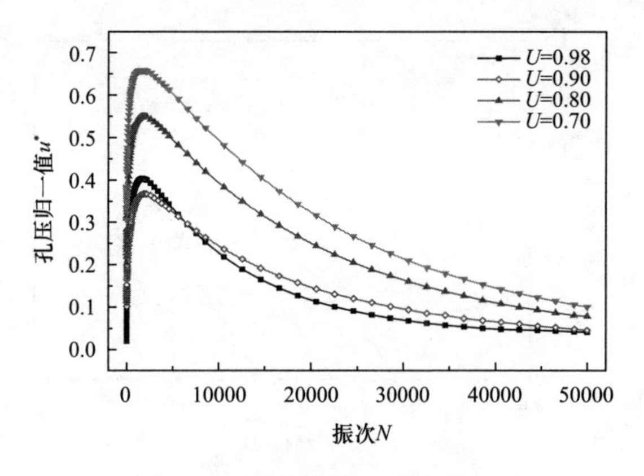

图 4-6 排水条件下的孔压发展规律

图 4-7 显示与不排水试验相比，排水时孔压达到峰值所需要的时间要比不排水时孔压达到峰值所用的时间少的多。排水试验孔压达到峰值的振次在 1900 次左右，在不排水试验中孔压达到基本稳定的振次在 40000 次左右。这主要是因为在不排水试验的后期由于土颗粒相对密实，此时由于压缩所造成的孔压上升速率已经很小，而对于排水试验来说在土颗粒相对密实的时候已经进入了孔压下降阶段。

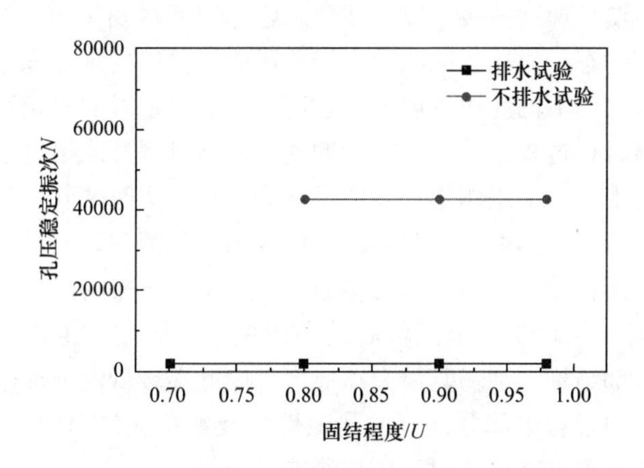

图 4-7 不同固结度土体达到孔压稳定所需振次

从图 4-6 还可以看出：对于不同固结度的土体来说，固结程度越高的土体孔压峰值越低，由于初始残余孔压较少在消散阶段所需要的时间也较少。由图 4-6 中孔压发展的趋势看，只要施加足够多的振次，低固结度的土体孔压也将趋于稳定，并且稳定值在残余孔压为 0 处。排水试验的孔压峰值与不排水试验孔压峰值存在一个比例，本组试样比值在 0.93 左右，根据此值可由不排水试验的数据对不排水情况进行预测，如图 4-8。

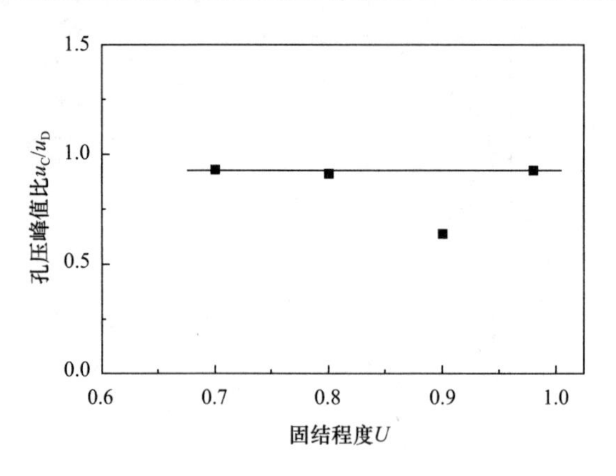

图4-8　排水孔压与不排水孔压的关系

4.4.3　冻融土试验结果分析

4.4.3.1　冻结温度影响下冻融土孔压发展

图4-9分别为冻结温度影响下单次冻融循环（$F-T=1$）和二次冻融循环（$F-T=2$）时冻融土孔压的发展情况，可以看出软土经过冻融后循环孔压随振次发展趋势与未冻融土相似，在循环荷载加载初期，孔压发展速度较快，几乎呈线性增加；随后增长速度减缓，在循环荷载施加周期达到10000次左右，孔压发展进入相对稳定状态。对比各冻结温度的孔压曲线可以发现，冻结温度越低，冻融土受循环荷载作用下的孔压发展速度越快，达到稳定时的稳定孔压也越大。这是因为土体冻结融化过程是结构稳定性的动态发展过程，冻结过程土体中大部分自由水冻结并发生一定膨胀作用，破坏了部分土颗粒之间的联结作用，增大了土体的孔隙体积。当外界温度升高时，冰晶体逐渐融化消失，土骨架将重新调整分布并达到新的平衡孔隙比，但是较冻融前有所增加，进而引起其强度发生弱化。唐益群等[86]在对原状粉质黏土冻融后动本构关系的研究中也指出，冻融循环过程会破坏土体内部结构，削弱其最大动应力。因此在较低温度冻结后的冻融土结构性（指软土重塑过程中部分恢复的孔隙性状及颗粒联结作用）发生一定破坏，孔隙体积增加，导致循环加载时孔压累积速率较快。

图4-9（b）为二次冻融土体在循环荷载加载下孔压的发展情况，可见孔压随振次的发展速率较单次冻融土更快，-10℃下二次冻融土的稳定孔压较未冻融土增大了41.77%，可知二次冻融循环加剧了土体的结构弱化。对比图（a）与（b）可以推测，二次冻融循环后冻结温度对稳定孔压值的影响也表现得更加明显。

图4-10为单次和二次冻融循环后，各冻结温度下冻融土在动力加载20000次时的稳定孔压u_f^*与未冻融土的对比情况。单次冻融循环后，-10℃冻融土的

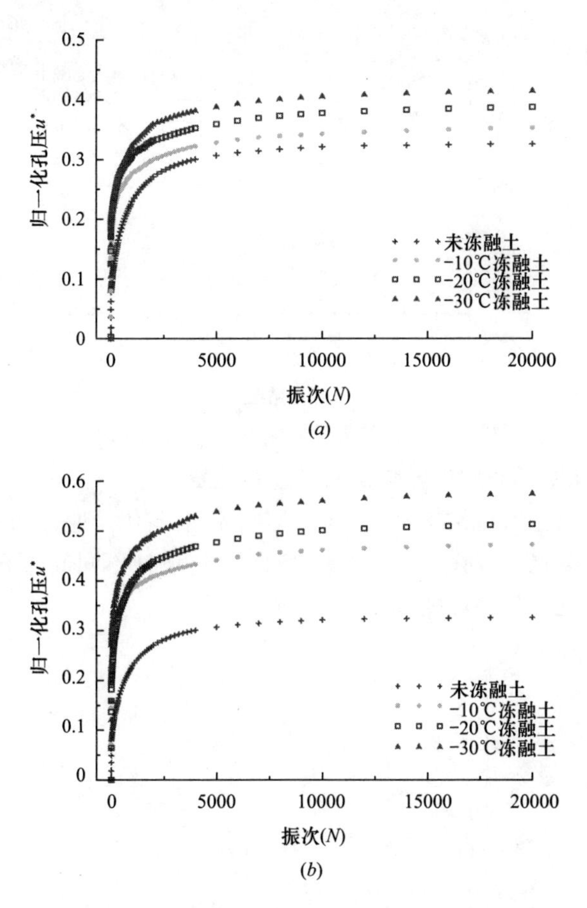

图 4-9 冻结温度对冻融土动孔压发展的影响

(a) $F-T=1$; (b) $F-T=2$

稳定孔压较未冻融土增加 8.26%，－20℃冻融土的稳定孔压则增大 18.89%，－30℃冻融土增大了 27.44%。可以清晰看出冻结温度对冻融土孔压发展的影响，冻结温度越低，冻融土循环孔压累积稳定值越大。二次冻融后，－30℃冻融土的稳定孔压较未冻融土增大 76.60%，可见二次冻融后低温冻结对稳定孔压的影响将更为显著。推测其原因在于冻融循环过程中土体内部的原始结构发生改变，冻结试样尺寸相对较小，冻结过程中孔隙水除少量迁移外发生原位冻结，冰晶生长导致土体内部微小孔隙贯通连接，大孔隙数量增加。而冻结温度越低时，内部孔隙水冻结所导致的冻胀越显著，在融化过程中较大的孔隙结构难以恢复到初始状态，导致颗粒间粘聚力下降。所以冻融循环次数越多，冻结温度越低，对土体结构的破坏作用就越大，结构弱化和孔隙增加有利于循环加载时超孔压的累积和发展。

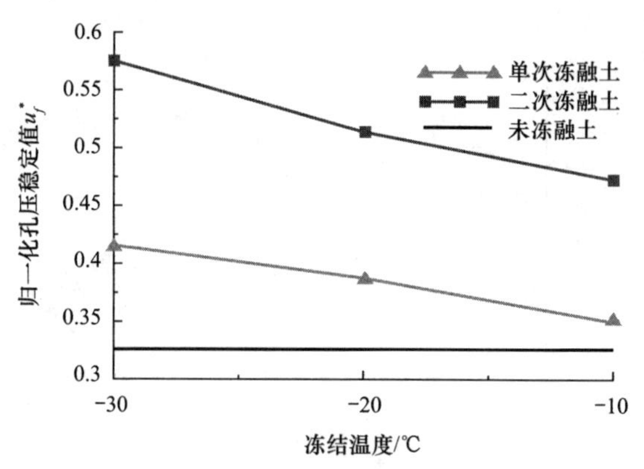

图 4-10　冻结温度影响下的稳定孔压 u_f^*

4.4.3.2　冻融循环周期影响下冻融土孔压发展

冻融循环使软土微观结构发生改变，力学性能弱化。通过动三轴试验对冻融土动力特性进行测试，考虑二次冻结法施工[197]，设计不同低温下 0～2 次冻融循环的对比试验，孔压发展曲线如图 4-11 所示。

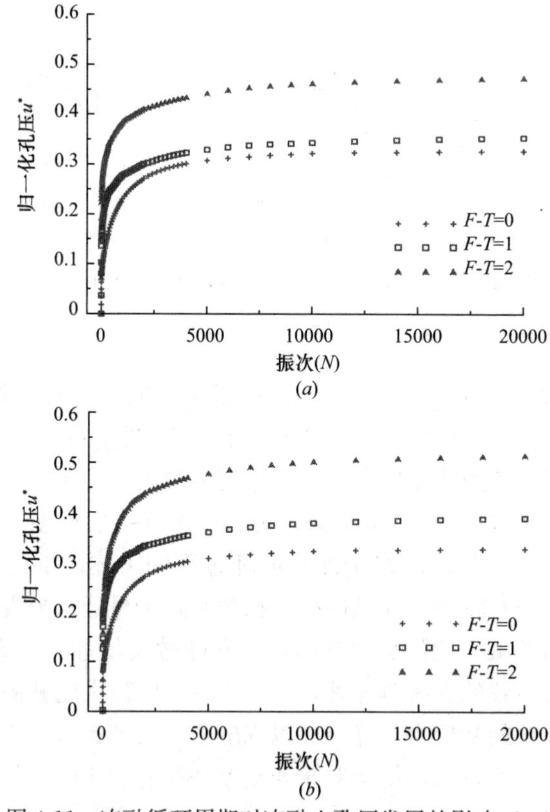

图 4-11　冻融循环周期对冻融土孔压发展的影响（一）

(a) $T=-10$℃；(b) $T=-20$℃

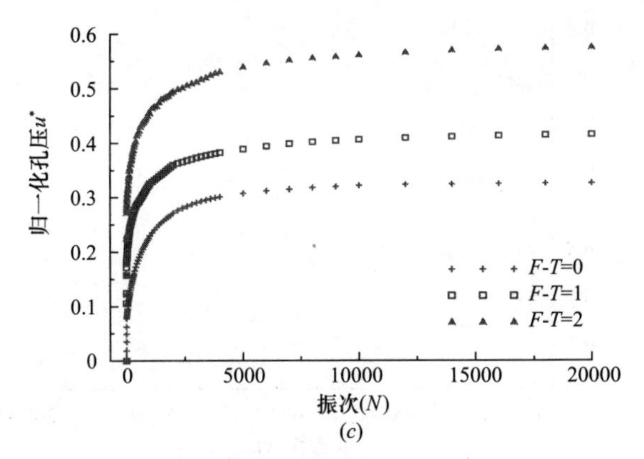

图 4-11 冻融循环周期对冻融土孔压发展的影响（二）
(c) $T=-30$℃

从图中可以看出随着冻融循环周期的增加，循环荷载下冻融土孔压发展速率加快，累积稳定孔压也越大。冻结温度越低，冻融循环作用对孔压发展情况的影响越大。冻结温度为－10℃时，二次冻融循环后孔压较第一次冻融循环后增加27.31%，而对冻结温度－30℃的试样而言增加了32.58%，冻结温度为－30℃的试样增加了38.57%。这是因为试验软土含水率较大，冻结过程中的冻胀作用破坏了颗粒间的联结作用，使微小孔隙贯通，进而导致大孔隙体积增加。融化过程中，孔隙形态和颗粒联结作用难以恢复到原始状态，故发生结构弱化，循环加载过程中孔隙压缩，颗粒滑移，使孔隙水承担的外荷载比例增加，导致超孔压累积。因此，二次冻融循环对软土结构破坏更显著，对孔压发展规律影响也更大。

4.4.3.3 融土初始固结度影响下孔压发展

地铁联络通道采用人工冻结法施工后，冻结土体在融化过程中冰透镜体的融化速率大于融化水排水的速率[198]，因此在加载初期可能存在超孔隙水压力未完全消散，导致冻融土地基存在初始固结度。根据有效应力原理，土体中有效应力将会降低，导致其承载能力大幅下降，并且影响运营期间的孔压发展规律，进而产生不均匀沉降。因此，冻结法施工后融土初始固结度的影响对于地铁运营安全是值得关注的重要问题。

图 4-12 为初始固结度影响下各试样归一化孔压随振次的发展情况，试验通过控制固结过程中超孔压的消散情况实现初始固结度的控制。为此，在初始固结度影响下的试验中引入了残余孔压：对于初始固结度90%的试样，残余孔压归一化值为0.1，加载时循环孔压将在此残余孔压的基础上继续累积发展，其余固结度的试样具有相同规律。

从图中可以看出存在初始固结度时，孔压的发展模式未发生较大变化。在残余孔压的基础上，孔压在振动初期随着振次 N 的增加而快速累积，随后累积速

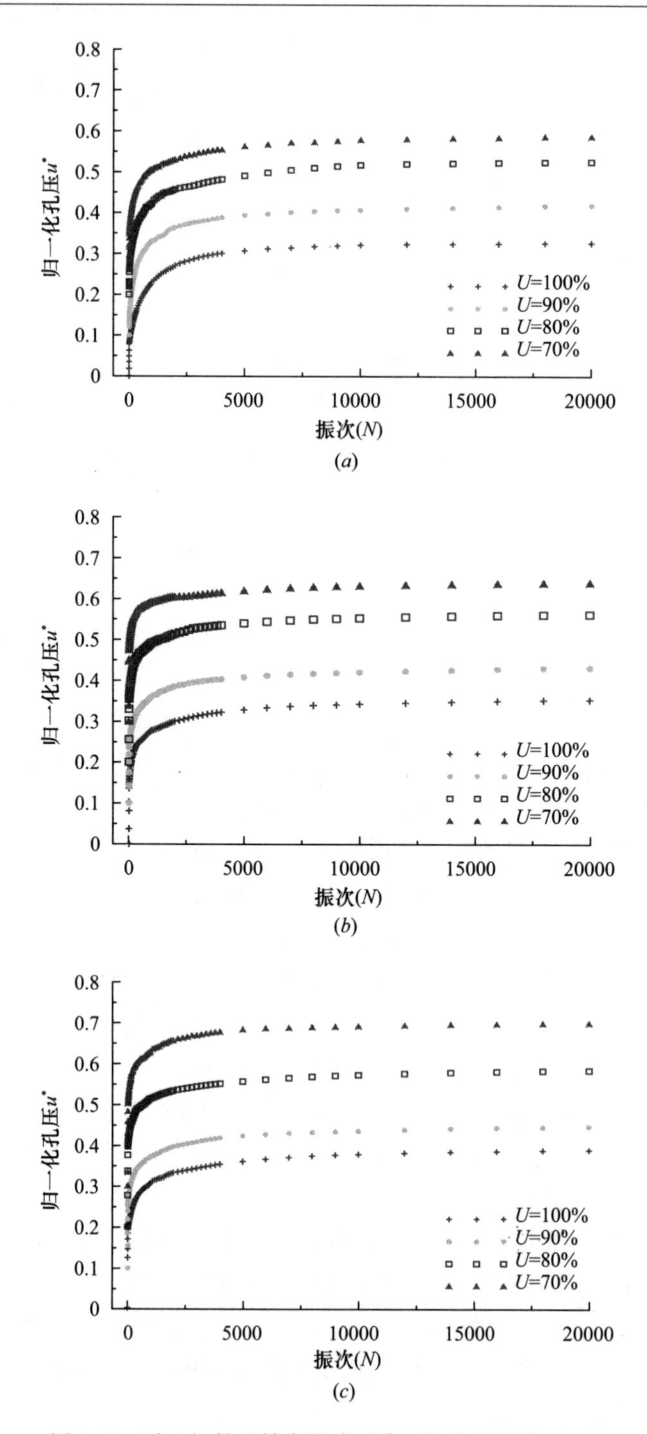

图 4-12　融土初始固结度影响下孔压的发展规律（一）

（a）未冻融土；（b）$T=-10℃$；（c）$T=-20℃$

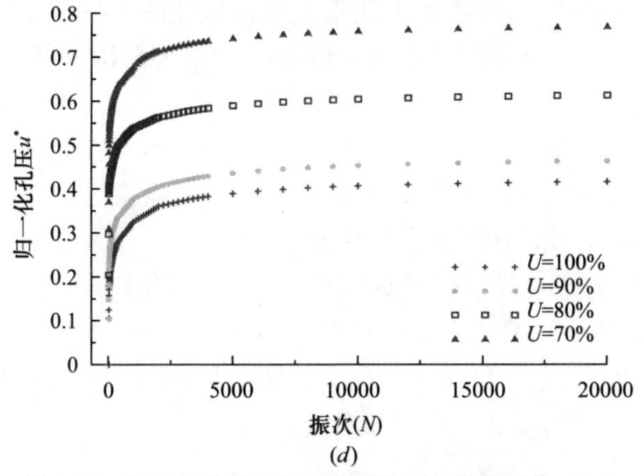

图 4-12 融土初始固结度影响下孔压的发展规律（一）

（d）$T=-30$℃

率减缓，并将在加载 10000 次左右达到稳定值。但是初始固结度越低的试样，加载前的残余孔压越大，有效应力越低，因此在循环荷载作用下孔压的累积速度越快，最终的稳定孔压也越大。相反，固结度较高的试样，由于残余孔压较小，试样结构较为密实，所以在加载过程中孔压发展较为缓慢，稳定孔压值也较小。同时，对比图 4-12 中未冻融土与不同冻结温度下冻融土的孔压发展规律，可以看出低温冻结与低固结度的耦合作用将加剧冻融土的结构弱化效应。以－30℃冻融土为例，在 100％固结时稳定孔压较未冻融土增大 27.43％，考虑低固结度的耦合作用，其在 70％固结时稳定孔压较未冻融土增大 135.87％，可见低温冻结和低固结度的弱化耦合效应明显。

4.5 孔压模型的建立

地铁荷载下，考虑软黏土渗透性较差，加载过程可视为不排水条件，孔压随加载周期增加将不断累积。在实际工况中，从长期效应考虑累积孔压将逐渐消散，进而产生固结沉降，因此建立合理的孔压模型是预测地铁长期沉降的重要手段。

试验过程影响孔压发展的因素较多，例如：土体类型、试验条件、加载波形、应力历史等，难以建立反映孔压变化机理中所有因素的孔压模型。因此，预测地铁荷载下软黏土孔压发展规律时，需有所侧重的考虑其主要影响因素。基于本章室内冻融软土不排水循环加载试验的结果，建立孔压发展模型，使其具有实用性。

4.5.1 不排水模型

鉴于循环荷载下软黏土孔压发展的复杂性，在建立模型时必须选择一个容易观测的变量从而使模型更加实用、易于理解，相较于软化指数[187]循环次数更为客观。王元东[59]的二阶对数模型不能很好地模拟孔压的整个发展阶段，并且没有考虑到门槛循环应力比和固结程度；唐益群[55]认为孔压发展应分为急骤增长、缓慢增长及稳定三个阶段。但由图4-3可以看出随着固结度的降低第二长阶段也会变短，甚至不存在缓慢增长阶段，如图4-3（c）。本文在对杭州饱和软黏土进行动三轴试验研究时发现除去振动刚刚开始的（20振次之内）的阶段外均可用一个函数进行模拟，建议用如下孔压模型：

$$u^* = \begin{cases} AU(\tau-\tau_t)N+(1-U), N<20 \\ BU^2(\tau-\tau_t)^2(\ln N)^2+CU(\tau-\tau_t)(\ln N)+D(1-U), N\geqslant 20 \end{cases} \tag{4-1}$$

式中u^*为归一化孔压值，U为固结度，τ为循环应力比，τ_t为门槛循环应力比，N为振动次数，A、B、C、D为试验参数。

4.5.2　孔压测试滞后分析

在动三轴试验中孔压测试存在滞后现象，很难获取某一时刻的真实孔压。为了获取可靠的孔压值必须对孔压滞后机理进行分析，影响孔压滞后的因素主要包含测试土样自身性质[199]和孔压测试设备[200-201]两方面。对于完全饱和的土样孔压传递速度接近15km/s，随着饱和度降低土体中气体含量增加会消弱孔压传递速度进而产生滞后。此外，由于孔压传感器敏感元件自身的工作机理决定了敏感元的刚度减小会加剧孔压测试滞后。

孔压滞后原理复杂影响因素众多，在研究过程中需进行简化考虑。本次试验中所采用黏土饱和度较高（B>0.98），因而着重分析孔压传感器产生的滞后效应。由于敏感元膜片在工作过程会产生附近区域液体体积的变动，可近似认为土样底端孔隙水产生流出流入循环。借鉴孔压消散试验中延迟效应影响值η可以查表得出实际孔压值[200]：

$$\eta = V/(\alpha \cdot E_s) \tag{4-2}$$

$$\alpha = \pi(1-\mu^2)a^6/16E\delta^3 \tag{4-3}$$

式中$V=86\text{cm}^3$为试样体积，$E_s=2.5\text{MPa}$为土体压缩模量，α为传感器膜片的刚度因数，$\mu=0.3$为传感器泊松比，$a=1\text{cm}$为膜片直径，$E=2\times10^5\text{MPa}$为膜片杨氏模量，$\delta=0.4\text{mm}$为膜片厚度。将上述数据代入式（4-2）、（4-3）可得：$\eta=246.4$。查表可得每一个循环加载过程中的孔压滞后为$u/u_0=0.99957$，即$u_0=u/0.99957$，式中u_0为孔压真实值，u为孔压测量值。

为使模型更具有实用性，忽略前20次振动的差异（事实上这种差异大部分是由试验起始阶段的荷载调整造成的），可用一个函数进行模拟，建议用如下考虑试验过程产生孔压滞后的模型：

$$u^*[AU^2(\ln N)^2+BU(\ln N)+C(1-U)](1+0.00043N) \tag{4-4}$$

式中u^*为归一化孔压值，U为固结度，N为振动次数，A、B、C为试验参数。

图 4-13 为公式（4-4）对实验数据的拟合结果，拟合优度均在 0.98 以上，拟合参数见表 4-4；在图 4-14 中以固结应力 $p=200$kPa，固结度 $U=0.90$ 的试样为例选取了表 4-1 中几个以振次为变量的孔压模型与公式（4-4）模型的拟合值进行了对比，可以看出在不完全固结的情况下公式（4-4）所建议的孔压模型更可靠。

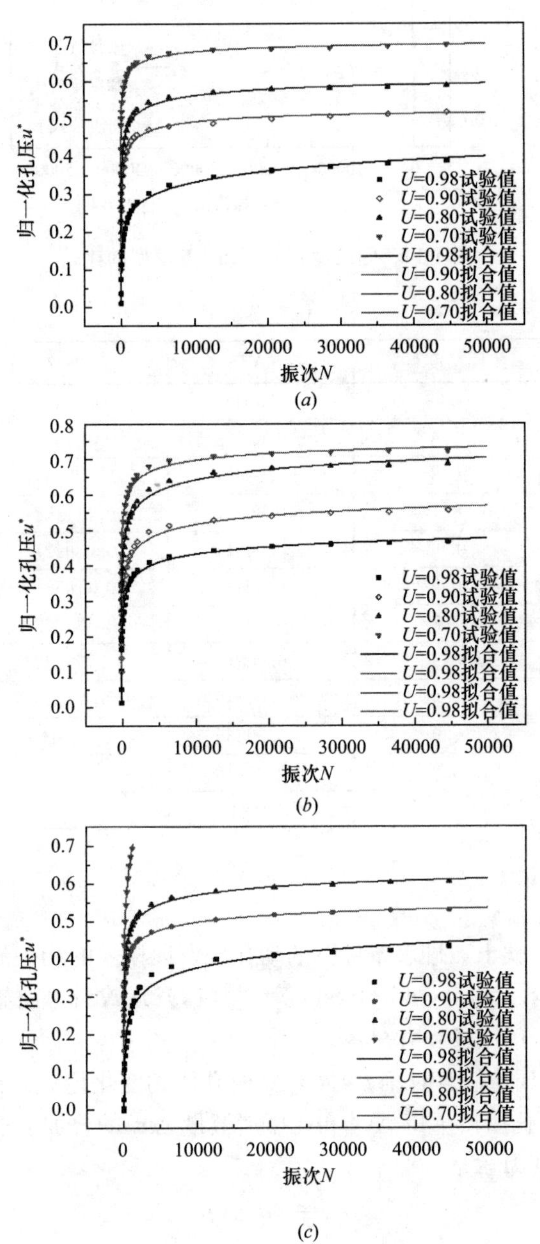

图 4-13 不同固结应力下孔压发展的拟合效果

（a）$p=100$kPa；（b）$p=150$kPa；（c）$p=200$kPa

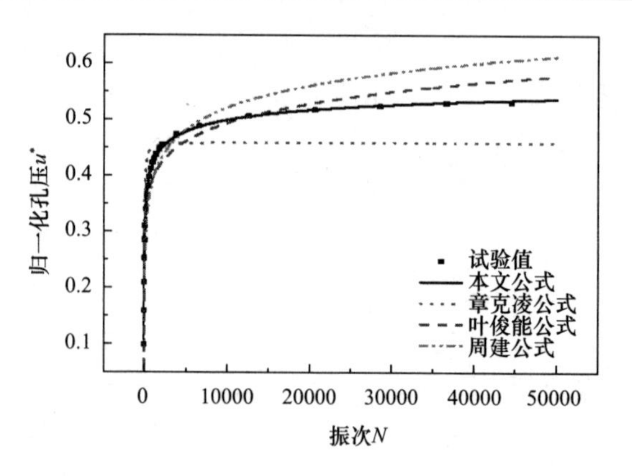

图 4-14 固结度 U=0.9 时各模型的比较

模型参数 **表 4-4**

固结应力（kPa）	固结度 U	A	B	C
100	0.98	0.00044	0.0342	−0.67021
	0.9	−0.00528	0.121003	−1.08203
	0.8	−0.00614	0.122734	−0.04888
	0.7	−0.00667	0.111138	0.793389
150	0.98	−0.00314	0.089227	−5.98642
	0.9	−0.00416	0.110541	−1.1707
	0.8	−0.00542	0.134368	−0.28763
	0.7	−0.00873	0.154962	0.189648
200	0.98	−0.00146	0.074846	−8.95715
	0.9	−0.00336	0.08644	0.137141
	0.8	−0.00545	0.120212	−0.09561
	0.7	0.031844	−0.12382	1.760213

4.5.3 排水模型

目前动荷载下软土在排水条件下的动孔压发展模式的相关研究缺乏，可供参考的孔压模型很少。Masayuki Hyodo 等[75]（1992）曾对单向施加循环荷载部分排水时的孔压进行过阐述：

图 4-15 中 A′B 是任意时刻 t 到 $t+\Delta t$ 时孔压的变化趋势，在这个过程中假设孔压变量 Δu 是由孔压产生量 Δu_g 和孔压消散量 Δu_d 的叠加。在路径 C′B 过程产生的体积应变增量为 ε_{vr}：

$$\varepsilon_{vr} = m_{vr}\Delta u_D \tag{4-5}$$

式中，m_{vr} 是再压缩试验的体积压缩系数，$m_{vr}=\dfrac{d\varepsilon_{vr}}{du_r}$。

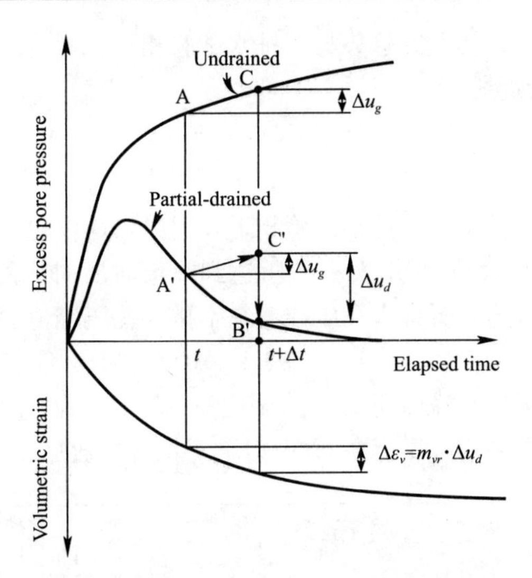

图 4-15　部分排水情况下图动力特性简图

孔压的传播和消散由下式确定：

$$\{\nabla T\}\{k_r\}\left\{\frac{\nabla u_r}{\gamma_w}\right\}=m_{vr}\left(\frac{\partial u_d}{\partial t}-\psi\right) \tag{4-6}$$

式中，u_d 是孔压值，k_r 渗透系数矩阵，γ_w 是水的重度，∇是差分运算符，ψ 是超孔压产生部分的累计速率：

$$\psi=\left(\frac{\partial u_g}{\partial N}\right)\left(\frac{\mathrm{d}N}{\mathrm{d}t}\right) \tag{4-7}$$

渗透系数和体积压缩系数均可由后期再压缩试验获得，由于超孔压的消散引起的体应变可由下式获得：

$$\varepsilon_{vr}=1.5\frac{C_r}{1+e_0}\log\left(\frac{1}{1-u_r/p_c}\right) \tag{4-8}$$

式中 C_r 是再压缩指数。

结合以上各式可以获得孔压分布和消散的方程：

$$\frac{\partial u}{\partial t}=\frac{k_r}{m_{vr}\gamma_w}\frac{\partial^2 u}{\partial^2 r}=c_{vr}\frac{\partial^2 u}{\partial^2 r} \tag{4-9}$$

上述方程阐述了部分排水情况下软土的在循环荷载下孔压的分布和消散规律，除了在排水边界面以外，超孔隙水压力的分布类似抛物线形式：在达到峰值后开始回落。

上述模型是对试验条件理想化处理后的结果，首先在试验中径向排水和纵向排水的边界条件是不同的，其次在上述分析中土体的渗透系数采用的是静载下的测试结果和动态排水状况是有区别的。下文将借鉴上述分析的孔压分布形态，根据试验结果获取一个适用于实际工程的经验模型。

对孔压上升阶段，其发展趋势与不排水试验相近；而孔压下降阶段则存在一条趋近于 $y=0$ 的渐近线：

$$u^{*}=\begin{cases}A(\ln N)^{2}+B(\ln N)+(1-U), & (\text{上升阶段})\\ u_{t}e^{-(N-N_{t})/\alpha}, & (\text{下降阶段})\end{cases} \tag{4-10}$$

式中上升阶段各符号含义与不排水试验相近，但 A，B 中包含了固结程度，在下降阶段 u_t 表示，孔压峰值，N_t 表示孔压达到峰值时所对应的的振次，α 为振次相关的参数。根据上述分析排水孔压峰值与不排水孔压峰值的关系为：

$$u_{df}=(0.92\pm 0.01)u_{df} \tag{4-11}$$

排水试验中孔压达到峰值所需要的振次 N_t 在 1500 次左右。图 4-16 为公式对试验数据的拟合结果，可靠度在 0.98 以上，拟合参数见表 4-5。

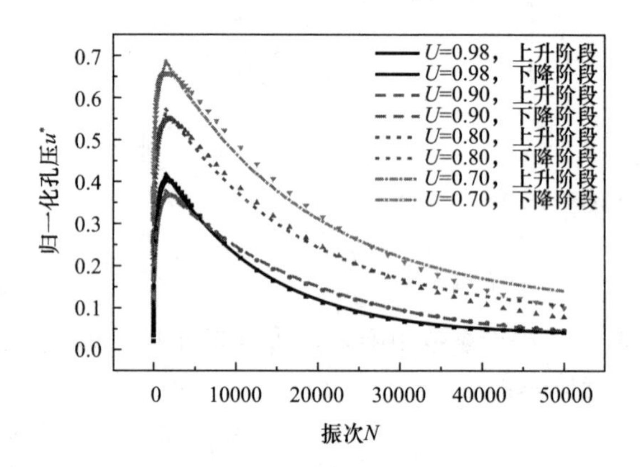

图 4-16　排水孔压拟合结果

排水结试验参数　　**表 4-5**

固结度 U	A	B	α
0.98	0.00421	0.02108	12405.03
0.9	0.00564	-0.00722	18614.68
0.8	0.00533	0.00806	16925.78
0.7	0.00419	0.01986	18137.61

4.5.4　冻融土孔压模型的建立与分析

冻融土孔压模型的建立主要考虑冻结温度、冻融循环周期和融土初始固结度的影响，使孔压模型易于理解，具有实用性。本文参考魏新江[72]、丁智[202]提出的饱和软黏土孔压随振次发展的对数模型和王伟等[27]提出的冻融土应力-应变软化模型，建立如下复合函数模型描述冻结温度和冻融循环周期影响下的孔压发展规律：

$$u^{*}=(A\cdot U^{2}\cdot \ln^{2}N)+B\cdot U\cdot \ln(N)+C\cdot(1-U))\cdot \exp(-D\cdot T\cdot K) \tag{4-12}$$

式中，N 为振次，T 为冻结温度，K 为冻融循环周期，U 为融土初始固结度，A、B、C、D 均为试验拟合参数，数据拟合采用七维高科 1st Opt 软件，图 4-17 和图 4-18 分别为公式（4-12）对试验数据的拟合情况，拟合效果均在 98%以上，拟合参数见表 4-6 所示。

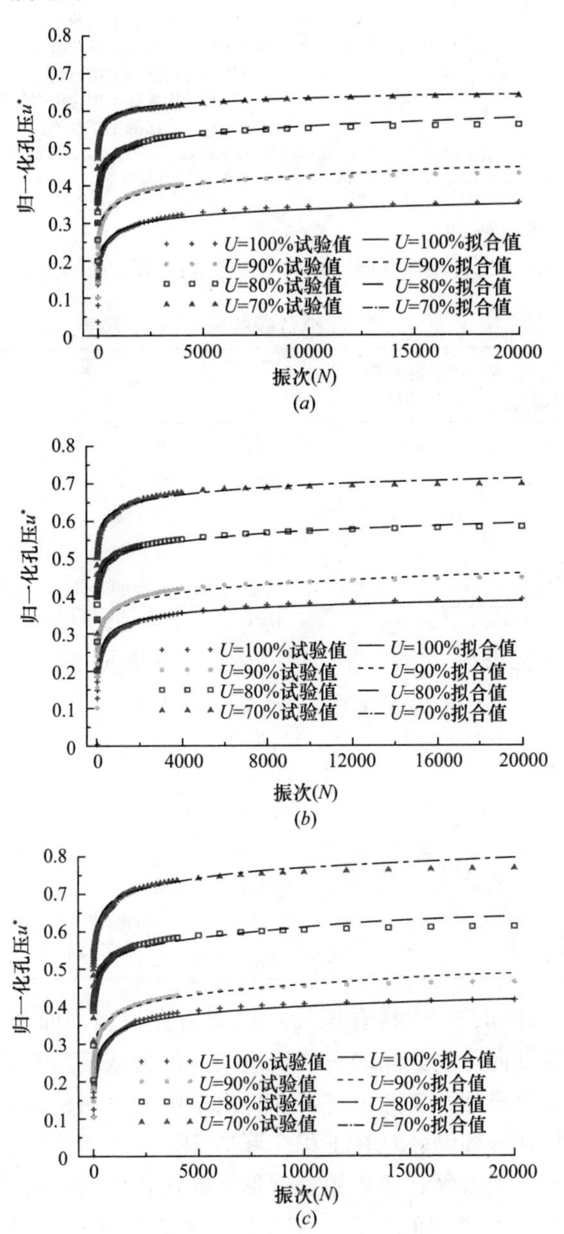

图 4-16 融土初始固结度影响下孔压拟合情况

(a) $T=-10$℃；(b) $T=-20$℃；(c) $T=-30$℃

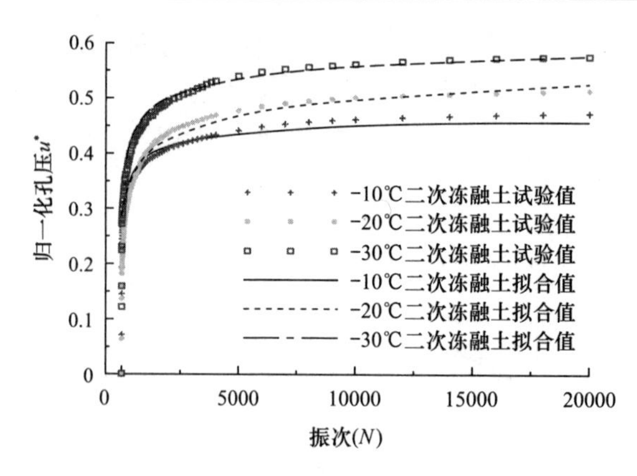

图 4-17　冻融循环周期影响下孔压拟合情况（U=100%）

拟合参数　　表 4-6

冻结温度 T	初始固结度 U	冻融循环周期	A	B	C	D
−10℃	100%	2	−0.2190	5.0695	0	−0.2068
	100%	1	−0.0080	0.2425	0	−0.1528
	90%	1	0.0017	0.1457	8.2719	−0.1622
	80%	1	0.0005	0.0972	3.7706	−0.0988
	70%	1	−0.0162	0.3089	6.6022	−0.1655
−20℃	100%	2	−0.0676	3.4790	0	−0.0992
	100%	1	−0.0368	0.9760	0	−0.1385
	90%	1	0.0005	0.0444	2.5396	−0.0175
	80%	1	0	0.0338	1.6335	−0.0004
	70%	1	−0.0050	0.1862	4.4542	−0.0607
−30℃	100%	2	−0.0708	1.9429	0	−0.0512
	100%	1	−0.0189	0.6457	0	−0.0796
	90%	1	0.0019	0.0580	3.5155	−0.0249
	80%	1	0.0050	0.0924	6.0087	−0.0421
	70%	1	−0.0047	0.3441	7.4492	−0.0573

针对不排水循环加载下土样孔压计算模型研究较多，如早期 Yasuhara[64] 提出黏土累积孔压和轴向应变之间的双曲线模型，认为该模型不受加载形式和土体应力条件的影响，这显然与实际不符，并且由于应变量测精度较低，影响试验参数的因素较多，导致该模型较难在工程实际应用。王军等[203] 建立软黏土孔压-软化模型，尝试从本质上解释孔压累积对软黏土软化特性的影响，模型通过软化指数建立孔压发展与应变之间的关系，使孔压的直观分析较复杂。叶俊能等[81] 以宁波地铁沿线地基土为研究对象，对加载频率和循环应力比开展研究，提出的幂指数模型在加载初期对孔压增长阶段的拟合效果较好，但在不排水加载试验后期

孔压趋于稳定发展的拟合效果有待提高。周建[51]针对杭州典型软黏土提出一阶对数模型，考虑超固结比、门槛循环应力比的影响，该模型同样存在加载后期对孔压稳定发展的拟合收敛效果不佳，并且其模型假设加载初期孔压为零，在分析具有初始固结度的冻融土孔压发展时具有一定局限性。章克凌等[186]提出的双曲线孔压发展模型只在加载周期较少（$N<100$）的情况下拟合度较好，而在加载周期较大时，采用双曲线模型计算的孔压较试验值较为保守。

图 4-18 以−20℃冻融土（$F-T=1$）在 80%固结度下的孔压为例，选取具有代表性的孔压模型与本文所提出模型的拟合效果进行对比。可以看出各模型对振动初期（$N<100$）的孔压发展规律拟合效果较好，但是当加载周期达到 2000 次左右，各模型的孔压计算值开始与试验值出现偏差。到加载后期（$N>10000$），周建[51]的一阶对数函数模型和叶俊能[81]的幂函数模型中孔压仍有一定的增长趋势，章克凌[186]模型的孔压计算值则较为保守，对比分析后可见采用本文提出的模型对描述冻融土的孔压发展趋势较为可靠。

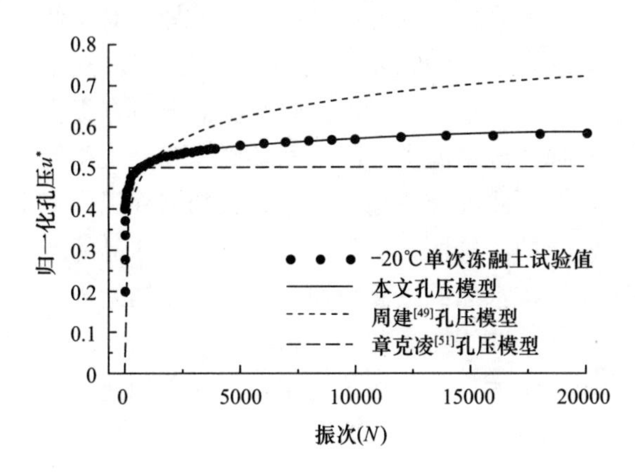

图 4-18 单次冻融土各孔压模型的对比（$T=-20℃$，$U=80\%$）

4.6 本章小结

通过对不同固结程度、排水条件、冻融温度等条件下的杭州饱和软黏土开展动三轴试验研究，在现有研究成果的基础上建立了能够考虑上述条件的孔压模型模拟地铁荷载作用下软黏土的孔压发展规律，可为预测软土地区地铁冻结法施工后长期沉降提供参考，得出了一些有意义的研究成果：

（1）杭州饱和软黏土在列车循环荷载施加前期孔压表现为迅速增长并逐步趋于稳定的形态，固结程度愈低的试样孔压愈先达到稳定；在预测地铁运营期的孔压增长时考虑土体门槛循环应力比可以使模型更精确但这种改良效果不显著，杭州饱和软黏土的门槛循环应力比在0.02～0.03之间；冻融土的孔压发展规律与普通软黏土类似。

（2）动应力比相同的情况下，固结应力大的试样更容易破坏；固结应力相同的情况下固结度越低的土体孔压达到峰值越快、临界循环应力比越小；随着固结度的降低孔压缓慢增长阶段将越来越短，甚至不存在缓慢增长阶段；根究不排水试验建立了考虑固结度和空压测试滞后的孔压模型，能够较好地模拟地铁荷载下孔压的增长，可应用于杭州地铁工程。排水情况下的孔压模型时，文章建立了不排水孔压与排水孔压的关系，建议了通过不排水试验获取排水孔压的方法具有工程指导意义。

（3）冻结过程中冰晶的生长破坏了土颗粒间的联结作用，微小孔隙的贯通导致土体结构大孔隙增多，并且冰晶消融后孔隙结构无法得到完全恢复。因此，土体经过冻融循环后，结构性受到一定程度的破坏，动孔压发展速率较未冻融土快，并且在加载后期的稳定孔压也较大。

（4）随着冻结温度的降低和冻融循环周期的增加，对土体结构的破坏作用更加显著，导致软化效果将更加明显，在循环荷载作用下表现为孔压发展速度越快，加载后期的稳定孔压也越大。根据试验数据的分析，提出二阶对数与指数的复合模型，能够较好描述冻结温度、冻融循环周期和融土初始固结度影响下的冻融土孔压发展规律，为预测冻结法施工后地铁长期沉降提供一定参考。

（5）考虑冻结黏土的渗透性较小，在融化过程中冰晶的融化速率大于孔隙水的排出速率，导致在不排水加载试验初期冻融土存在初始固结度，动孔压的发展将在残余孔压的基础上不断累积，直至达到稳定值。对于初始固结度越低的试样，加载前残余孔压值越大，导致加载初期孔压的累积速率更快，后期的稳定孔压值也越大。

第5章 地铁列车荷载下软黏土刚度试验研究

5.1 引言

循环荷载下软黏土的刚度变化受很多因素的影响，已有研究表明：循环次数的增加和循环应力比的提高会加速土体强度和刚度的衰减，偏压固结可以减小刚度的衰减[85]；但也有研究认为初始偏应力和偏压固结均会加速土体的软化[44,87-88]；Pierre-Yves Hicher[90]在试验中发现大主应力方向的转变会导致黏土结构的变化，从而加剧土体的软化进而使试样在较少的循环次数下就会产生破坏。G. Lefebvre 等[91]发现振动频率对土体软化有很大影响，在相同的循环次数下增大频率可减少软化。Idriss[94]等最初通过对正常固结土进行动三轴试验提出了软化指数与循环次数间的指数关系；Mladen Vucetic 等[95]在试验基础上建立了超固结土软化指数与循环次数间的对数关系，并认为随着超固结度的增大会减缓土体软化指数的衰减。Takaaki Kagawa[97]认为软土在循环荷载施加初期软化指数与振动次数的对数呈线性关系，后期成曲线关系，并受孔隙比和塑性指数的影响。

关于冻融土，现有研究表明冻融作用会使土体刚度发生软化，且研究主要集中在季节性冻土的冻胀融沉等不利影响方面。在静力学方面，汪仁和等[204]通过直剪试验和三轴试验发现原状土在受到冻融循环后，单轴和三轴抗剪强度明显降低，压缩系数明显增加。杨平等[117]发现冻融土的无侧限抗压强度为原状土的1/2到1/3。严晗[205]等人对粉砂土进行冻融和循环加载试验，发现冻融次数越多，刚度越小。对于冻融土动力特性的研究，主要有：于啸波等[206]通过低温共振柱试验，发现随负温增加，冻土初始模量增大，剪切模量比降低。王静[127,152]发现冻结过程中，冰晶的生长将在土体内部产生楔形力，应力不断累积直至超过颗粒间粘结力时，颗粒间联结受到破坏，得出季冻区土体动弹性模量与冻融循环次数有关。地铁冻结法施工产生的冻融土属于人工冻土，与天然冻土在形成过程和温度梯度方面存在差异。上述关于冻融土的研究，对于人工冻土的研究主要集中在静力学领域，未能考虑动荷载对冻融土的弱化作用；动力特性方面的研究则主要集中于天然冻土，对人工冻土的研究还较为缺乏。

尽管不同学者从不同的角度对土体软化进行了大量研究，但依然存在一些不足：(1) 以上研究均以固结完成的土体为研究对象，而在实际工程中的土体并不一定处于完全固结的状态；（2）已有研究大多是动应力水平较高的破坏性试验，土体刚度变化也以软化为主，而对低应力水平下土体的硬化现象的研究较少；（3）现有经验模型大多试图使用一个通用表达式去模拟不同条件下的软化，针对性不明确；（4）现有的研究中，尚缺少地铁列车荷载作用下人工冻融土刚度软化的深入研究，欠缺合适的模型来描述人工冻融土的刚度发展规律；（5）现有的研究几乎没有考虑冻结温度和冻融土体固结度等因素对人工冻融土刚度的影响。本章通过室内动三轴试验研究了不同固结度、固结应力、循环应力比对杭州饱和软黏土的刚度变化特性的影响，以及不同冻结温度和不同固结度的冻融土在地铁循环荷载作用下的刚度变化规律，在试验基础上针对未冻融软黏土提出了能够考虑固结度和循环应力比的刚度变化模型，以及能够考虑固结度和冻结温度影响的冻融土刚度软化模型。

5.2 室内动三轴试验

5.2.1 软黏土试验方法及方案

为了实现不同固结程度的控制试验采用单面排水等向固结，试验过程可实时读取孔压值，按照平均固结度计算公式通过控制超孔压消散情况来完成：$U=1-u/p$，式中 U 为平均固结度，u 为超孔隙水压力，p 为平均有效固结应力。振动过程采用由应力控制的偏压正弦波，振动过程不排水；循环应力比按公式 $\tau=\sigma_d/2p$ 确定，式中 τ 为循环应力比，σ_d 为动应力幅值。实验方案见表5-1。

GDS不排水试验方案　　表5-1

试样编号	固结应力/kPa	固结度	固结比 τ_c	循环应力比	循环次数	频率
C-1	100	0.98	1.0	0.2	50000	1
C-2	100	0.9	1.0	0.2	50000	1
C-3	100	0.8	1.0	0.2	50000	1
C-4	100	0.7	1.0	0.2	50000	1
C-5	150	0.98	1.0	0.2	50000	1
C-6	150	0.9	1.0	0.2	50000	1
C-7	150	0.8	1.0	0.2	50000	1
C-8	150	0.7	1.0	0.2	50000	1
C-9	200	0.98	1.0	0.2	50000	1
C-10	200	0.9	1.0	0.2	50000	1
C-11	200	0.8	1.0	0.2	50000	1
C-12	200	0.7	1.0	0.2	50000	1
C-13	200	0.98	1.0	0.1	50000	1

续表

试样编号	固结应力/kPa	固结度	固结比 τ_c	循环应力比	循环次数	频率
C-14	200	0.98	1.0	0.25	50000	1
C-15	200	0.98	1.0	0.27	50000	1
C-16	200	0.98	1.0	0.28	50000	1
C-17	200	0.98	1.0	0.29	50000	1
C-18	200	0.98	1.0	0.3	50000	1
C-19	150	0.94	1.0	0.133	50000	1
C-20	150	0.94	1.0	0.2	50000	1
C-21	150	0.94	1.0	0.267	2000	1
C-22	200	0.98	1.2	0.2	50000	1
C-23	200	0.98	1.4	0.2	50000	1
C-24	200	0.98	1.6	0.2	50000	1
C-25	200	0.98	1.8	0.2	50000	1
C-26	200	0.98	2.0	0.2	50000	1

5.2.2 冻融土试验方案

冻融土的试验方法同章节 4.3 中所述，受施工扰动以及在冻土融化过程中冰透镜体的融化速率快于融化水排出的速率影响，冻结法施工后地基土还未完全固结；同时根据已有研究冻融循环后土体刚度会减小。因此对于冻融土刚度的研究主要考虑固结度和冻结温度的影响，试验方案如表 5-2 所示。

GDS 试验方案 **表 5-2**

试样编号	循环应力比	静偏应力/kPa	频率/Hz	冻结温度/℃	固结度	加载次数
C-1	0.2	40	1	未冻融	1	20000
C-2	0.2	40	1	−30	1	20000
C-3	0.2	40	1	−20	1	20000
C-4	0.2	40	1	−10	1	20000
C-5	0.2	40	1	未冻融	0.9	20000
C-6	0.2	40	1	−30	0.9	20000
C-7	0.2	40	1	−20	0.9	20000
C-8	0.2	40	1	−10	0.9	20000
C-9	0.2	40	1	未冻融	0.8	20000
C-10	0.2	40	1	−30	0.8	20000
C-11	0.2	40	1	−20	0.8	20000
C-12	0.2	40	1	−10	0.8	20000

5.3　软黏土刚度发展规律分析

5.3.1　软土的破坏标准确定

土体在长期动荷载作用下因疲劳产生破坏，其破坏的根源在于强度的损失。由于强度本身无法从表观上观察到，研究者和工程从业者大多从表观迹象明显的变形来判断土体是否达到破坏。因此现有研究成果中土体的破坏要么根据孔压（砂土液化），要么根据变形发展（黏土软化）来衡量。对于软土来说应变破坏标准是一种普遍采用的方法，但尚无统一的具体数值来刻画这种标准。Lee[207]发现高灵敏度的黏土应变在达到4%～6%时剪切破坏面即形成，继续加载会导致变形的急剧增加；而对于低灵敏度黏土该应变值则为2%～3%。Yasuhara等人[64,208]通过对重塑软黏土的试验研究发现不同的变形标准会获得不同的强度曲线。Hyodo M等[209-210]人在对软土的不排水试验、部分排水试验研究中获得了软土的破坏应变：1%、5%、10%、15%等。陈颖平等[211]认为破坏振次大于1000次时各种破坏标准间的区别不大；而当破坏振次小于1000次时按照应变的5%，10%等作为破坏标准偏于不安全，此时应宜将应变转折点作为破坏应变。

图5-1是在固结应力均为200kPa时不同循环应力比下轴向应变随振动次数的变化关系，可以看出当循环应力比低于0.25时随着振次的增加轴向应变发展缓慢，轴向应变ε与$\log N$近似呈线性关系；由于斜率很小需要在相当多的振次后土样才可能出现破坏甚至不会破坏，而在循环应力比超过0.25后ε与$\log N$关系都会出现一个转折点，超过转折点后应变会迅速发展。从图5-1中可以看出对于该种黏土在50000次振动之前转折点基本出现在轴向应变的10%左右，因而可将轴向应变达到10%时作为破坏依据；该种黏土的临界循环应力比在0.25左右。

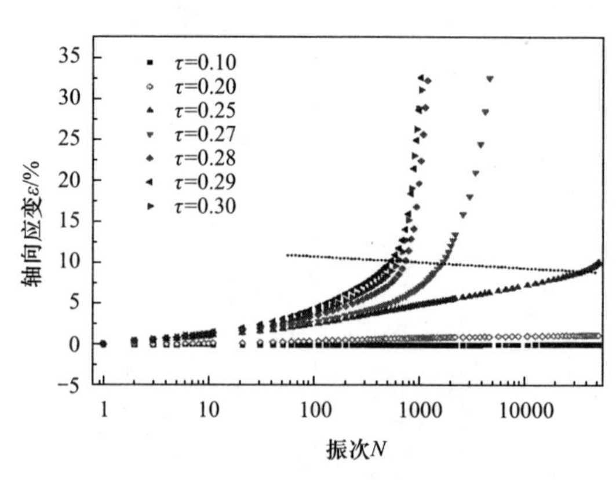

图5-1　不同循环应力比下的应变随振次发展关系

5.3.2 软土的动刚度变化

在塑性理论中一般认为当应变增加应力空间的屈服面也随之扩大时定义为应变硬化，也就是说随着应变增加，其应力也不断增加的情况[212]而不具体指土体刚度的变化。试验显示在不同的动应力水平下，试样刚度的变化表现为增长和下降两种形式，因此重新定义刚度增长为硬化，刚度下降定义为软化。图 5-2、图 5-3 分别为应变硬化和应变软化时软黏土在第 1 次、第 10 次、第 100 次、第 1000 次和第 10000 次的滞回曲线。滞回曲线两尖端连线的斜率定义为与循环次数相对应的土体动刚度[51,52]，即该循环中的最小刚度值，为了便于理解刚度的变化统一采用软化指数 δ 来描述：

对于加载曲线：$G=(q-q_{min})/(\varepsilon-\varepsilon_{min})$

对于卸载曲线：$G=(q_{max}-q)/(\varepsilon_{max}-\varepsilon)$

软化刚度：$\sigma=G_N/G_1$

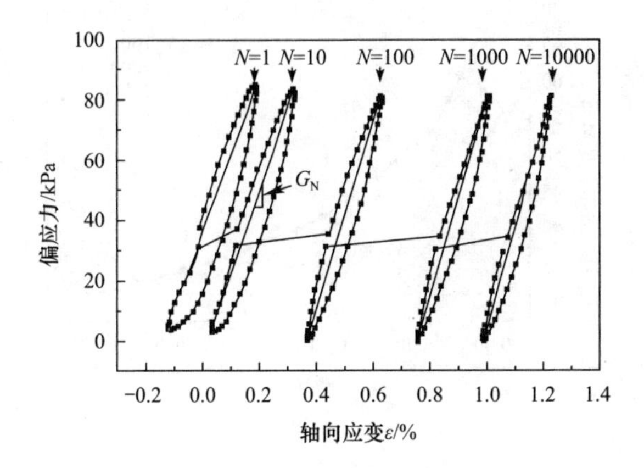

图 5-2　应变硬化滞回曲线

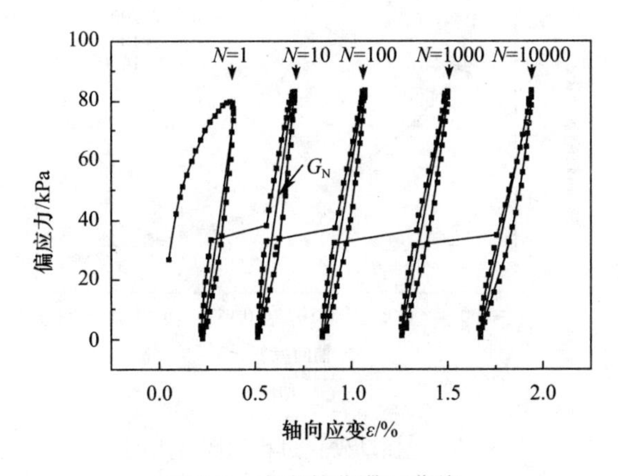

图 5-3　应变软化滞回曲线

式中 G 为某次循环的刚度，q、q_{max} 和 q_{min} 分别为一次循环中任意时刻的偏应力、该循环最大偏应力和最小偏应力，ε、ε_{max} 和 ε_{min} 分别为一次循环中任意时刻的轴向应变、最大和最小轴向应变，σ 为软化指数。

从图 5-2、图 5-3 可以看出随着循环次数的增加试样的应变都在不断增大，但是图 5-2 中滞回圈的面积逐渐变小、间距越来越紧密、倾斜逐渐减小说明随着振动次数的增加土颗粒结构变得密实，刚度有增长趋势，相反图 5-3 中滞回圈的倾斜不断增加，刚度表现出下降趋势。

图 5-4 是固结应力为 200kPa，固结度为 0.98 时振动硬化过程中某一循环内的刚度变化曲线，图 5-5 为固结应力为 200kPa，固结度为 0.9 时振动软化过程中某一循环内的刚度变化曲线。可以看出无论硬化过程还是软化过程，在某次循环中当应变小于 0.025％时试样的瞬时土体刚度都在不断增大，当刚度增加超过峰值刚度后开始衰减并逐渐趋于稳定，峰值刚度所对应的应变称为屈服应变[89]；

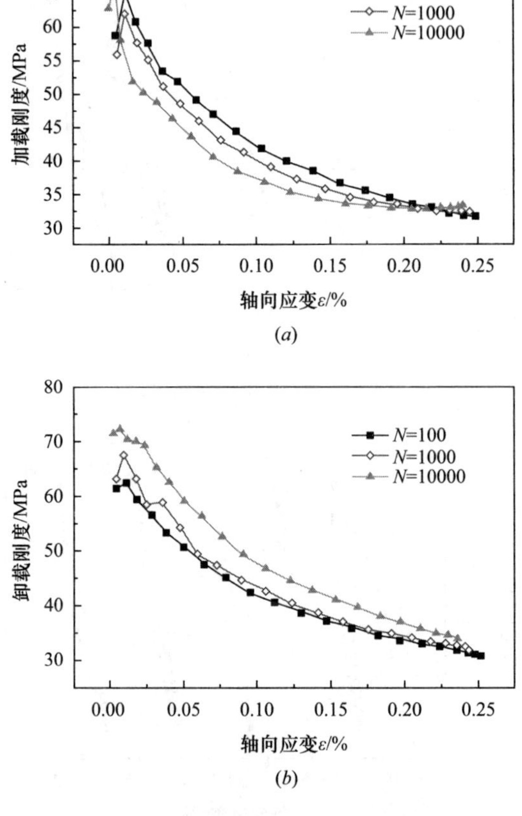

图 5-4　振动硬化过程加卸载刚度

(*a*) 加载刚度变化曲线；(*b*) 卸载刚度变化曲线

对比图 5-4、图 5-5 可以看出：相较于硬化过程，在软化过程中某一循环内达到屈服应变之前土体的刚度增加更显著。在硬化过程的加载阶段随着振动次数的增加循环内的刚度在初始阶段衰减速度变大，但随着振次的增加最终会稳定在较高的刚度水平；在硬化过程的卸载阶段随着振动次数的增加刚度衰减逐渐变小，最终稳定在较高的刚度水平。卸载阶段比加载阶段更容易观察到刚度的增长现象，这主要是由于在试验中起振点落在加载阶段，间隔循环采集数据时加载阶段的数据连贯性要比卸载阶段差所致。在振动软化过程中（图 5-5）无论是加载阶段还是卸载阶段，随着振次的增加土体动刚度都在不断下降。

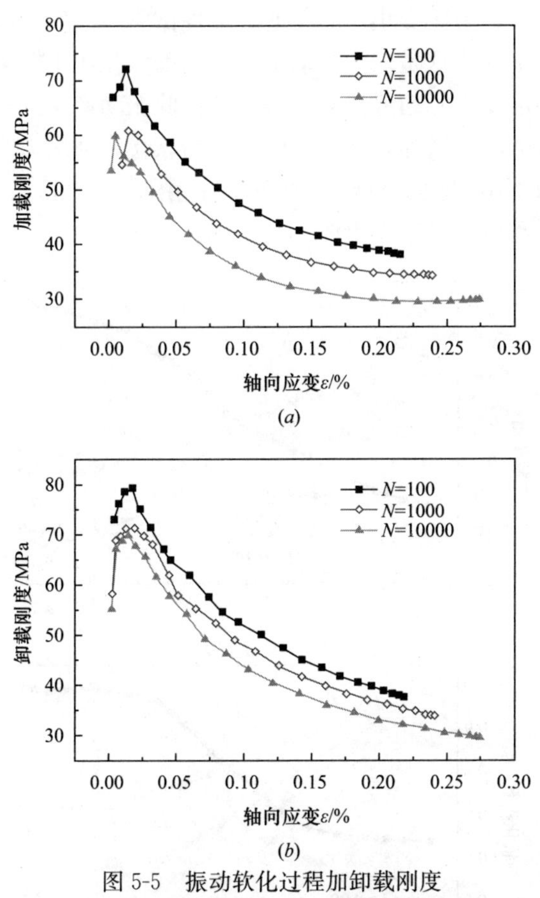

图 5-5 振动软化过程加卸载刚度

(*a*) 加载刚度变化曲线；(*b*) 卸载刚度变化曲线

图 5-6 为循环应力比 0.2 时不同固结度下动刚度随振次的变化曲线，可以看出在固结程度较高（大于 0.98）循环应力比较小时动刚度会随振次的增大而增大，这一方面是因为在低水平的动应力下虽然试样的应变在不断发展，但是在轴向压缩的同时也使土颗粒接触更加紧密，在较低的应力水平下应变将随振动次数的增加而趋于稳定，波动应变（$\varepsilon_1-\varepsilon_3$）会有所减小而偏应力仍能维持初始值，

按照前文的定义刚度也会逐渐增加；另一方面，动荷载降低土体刚度的同时土颗粒接触不断紧密产生了刚度的提高，当刚度的增加量大于减小量时也产生了整体刚度的增加。这与以往多数研究成果存在较大差异，事实上现有研究成果中，很多也出现了刚度的增大现象只是没有给出相应的解释比如 Neven Matasovic[68] 在对超固结黏土进行动载试验时在负孔压阶段出现了刚度随孔压增长的情况；A GASPARRE 等[213] 对伦敦黏土的试验表明：当大主应力方向改变时会使土体刚度增加；张勇[214] 对武汉黏土的动三轴试验表明在动应力水平比较小时土体刚度会维持不变甚至略有增加。图 5-6 试验结果显示当固结度降低时刚度软化速度也随之增加，临界循环应力比变小。对于非破坏性试验当刚度衰减到一定程度时会进入稳定阶段不再下降，这是因为振动造成的刚度软化比土颗粒挤密产生的刚度增加要大，整体刚度呈下降趋势；对于破坏性试验振动产生的软化过大，远远超过土颗粒挤密产生的刚度增加，并且随刚度不断软化，动应力水平也逐渐下降导致刚度迅速衰减而不出现稳定阶段（图 5-6c）；由图 5-7 可以看出即便在固结程度较低时，只要振动应力足够小土体都会出现硬化曲线。

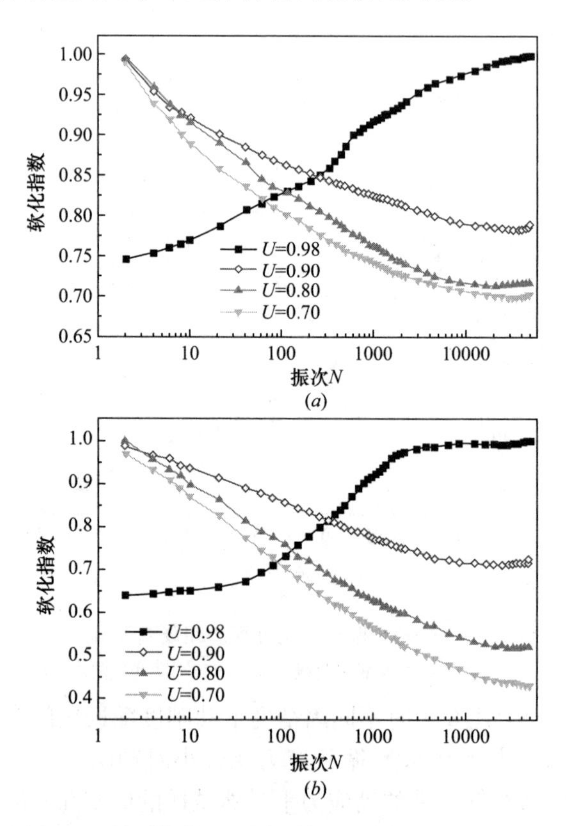

图 5-6　循环荷载下不同固结度刚度变化曲线（一）

（a）p=100kPa；（b）p=150kPa

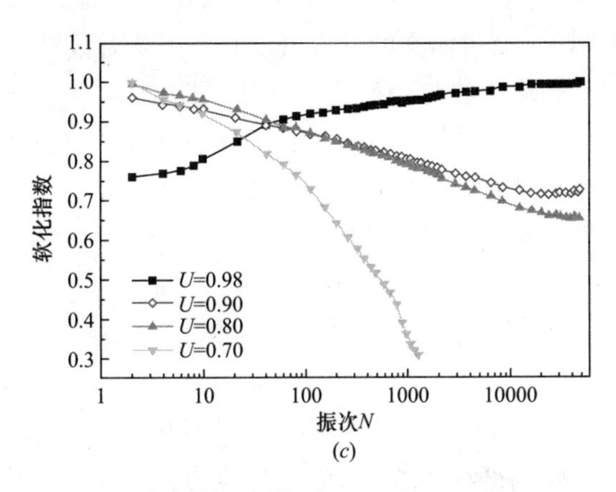

图 5-6 循环荷载下不同固结度刚度变化曲线（二）
（c）p=200kPa

图 5-6 中不同固结应力的实验结果表明：在循环应力比相同的情况下，固结应力大的土体刚度衰减更明显；图 5-6（c）显示在固结应力和动应力相同的情况下固结度低的土体刚度衰减更快、更容易破坏，也就是说临界循环应力比与土体的初始固结度相关。从图 5-6、图 5-7 均可以看出软化指数与 lg$N$ 并不是简单的线性关系，硬化型与软化型表现出截然相反的形态。基于上述分析固结度与循环应力比对土体动刚度的变化都有影响，在建立软化模型时必须区分不同的情况加以考虑，而不宜用一个通式进行描述。

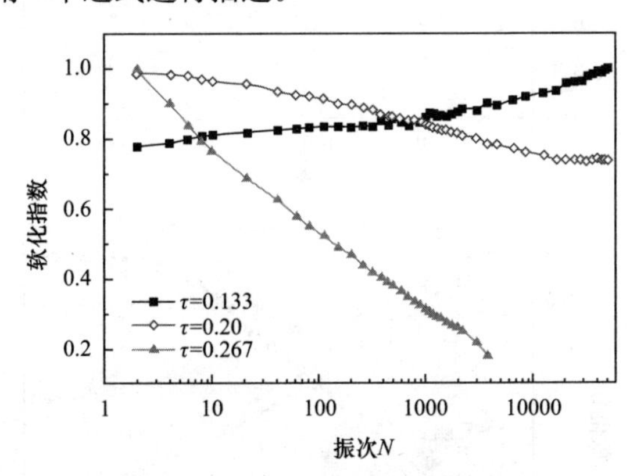

图 5-7 不同循环应力比下刚度变化曲线（U=0.94）

5.3.3 硬化-软化模型的建立

循环荷载下饱和软黏土刚度软化相关的经验模型中对数模型使用的最为广泛，Yasuhara 等人[215]提出的一阶对数表达式：$\delta=1-A\lg N$，蔡袁强等人[216]提出的二阶对数表达式：$\delta=1-A(\lg N)^2-B\lg N$，式中 δ 为软化指数，N 为循环次数，A、B 为试验参数。通过前文的分析可以看出一阶对数模型反映的线性关系、二阶对数模型体现了软化指数与 $\lg N$ 之间的非线性关系，但是上述两种模型都不能较好地运用于振动硬化的情况。循环荷载下不同固结程度的饱和软黏土刚度变化的模型尚未见报道，已有研究也很少涉及振动刚度增加的情况，本文在上述实验和现有成果的基础上建议用以下经验公式：

对于硬化型：

$$\delta = AU^2(\tau-\tau_t)^3(\lg N)^3 + BU^2(\tau-\tau_t)^2(\lg N)^2 + CU(\tau-\tau_t)\lg N + D \quad (5\text{-}1)$$

对于软化型：

$$\delta = 1 - aU^2(\tau-\tau_t)^2(\lg N)^2 - bU(\tau-\tau_t)\lg N \quad (5\text{-}2)$$

式中 δ 为软化指数，N 为循环次数，τ 为循环应力比，τ_t 为门槛循环应力比，本次试验测得 τ_t=0.02，A，B，C，D，a，b 为试验参数。

图 5-8 为公式对试验数据的拟合结果，拟合优度均在 0.98 以上，文中建议的经验公式可以较好地模拟循环荷载下饱和软黏土的刚度变化规律，拟合参数见表 5-3、表 5-4。

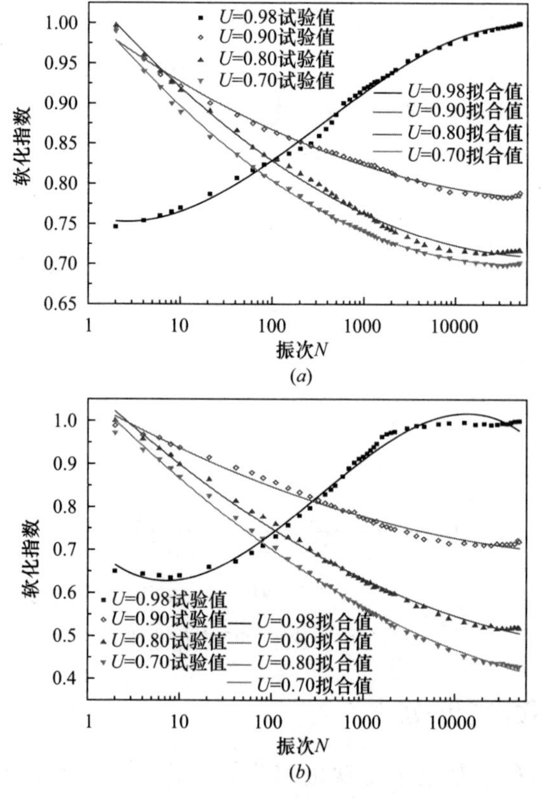

图 5-8　不同固结应力下动刚度拟合（一）

（a）p=100kPa；（b）p=150kPa

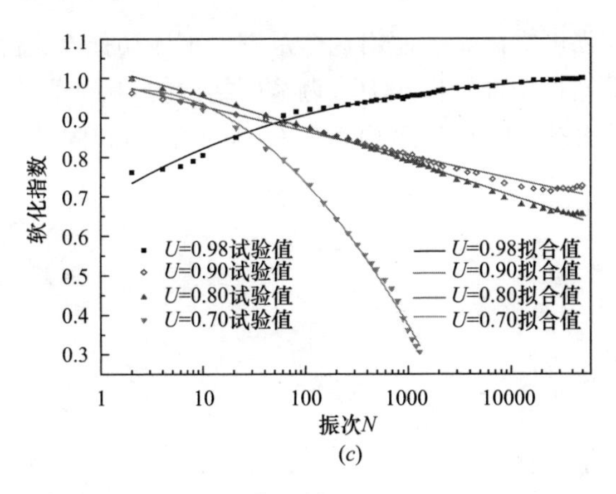

图 5-8 不同固结应力下动刚度拟合（二）

(c) p=100kPa

应变硬化拟合参数 表 5-3

固结度	固结应力	A	B	C	D
0.98	100kPa	−0.0946	0.3479	−0.0913	0.7604
	150kPa	−0.3316	1.0059	−0.5795	0.7217
	200kPa	0.0328	−0.1851	0.3969	0.6886

应变软化拟合参数 表 5-4

固结应力	固结度	a	b
100kPa	0.9	0.0564	−0.2052
	0.8	0.0211	−0.3920
	0.7	0.1738	−0.4710
150kPa	0.9	0.0709	−0.3191
	0.8	0.1456	−0.5944
	0.7	0.1953	−0.7387
200kPa	0.9	0.0084	−0.1789
	0.8	−0.0181	−0.2201
	0.7	−0.9864	0.1824

5.3.4 偏压固结土的强度特征

土在形成的过程中会受到风化和土体迁移等因素的影响，在这个过程中土体所受的固结应力会不断变化而且各个方向不尽相同。这就导致土体几乎不可能在各项同性的条件下形成，土体的这种偏压过程对土的动力特性产生影响。马英梅等[105]对一系列不同固结应力比的标准砂进行动三轴试验发现：当固结比在一定范围内会使土体动强度提高，但超出这个范围后土体动强度会降低，不过这一试验是在围压不变而通过增加轴向压力来调节固结比的。

图 5-9 是在平均有效固结应力均为 200kPa 时，不同固结比下软化指数随振动次数的变化关系。

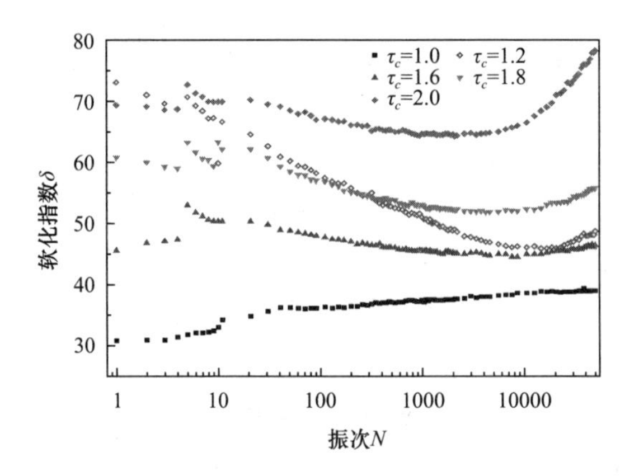

图 5-9 动刚度随振动次数的变化关系

$$\bar{P}_c = \frac{\sigma_1 + \sigma_2 + \sigma_3}{3} \tag{5-3}$$

$$\tau = \frac{\sigma_1}{\sigma_3} \tag{5-4}$$

当固结比增加时 σ_1 增加，同时 σ_2 和 σ_3 减小，而 $\bar{P}_c$ 保持不变，以此来实现不同的固结比。

由图 5-9 可以看出在固结比为 1.0 时即各项同性固结，在 0.2 的循环应力比下土体的动刚度不断上升。而固结比为 1.2，16，1.8，2.0 时土体的动刚度的发展趋势是逐渐降低，在振动超过 10000 次后动刚度又出现了回升。但有一点可以肯定的是在固结比小于 2 时，土体动刚度随固结比的增加而增加。

图 5-10 是不同固结比下轴向应变随振动次数的变化关系，可以看出在固结比为 1.2 和 1.6 时应变为负值，及变形产生了回弹，这种现象被称为“拟超固结”。对比固结比为 1.0，1.2，和 1.6 的应变可以发现偏压的压实作用使得土体的强度提高，表现为剪切膨胀。当固结比达到 2.0 时，过大的偏压产生的不稳定性占据了主导地位使变形加剧。

对比图 5-9、图 5-10 两幅图，可以发现当固结比为 2.0 时动刚度最大，但在应变中却表现为变形最大这似乎存在着矛盾，事实上根据上述动刚度的定义它只反映了变形的大小并未反映出变形的发展方向，因此在用土体的刚度来描述土体的强度时首先要知道土体的变形方向。

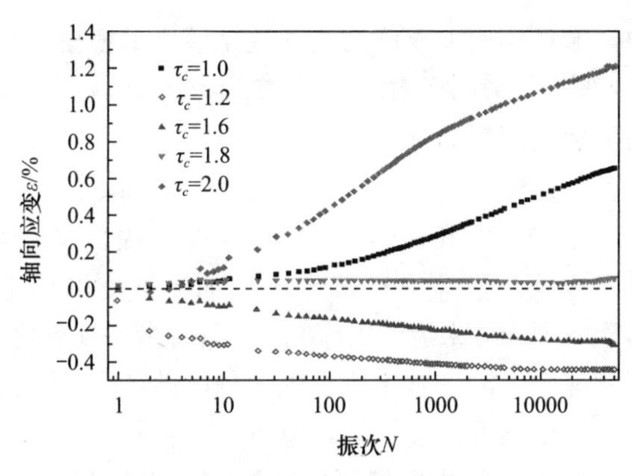

图 5-10 轴向应变随振动次数变化关系

5.4 冻融土刚度软化分析

5.4.1 冻融土刚度发展规律及软化模型建立

冻融土刚度试验中，冻融土的刚度如图 5-11 所示，均呈明显软化趋势，中途软化速度有所减慢，其中部分试样的曲线出现少量硬化，但随即又恢复软化，最终曲线变平缓，G 稳定在某一值附近，其趋势与王军等[217]通过实验得出的刚度随循环次数的增加其衰减幅度逐渐减少的结论是相符合的。根据该趋势，大体上可以将刚度变化过程分为软化和稳定两个阶段，前一阶段刚度随着 lnN 的增大大体上呈线性减小，第二阶段则随着循环次数增加土体刚度趋于不变。

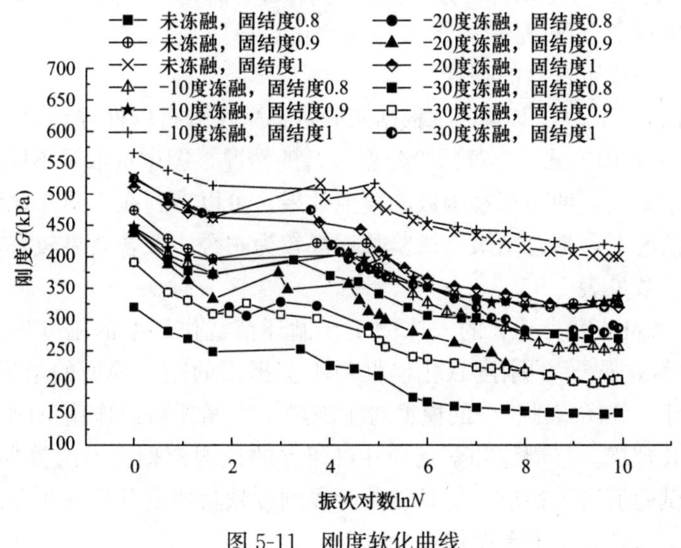

图 5-11 刚度软化曲线

在现有研究中，循环作用下土体的刚度软化模型多根据试验结果模拟分析得到。YASUHARAK等[215]采用半对数表达式 $\delta = Geq/Geq_{N=1} = 1 - D\lg N$ 描述软土在循环荷载作用下剪切刚度的软化，其中 δ 为软化指数，表示循环加载过后的土体刚度与初始刚度的比值，式中 D 为软化系数，N 是循环次数，Geq 与 $Geq_{N=1}$ 分别是第 N 次循环对应的刚度和初始刚度值。根据该模型，土体刚度呈半对数线性函数软化，不符合本文试验得到的冻融土后期刚度逐渐稳定的趋势。蔡袁强等[11]提出的二阶函数模型同样未能解决冻融土循环加载后期软化速度变慢的问题。

基于试验得到的冻融土刚度软化所呈现的分段性特征，可以建立相应的刚度软化模型。在第一阶段中刚度持续软化，总体上可将其视为随着振次对数的增加而线性减小，这阶段的刚度软化模型可以参照YASUHARAK[215]的半对数表达式，建立起刚度线性软化阶段的表达式；到了循环加载后期，刚度的变化较小，不再呈现出线性软化的规律，对这个阶段内的刚度取均值，将其定义为循环加载后期的稳定刚度 G_w；结合两个阶段的函数，建立冻融土刚度软化分段函数模型。由于冻融作用也会使土体发生软化，为了便于分析冻融作用在整个加载过程中对于刚度软化的影响，建立的分段函数模型是直接关于土体刚度 G 的表达式，而不再通过软化指数 δ 描述刚度的软化。公式如下：

$$G = \begin{cases} G_0 - c\ln N, N \leqslant N_g \\ G_w, N \leqslant N_g \end{cases} \tag{5-5}$$

式中，G_0 为线性软化阶段软化直线与坐标纵轴的截距，它不是实际加载时的初始刚度值，与 G_1（第一次加载的刚度值）有所区别；c 是软化速度，不同于软化系数 A，软化速度 c 与刚度的单位一致，其物理意义是随振次对数的增大刚度衰减的速度；G_w 为循环末段的残余刚度，可以通过使循环次数达到足够大后取后期的刚度均值得到；N_g 是临界振次，为软化直线段与稳定直线段的交点，是土体刚度从软化向稳定过渡的拐点。

公式中的 G、c、G_w 以及 N_g 根据实验数据采用分析软件进行分段拟合得到。图5-12显示了采用公式5-5对试验数据拟合的情况，图中选取了不同固结度和冻结温度的三组试验，便于观察函数的模拟效果。可以看到在不同冻融温度以及不同固结度的情况下，拟合结果与试验数据都较为吻合，拟合效果较好，通过拟合得到的具体参数见表5-5。

图5-13以固结度为0.8的未冻融土在循环荷载作用下的刚度发展为例，选取周建[82]和蔡袁强[216]的刚度软化模型与本文提出的刚度模型的结果进行对比，可以看出周建[82]和蔡袁强[216]的模型对于冻融土在循环荷载作用下刚度发展的拟合效果都不甚理想。且周建和蔡袁强各自建立的预测模型在振次较少（$\ln N < 6$）的情况下与试验值较为接近，但是随后阶段刚度软化速度开始减缓并最终达到稳定，此时模型与试验值的差距慢慢变大。

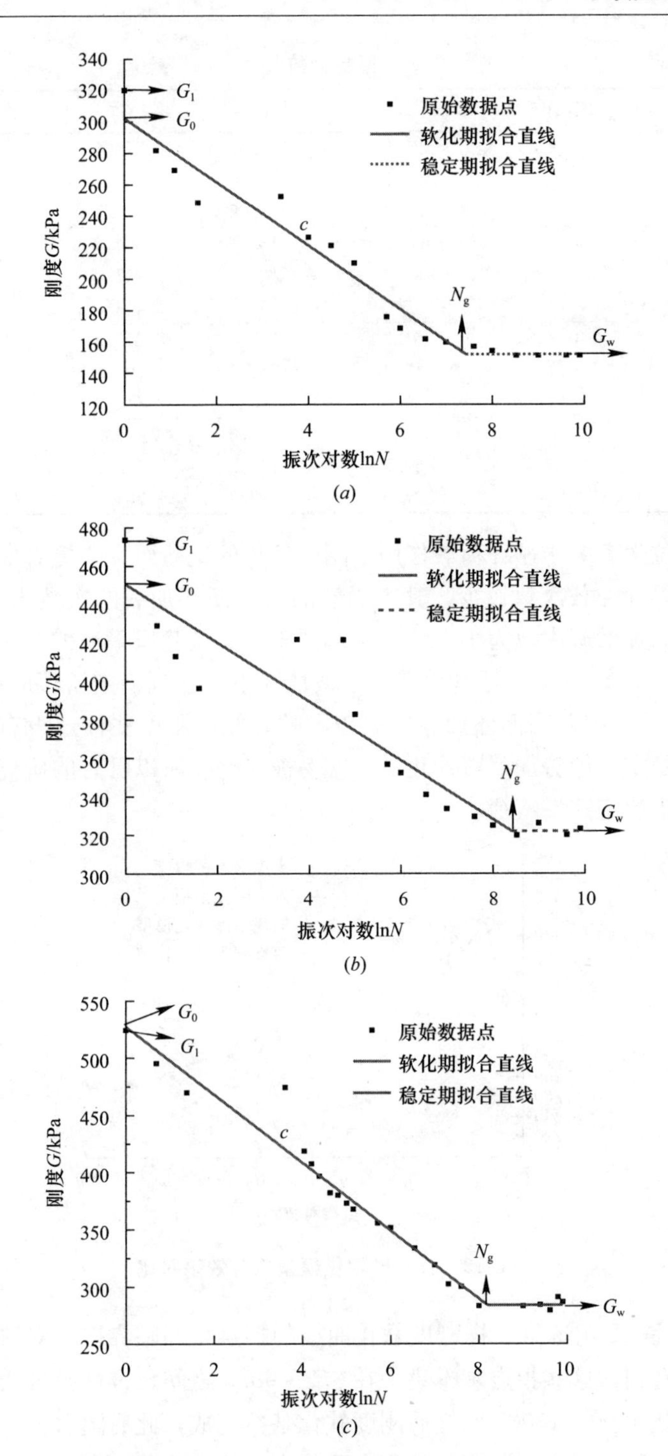

图 5-12　分段函数拟合刚度软化

(a) −30℃，固结度 0.8；(b) 未冻融，固结度 0.9；(c) −30℃，固结度 1

拟合参数　　**表 5-5**

冻结温度	固结度	G_0	c	G_w	$\ln N_g$
未冻融	0.8	421.3	−16.93	270.6	8.90
	0.9	450.7	−15.30	322.3	8.39
	1	525.3	−13.27	400.7	9.39
−10℃	0.8	435.2	−18.78	254.5	9.62
	0.9	435.3	−13.02	327.9	8.25
	1	554.2	−15.02	418.3	9.05
−20℃	0.8	364.7	−19.54	203.3	8.26
	0.9	416.3	−23.21	201.8	9.24
	1	506.9	−21.40	319.9	8.74
−30℃	0.8	303.4	−20.76	152.3	7.28
	0.9	450.7	−19.39	292.1	8.18
	1	527.5	−29.73	284.9	8.16

分析两位学者关于循环荷载作用下刚度软化的试验研究，笔者发现这些试验研究进行的循环加载次数较少，其中周建的试验循环加载的次数为 2500 次，蔡袁强的试验循环加载次数为 10000 次，远低于本文试验所采用的 20000 次的加载次数；且从 2.2 节的表 3 可以看到，多数情况下，达到稳定阶段时振次 N 要达到 8000 次左右，因此当循环加载次数较少的时候，刚度往往还没有稳定，或者刚刚展现出稳定的趋势加载就停止了，容易被忽略。所以已有的研究大多未体现刚度最终趋于稳定这一特征。

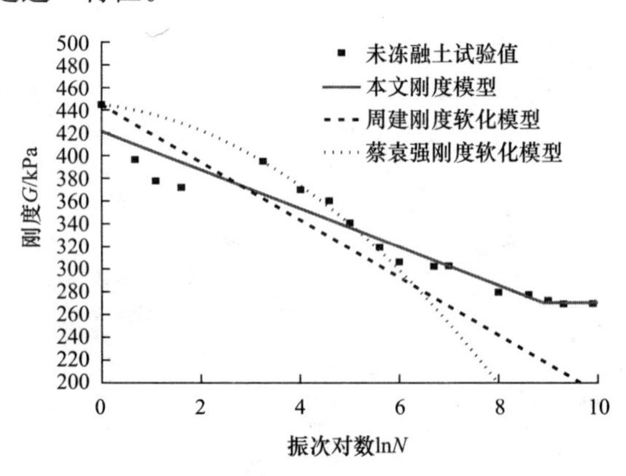

图 5-13　各刚度软化模型拟合效果对比

图 5-14 是 12 组冻融试样刚度软化曲线的拐点，即临界振次对数 $\ln N_g$ 的值。从图中可以看到，这些拐点基本集中在 8.25～9.5 之间，也就是说大多数冻融土样在循环加载 4000～13000 次之后刚度软化基本完成，此后随着振次增加刚度基本保持稳定。这说明土体刚度的软化主要集中在地铁运营初期，经过一定时间后刚度基本不再变化。在预测冻融法施工区域的工后沉降时，建议先通过室内试验

得到临界振次 N_g，根据 N_g 的大小大致确定土的软化区间，预测刚度软化结束的时间，在该时段内对土体的变形进行重点监控，防止冻结法施工区域与其他区域之间差异沉降过大，保障地铁安全运行。

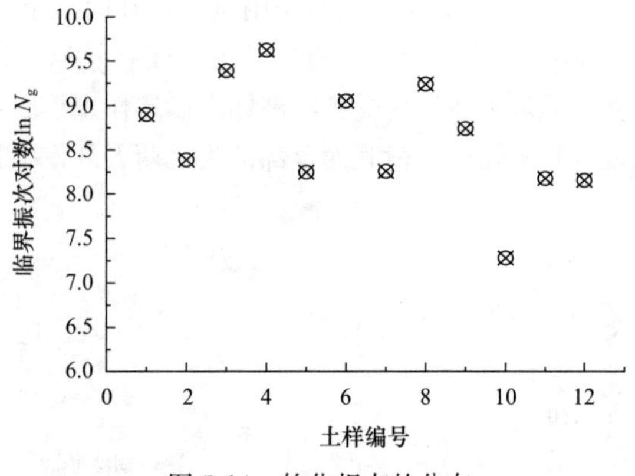

图 5-14 软化拐点的分布

5.4.2 冻融对刚度软化的影响

在地铁列车荷载作用前，冻融作用已经使土体刚度发生软化，具体的软化效果体现在初始刚度 G_1 的大小上。对表 5-5 中的初始刚度 G_1 进行提取和分析，得到图 5-15。可以发现冻融效应降低了土样的初始刚度，且冻结温度越低 G_1 越小。根据魏新江等[218]关于冻融作用后软土微观结构的试验研究，冰晶的发展破坏了土体结构，包括骨架结构、土颗粒之间的联结等，冻融后的土体试样孔隙体积相应增大，且冻结温度越低，孔隙体积越大。结合本文的试验现象，笔者认为冻融造成土体刚度软化主要有两点原因：一方面冻融过后孔隙体积的增大使得土的密实度较低，在受到与冻结前等量的荷载作用时会产生更大的变形；另一方面，冻融作用会造成土体结构的弱化，从而产生刚度软化的现象。

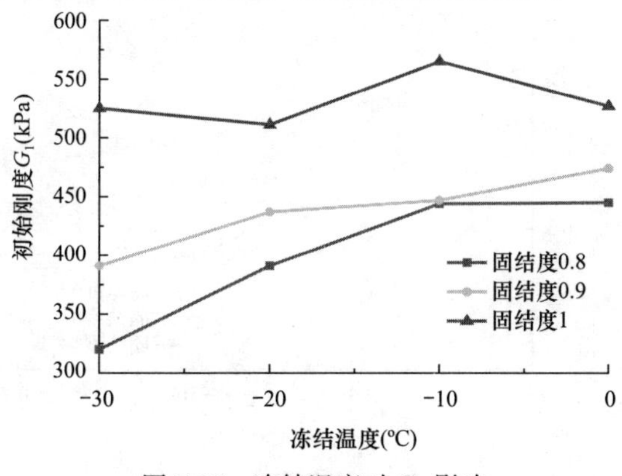

图 5-15 冻结温度对 G_1 影响

分析循环加载结束后的残余刚度 G_w，并将它的值同初始刚度 G_1 对比，可以发现冻结温度对残余刚度的影响与对初始刚度的影响较为接近。如图 5-16 所示，随着冻融温度下降 G_w 也会随之减小，与初始刚度随温度变化趋势类似，这说明冻融对土体的刚度影响贯穿了循环荷载的作用阶段，在时间上具有延续性。循环荷载作用后，前文提到的孔隙体积较大的冻融土慢慢被挤密，这部分作用会使土体刚度得到一定恢复；但是土体结构受到的破坏在循环作用下不可能发生逆转，因此冻融的刚度弱化效应并不随循环荷载而全部消失，两者的作用具有一定独立性。

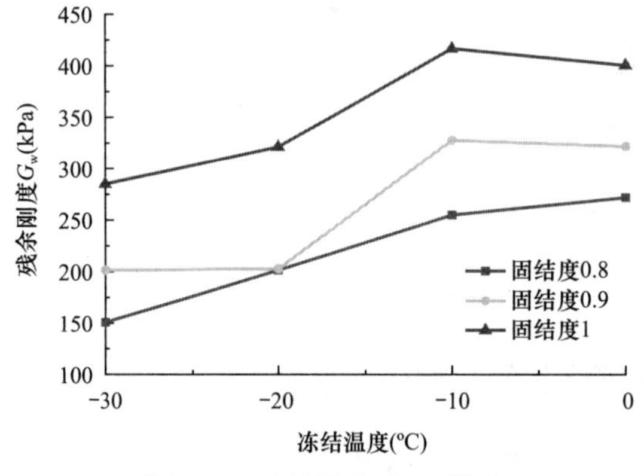

图 5-16　冻结温度对 G_w 影响

分析刚度损失值 G_s，可发现 G_s 与冻结温度之间无明显的规律，因此本文通过分析刚度损失比 w 来了解冻融作用在整个循环加载过程中对于刚度损失大小的影响。结果如图 5-17 所示，大体上更低的温度对应更大的刚度损失比，说明了冻融对刚度软化程度具有直接影响。同时，不同固结度的土体经过 -30℃的冻融作用后，在地铁列车荷载作用下，土体的刚度损失比均达到 0.5 左右，该结果表明，在进行冻融土工后沉降计算的时候，应充分考虑不同温度冻融土体在循环荷载作用过后的刚度损失，否则计算得到的工后沉降值与实际值相比将会失真。

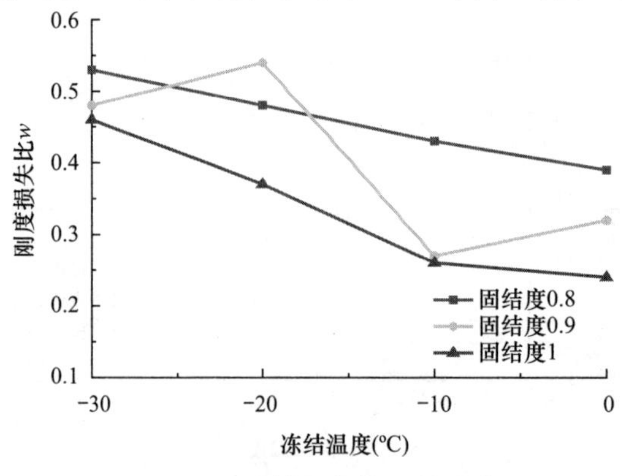

图 5-17　冻结温度对 w 的影响

图 5-18 是冻结温度与两个软化速度指标 c 和 a 的关系。由图可知冻结温度越低，刚度软化速度 c 越大，相对速度 a 也越大。这说明冻融作用会对土体刚度的软化起到加速效应。软化速度过大，会使沉降速率过快，进而对地铁运营的安全造成不利影响。且冻结温度越低，这种加速效应越需要引起重视。因此采用冻结法施工时，在冻结温度较低的情况下，应对工后土体变形进行密切监测。

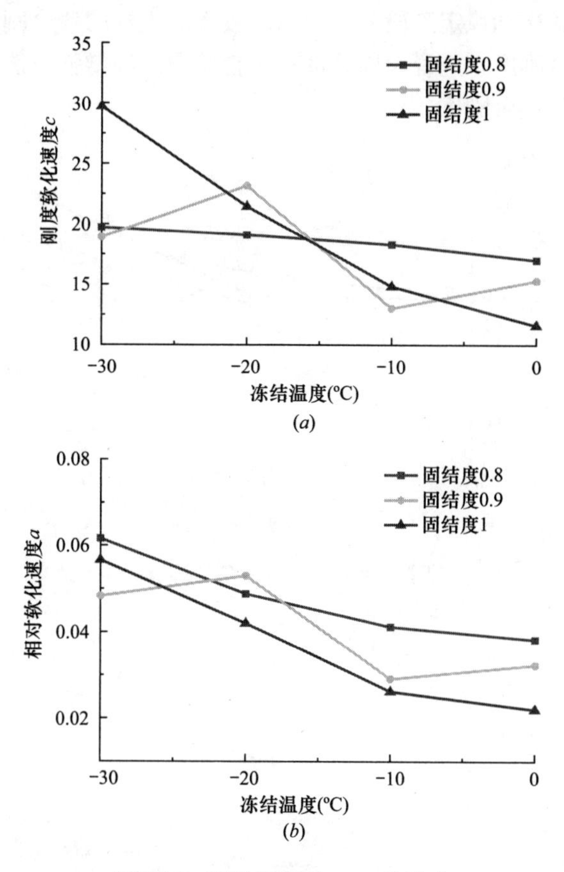

图 5-18 冻融温度对 c，a 的影响

（a）冻结温度对 c 的影响；（b）冻结温度对 a 的影响

5.4.3 固结对冻融土刚度软化的影响

地铁联络通道采用冻结法施工后，冻土融化过程中冰晶的消融速度远大于孔隙水的排出速度[123]，所以在地铁建成投付使用时，冻融土地基的超孔隙水压仍未消散完全。另外，原状土本身存在一定的固结度，地铁在开挖过程中又会对土体造成扰动，改变地基土初始固结度的大小。因此，在地铁运营初期冻融土一般未完全固结，且由章节 5.6.1 中的分析可知该阶段土体刚度软化较为严重，所以

有必要研究初始固结度对刚度软化的影响。

图 5-19 和图 5-20 是不同冻结温度土样的初始刚度 G_1 和残余刚度 G_w 大小的变化情况。可以从图中得到，在一定的固结度下 G_1 和 G_w 随着固结度的增加均有增大的趋势。固结度主要影响饱和土样的含水率和有效应力，固结度高的土样的有效应力大，孔压小，土颗粒密实度好，会对冻融土体的初始刚度 G_1 起到强化作用。同时当加载达到稳定阶段后，固结度较大的土样的残余刚度也大于固结度较小的土样的残余刚度，这说明固结度对于初始刚度的增强也能够贯穿整个循环加载过程从而影响残余刚度。

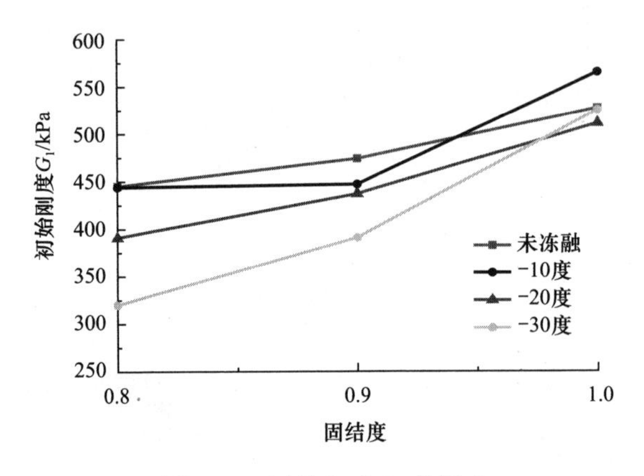

图 5-19　固结度对 G_1 的影响

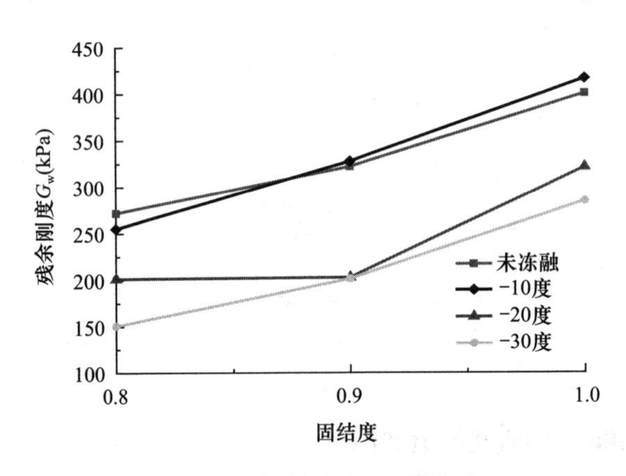

图 5-20　固结度对 G_w 的影响

图 5-21 是对同一冻融情况下不同的固结度土体的刚度损失比 w 进行对比得到的关系图。从图中可以看出，固结度较大的土样其刚度损失比一般会更小，在同一冻融温度下土体的刚度损失比随固结度增大呈现出减小的趋势，特别是未冻融土和－10℃冻融土，其固结度为 0.8 的土样和固结度为 1 的土样刚度损失比的

差值分别达到 0.15 和 0.17。该分析结果表明，软土区地铁采用冻结法施工时，应采用适当的施工措施，如电渗法、真空（堆载）预压法等，加快地基土的排水，提高冻融土体的初始固结度。这样能够有效地减小后期地铁列车荷载作用下地基土的软化效应，减弱刚度损失，从而减小地铁运营期间的工后沉降，保护地铁隧道的结构安全。

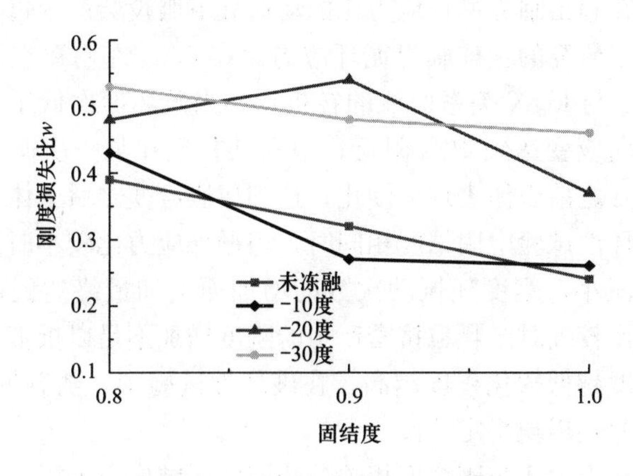

图 5-21 固结度对 w 的影响

已有研究表明固结度的增大会减缓土体软化指数的衰减[219]。本文提出的分段函数模型中采用参数 c 表述土体线性软化阶段的软化速度，固结度发生改变时 c 的变化没有特定的规律。土体初始固结度对循环荷载过程中刚度衰减速度的影响主要通过相对软化速度指标 a 体现。如图 5-22 所示，总体而言，在一定的冻融温度下相对软化速度 a 随着固结度的上升呈现出下降的趋势。因此，为减缓冻融土体因列车荷载而产生的刚度软化，防止土体出现过快变形，可以在地铁运营前适当增大地基土的初始固结度，建议正式运营前其固结度以大于 0.9 为宜。

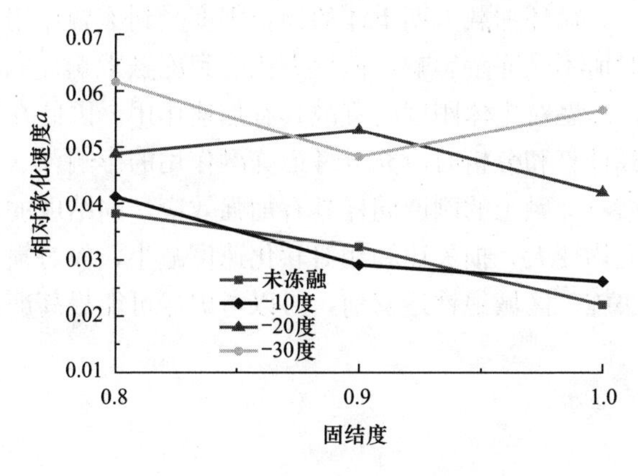

图 5-22 固结度对 a 的影响

5.5　本章小结

通过对杭州饱和软黏土以及冻融土进行动三轴试验，在现有研究成果的基础上建立了能够考虑不同固结程度的刚度变化模型，并获得了以下结论：

(1) 软黏土在超出临界循环应力比的动荷载下服役会产生过大的变形而丧失继续承载能力，本研究的土样临界循环应力比在 0.25 左右；在用应变作为破坏标准时可以选取 ε 与 $\log N$ 关系曲线的转折点，当破坏振次低于 10000 次时应变转折点出现在轴向应变达到 10%附近；饱和软黏土在某一次循环中存在屈服应变，达到屈服应变之前土体表现为硬化，达到屈服应变之后土体表现为软化。

(2) 在非破坏性试验中固结度相同时，当循环应力比较小时随着土颗粒的挤密，弹性应变会减小，刚度随振动次数的增加而增加最终达到稳定，表现为硬化；当循环应力比较大时土颗粒挤密产生的刚度增加不足以抵消振动过程产生的软化，并且固结度越低软化程度越高。在破坏性试验中，随着振动次数的增加，刚度衰减迅速，并不出现稳定阶段。

(3) 临界循环应力比与固结度相关，相同的固结应力下固结度越低临界循环应力比越小。杭州重塑黏土的临界循环应力比约为 0.25，门槛循环应力比在 0.02 到 0.03 之间；在不同固结度下土体动刚度与振动次数的对数成非线性关系，本文所建议的模型可以较好地模拟土体动刚度的变化。

(4) 人工冻融土受循环荷载作用下的刚度变化可以用分段函数描述，刚度 G 先随 $\ln N$ 线性递减，后稳定在残余刚度 G_w 附近。刚度软化的拐点大致出现在 4000～13000 次循环，其对数值在 8.25～9.5 之间，出现拐点之后刚度基本不再变化。

(5) 冻融对土体刚度的削弱作用表现在四方面：第一，初始刚度随冻融温度下降而减小；第二，循环加载末期土体的稳定刚度受到冻融作用影响而减小；第三，刚度损失绝对值不受冻融影响，但损失比受到冻融影响，冻融温度越低，损失比越大；第四，冻融对土体刚度的衰减具有加速作用。因此在进行地铁运营阶段的长期工后沉降计算和分析时应充分考虑冻融作用的影响。

(6) 土体固结对冻融土的刚度同样具有加强效应。固结度的增加会使土体初始刚度和稳定刚度均变大，损失比和相对软化速度减小，而对损失绝对值没有特别影响。在冻结法施工区域地铁运营前，可以考虑尽可能提高冻融区域土体的初始固结度。

第 6 章　地铁列车荷载下软黏土应变试验研究

6.1 引言

地铁的施工以及运营会产生沉降，并且在地铁运营荷载下沉降急剧加速[6]，地铁荷载作为交通荷载的一种形式，在对下卧层的影响上与公路交通荷载有很大的相似性，日本道路协会的实测资料显示开放交通后产生的附加沉降可达到施工期沉降的一半[7]。在我国东南沿海地区广泛分布着深厚软黏土，这些地区建设地铁以及地铁运营产生的沉降更为显著，直接影响运营安全。据已有实测资料表明自上海地铁 1 号线运营以来局部路段沉降达 200mm，最大沉降速率达 40mm/年[4]，广州地铁 2 号线自 2003 年开通以来最大沉降速率达 16mm/年，最大不均匀沉降达 30mm[8]，图 6-1 为某软土地区地铁运营前后地铁隧道的沉降实测数据，可以看出运营前隧道沉降已趋于稳定，然而运营后沉降又开始大幅增长。研究循环荷载下饱和软黏土的长期沉降具有重要意义。在地铁荷载下软黏土的长期沉降不仅与运营列车的荷载条件和原状土层性状相关还与地铁的前期施工有关，盾构扰动的影响将持续到地铁运营期，葛世平[89]对上海地铁的研究表明地铁施工的影响要 1～3 年方能稳定，对于土质性状差的地区这个时间会更长，因而在研究时要考虑到前期施工扰动对长期运营的附加影响。

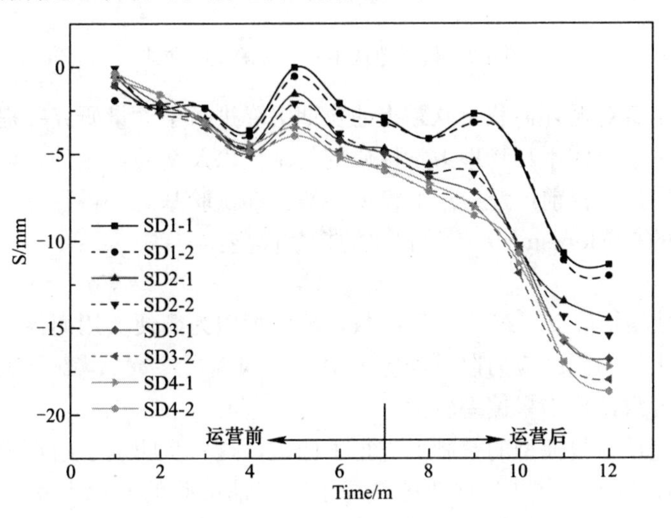

图 6-1　某软土地区地铁运营前后实测沉降曲线

采用人工冻结法施工后的地基土，冻融循环作用将破坏土体内部颗粒之间的联结作用，骨架结构的重新排布也将引起其宏观力学性质发生改变，在地铁运营期间冻融土的动力特性与未冻融土有一定的区别。实测数据表明，人工冻结法施工区域的地基土长期沉降较为显著，如杭州地铁1号线自2012年11月正式运营以来，代表性区间采用冻结法施工的地铁道床（近联络通道处）6个月内最大沉降量分别达到9.7mm和23.6mm，如图6-2所示，使地铁运营安全受到影响。

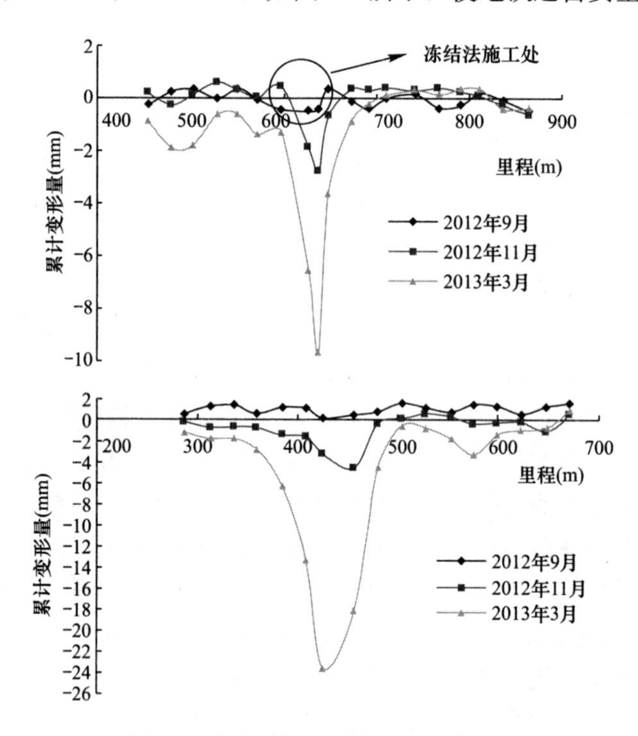

图6-2　杭州地铁1号线实测沉降曲线

国内外学者对循环荷载下软黏土的长期沉降进行了大量研究并提出一些本构模型。但是由于土体本身物理力学性质的复杂性以及交通荷载的长期性，很多理论模型并不实用，目前广泛应用的模型一般是在试验基础上得到的经验模型。其中最具影响的是Monismith[102]等提出的指数模型：

$$\varepsilon = AN^b \tag{6-1}$$

式中 ε 为塑性累积应变，N 为循环次数，该模型因为简便实用而倍受青睐，但由于没有考虑土体的固结应力以及动应力水平等因素，参数 A，b 所表达的物理含义不明确而导致计算结果偏差较大。

后人在上述指数模型的基础上进行了修正，进一步明确了指数模型中参数的物理含义。Li和Selig[103]在对细粒路基土动三轴试验的基础上考虑了动应力水平、土体静强度以及土的物理性质等因素对上述指数模型进行了改进。

$$\varepsilon = a(\sigma_d/\sigma_s)^m A N^b \tag{6-2}$$

式中 σ_d 为动应力水平，σ_s 为土的静力强度。a，b，m 是与土性质相关的试验参数。

Chai 和 Miura[104]根据路基土存在初始偏应力的特点，在 Li 和 Selig 模型的基础上建立了考虑了初始偏应力的长期沉降模型：

$$\varepsilon = a\left(\frac{q_s}{q_f}\right)^m \left(1+\frac{q_s}{q_f}\right)^n N^b \tag{6-3}$$

式中 q_s 为初始静偏应力，q_d 为动偏应力，q_f 为静力破坏强度，a，b，m，n 为是试验参数。

Anand J. Puppala 和 Louay N. Mohammad[105]考虑了围压和偏应力的综合影响对 Monismith 指数模型进行了修正：

$$\varepsilon = aN^b \left[\frac{\sigma_{oct}}{\sigma_{atm}}\right]^\beta \tag{6-4}$$

式中 σ_{atm} 为大气压力，$\sigma_{oct}=\dfrac{\sigma_1+\sigma_2+\sigma_3}{3}$，$a$，$\alpha$，$\beta$ 为试验参数。

陈颖平等[106]在建立应变模型时考虑了初始偏应力和超固结比的影响，获得了如下长期沉降模型：

$$\varepsilon = a\left(\frac{\sigma_d}{\sigma_c'}\right)^b \left(\frac{N}{N_f}\right)^{c\left(\frac{\sigma_d}{\sigma_c}\right)} (OCR)^k \left(1+\frac{q_s}{\sigma_c'}\right)^m \tag{6-5}$$

式中 σ_d 为循环应力，σ_c'为固结应力，N_f 为破坏振次，OCR 为超固结比，q_s 为初始静偏应力，a，b，c，k，m 为试验参数。

黄茂松等[107]在研究软黏土的累积塑性变形时引入了相对偏应力水平参数，建立了应变速率与循环次数的关系模型。

以上模型大多数是通过对 Monismith 模型修正得到的，比较实用，但也存在一些局限：(1) 上述模型在动荷载水平低于临界循环应力比时适用性较好，当动应力超过临界循环应力比时随着循环次数的增加应变会迅速增长，这一点上述模型均不能反映出来；(2) 在实际工程中下卧土层并没有完全固结，在动荷载下应变发展规律也不同于正常固结土和超固结土，这在以往的模型中也没有涉及；(3) 饱和软黏土在循环荷载作用下会出现软化现象，上述模型均没有考虑土体的软化；(4) 上述模型均针对未冻融土，对于冻结法施工后的人工冻融土而言，其结构性质已发生变化，以往塑性应变模型对分析冻融土的应变发展规律具有一定局限性。本章通过对不同固结程度的杭州饱和软黏进行动三轴试验，提出了考虑固结度，初始偏应力、振动次数、门槛循环应力比的软黏土应变软化模型；同时还引入冻结温度、冻融循环周期和融土初始固结度三个影响因子，采用室内动三轴试验分析各因素对冻融土累积塑性应变发展规律的影响，针对冻融循环机制影响下冻融土塑性应变发展规律建立显式计算模型。

6.2 试验方案

6.2.1 软黏土动三轴试验方案

本文主要研究固结度以及平均固结应力对软黏土应变的影响，固结应力根据章节 3.4 中的试验荷载分析选取 100kPa，150kPa，200kPa 三种；受施工扰动影响，隧道地基土的固结度会有所降低，且在地铁循环加载的时候固结度还未完全恢复，因此试验方案中设置了 0.98，0.9，0.8 和 0.7 四种固结度。试验方法同第二章所述，具体试验方案如表 6-1。

GDS 不排水试验方案　　**表 6-1**

试样编号	P/kPa	是否排水	U	τ	N/次	f/Hz
C-1	100	否	0.98	0.2	50000	1
C-2	100	否	0.9	0.2	50000	1
C-3	100	否	0.8	0.2	50000	1
C-4	100	否	0.7	0.2	50000	1
C-5	150	否	0.98	0.2	50000	1
C-6	150	否	0.9	0.2	50000	1
C-7	150	否	0.8	0.2	50000	1
C-8	150	否	0.7	0.2	50000	1
C-9	200	否	0.98	0.2	50000	1
C-10	200	否	0.9	0.2	50000	1
C-11	200	否	0.8	0.2	50000	1
C-12	200	否	0.7	0.2	3000	1
C-13	200	是	0.98	0.2	50000	1
C-14	200	是	0.9	0.2	50000	1
C-15	200	是	0.8	0.2	50000	1
C-16	200	是	0.7	0.2	50000	1

6.2.2 冻融土动三轴试验方案

试验采用重塑软土，土样制备及物理参数详见上文，土体的冻融循环如 4.2 节所述。采用偏压正弦波模拟地铁荷载的真实性，循环应力比 $\tau=\sigma_d/2p$，其中 σ_d 为动应力幅值，p 为有效固结压力，冻融土试验选取有效固结压力 $p=200$kPa（围压 550kPa，反压 350kPa），循环应力比选取 0.2。为模拟地铁运营期间循环荷载作用的长期性，试验加载周期为 20000 次。Takemiya[220] 通过现场实测与数值模拟得出列车低速运行（$V=70$km/h）时，地基土响应频率分布在高频区段 [2～2.5Hz] 和低频区段 [0.5～1Hz]，并且主要以低频为主。杭州地铁运行速度不超过 80km/h，故本文循环荷载施加频率选取 1Hz。试验采用应力控制式循环加载模块，不排水动三轴实验方案同表 3-2。

6.3 软黏土试验结果分析

6.3.1 列车荷载作用下软黏土的应变发展

试验显示在不同的动应力水平下，试样刚度的变化表现为增长和下降两种形式，因此本章刚度的定义与上一章的分析保持一致：定义刚度增长为硬化，刚度下降定义为软化。图 5-2、图 5-3 分别为应变硬化（高固结度）和应变软化（低固结度）时软黏土在第 1 次、第 10 次、第 100 次、第 1000 次和第 10000 次的滞回曲线。滞回曲线两尖端连线的斜率定义为与循环次数相对应的土体动刚度[87-88]，即该循环中的最小刚度值，为了便于理解刚度的变化统一采用软化指数 δ 来描述：

对于加载曲线：$G=(q-q_{\min})/(\varepsilon-\varepsilon_{\min})$.

对于卸载曲线：$G=(q_{\max}-q)/(\varepsilon_{\max}-\varepsilon)$.

软化刚度：$\delta=G_N/G_1$.

式中 G 为某次循环的刚度，q、$q_{\max}$ 和 $q_{\min}$ 分别为一次循环中任意时刻的偏应力、该循环最大偏应力和最小偏应力，ε、$\varepsilon_{\max}$ 和 $\varepsilon_{\min}$ 分别为一次循环中任意时刻的轴向应变、最大和最小轴向应变，δ 为软化指数。

本文试验中，应变软化和应变硬化的软黏土试样的应变均随着循环次数的增加而不断增大，但是应变硬化试验土样的滞回圈面积逐渐变小、间距越来越紧密、倾斜逐渐减小，说明随着振动次数的增加土颗粒结构变得密实刚度有增长趋势，应变软化试验土样的滞回圈倾斜不断增加，刚度表现出下降趋势。

由上一章的结论，刚度变化可用下述经验公式来表述：

对于硬化型：

$$\delta = AU^3(\tau-\tau_t)^3(\lg N)^3 + BU^2(\tau-\tau_t)^2(\lg N)^2 + CU(\tau-\tau_t)\lg N + D \tag{6-6}$$

对于软化型：

$$\delta = 1 - aU^2(\tau-\tau_t)^2(\lg N)^2 - bU(\tau-\tau_t)\lg N \tag{6-7}$$

式中 δ 为软化指数，N 为循环次数，τ 为循环应力比，τ_t 为门槛循环应力比，本次试验测得 $\tau_t=0.02$，A，B，C，D，a，b 为拟合参数，由试验确定。

图 6-3 为不同固结程度饱和软黏土在循环应力比为 0.2 时的应变发展规律，可以看出随着固结程度的降低应变发展逐渐加快，这与循环过程中土体的软化程度相关，振动初期随固结度的降低应变发展区别不显著；但随振次的增加，相同的振次下固结度越低，土体软化越显著，进而导致土体的应变速率增加，这是因为固结程度低的土体含水量更大，Hyde 等[221]在研究中认为含水量的增加会导致应变速率增加。对比图6-3(*a*)、图6-3(*b*)和图6-3(*c*)，在循环应力比相同固结应力不

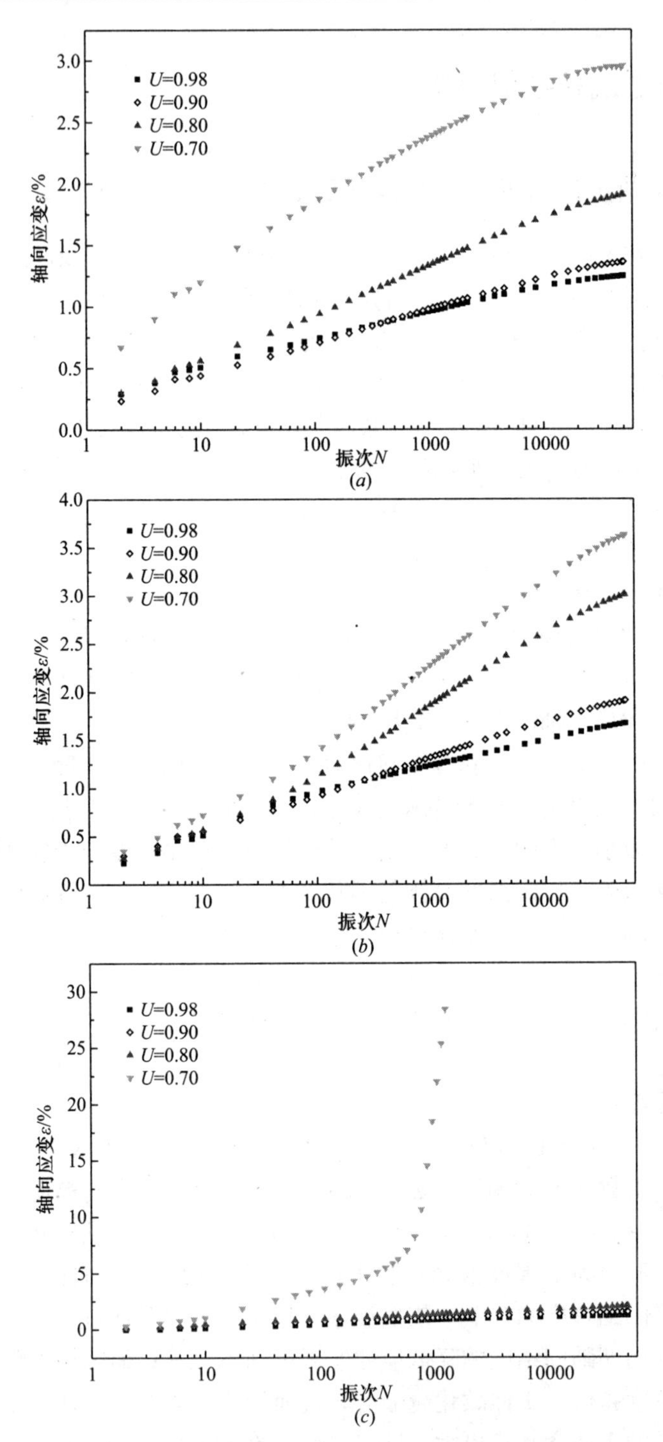

图 6-3 不同固结度下动应变随振次的发展关系

(*a*) p=100kPa；(*b*) p=150kPa；(*c*) p=200kPa

同的情况下，固结应力越大土体应变发展越快，这与前人的研究成果一致。图 6-3（c）表明，即便循环应力比相同的情况下，随着固结度的降低，土体的动应变将由稳定型过渡到破坏型，换句话说，临界循环应力比还与固结度有关，固结度越低临界循环应力比越小。在稳定型试验中，应变与 lg$N$ 近似呈线性关系；而在破坏型试验中，应变发展存在一个转折，这在建立模型时应予以考虑。

6.3.2 应变模型的建立

以往的应变模型大多是以一个通用表达式来描述的，这在破坏型试验中显然是不合理的，陈颖平等认为循环荷载下软黏土的动应变应按破坏前和破坏后进行分段描述[68]，Richard[222]在试验研究中发现动应变与振动次数的对数呈线性关系，在应力水平较小时应变速率随循环次数逐渐减小；在应力水平超出临界循环应力比时应变速率随循环次数的增大而增大；当应力水平继续提高时应变速率持续增大，甚至变得难以预测，但在他的研究中没有考虑到土体的循环软化因素。目前循环荷载下不同固结程度的饱和软黏土的应变变化模型尚未见报道，在考虑刚度变化时已有研究也很少涉及振动刚度增加的情况，本文在上述试验和现有成果的基础上建议用以下经验公式：

$$\varepsilon = (A \cdot \lg N + B)/\delta \tag{6-8}$$

式中 δ 为软化指数，N 为循环次数，τ 为循环应力比，A，B 为试验参数。

图 6-4 为公式（6-8）对试验数据的拟合结果，拟合优度均在 0.97 以上，文中建议的经验公式可以较好的模拟循环荷载下饱和软黏土的应变发展规律，拟合参数见表 6-2。

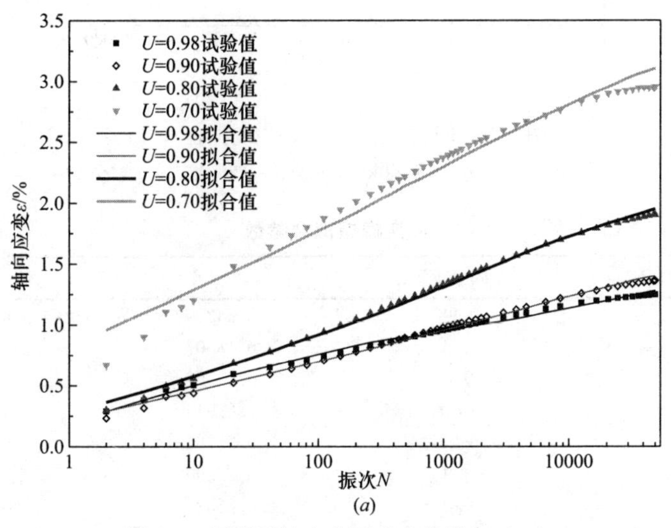

图 6-4 不同固结应力下动应变拟合（一）

（a）p=100kPa

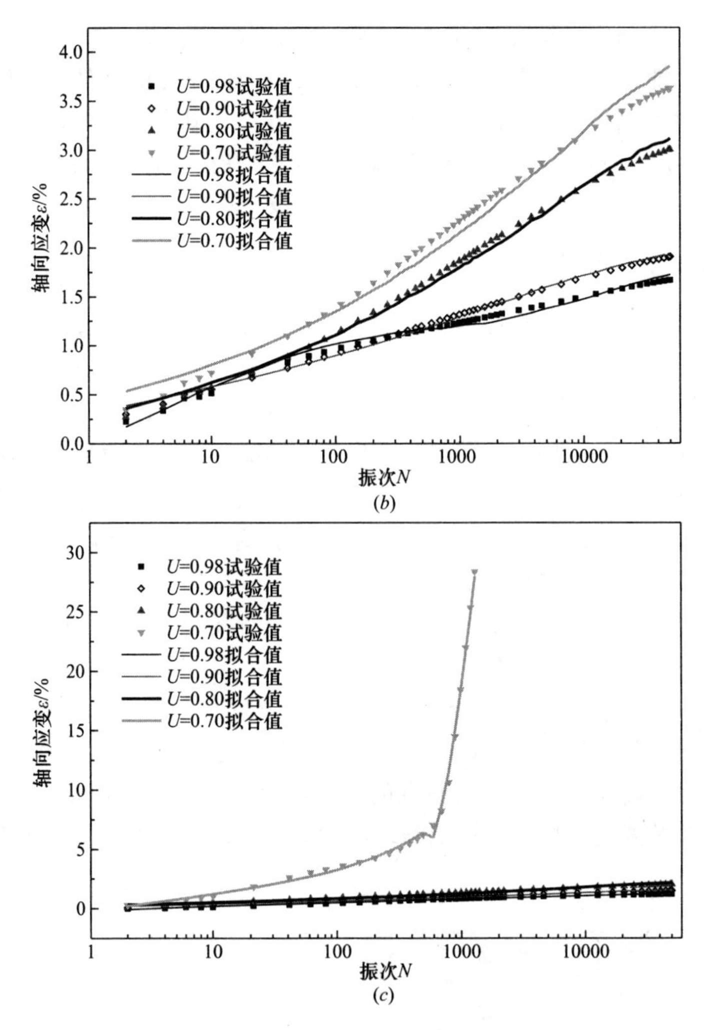

图6-4　不同固结应力下动应变拟合（二）

（*b*）p=150kPa；（*c*）p=200kPa

应变模型拟合参数　　**表6-2**

固结应力/kPa	固结度	A	B
100	0.98	0.24200	0.14300
100	0.9	0.18507	0.23303
100	0.8	0.23563	0.29208
100	0.7	0.27943	0.86518
150	0.98	0.36764	0.00061
150	0.9	0.22890	0.3139
150	0.8	0.28620	0.2735
150	0.7	0.25800	0.44200
200	0.98	0.30131	−0.15280

续表

固结应力/kPa	固结度	A	B
200	0.9	0.21144	0.12787
200	0.8	0.25044	0.23878
200	0.7 前段	1.28947	−0.17561
200	0.7 后段	−43.2696	0.97625

6.3.3 部分排水条件下的应变发展规律

振动荷载下当土体排水时应变发展不仅与动力条件相关，还受排水条件的影响。如图 6-5 所示，在相同的振动次数下：土体的应变随着固结度的降低而增加，这是因为随着固结度的降低土体中含水量不断增加如图 6-6 所示，在振动过程中更多的孔隙水从土体中排出进而使变形增加；此外含水量高的土体将孔隙水排出也需要更长的时间，所以在振动过程中固结度低的土体倘若不破坏也需要更多的振次才能达到变形的稳定。

由排水曲线的发展可以看出 $U=0.98$ 和 $U=0.9$ 的土样在经历 50000 次振动后排水量已趋于平稳，而 $U=0.8$ 和 $U=0.7$ 的土样排水量仍处在继续增加阶段。在排水振动情况下土体变形是否稳定是以排水是否稳定为前提的，当排水稳定时变形有可能达到稳定也有可能继续发展，这取决于所施加动应力的大小；在排水没有达到稳定的情况下变形是不可能达到稳定的，它仍存在一个动态的固结过程从而变形也会持续增加。

对比不排水与排水的试验结果可以看出：在相同的振动情况下排水振动的应变要比不排水时的应变大，其差值的很大一部分来自于孔隙水的排出。对比 $U=$

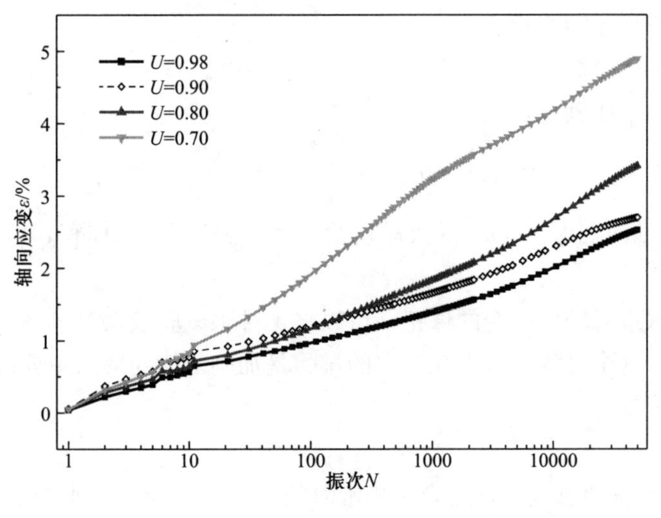

图 6-5 排水条件下的应变发展

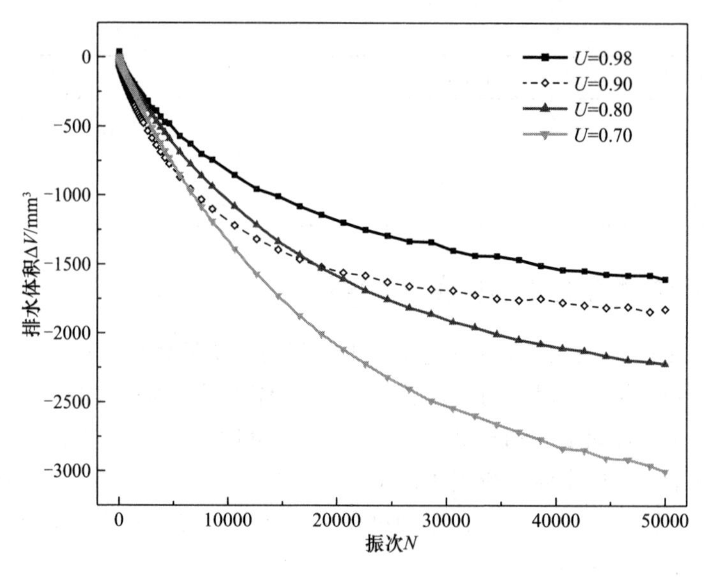

图 6-6　排水体积随振次的发展曲线

0.7 时排水与不排水的试验结果可以看出：不排水条件下振动 1000 次左右时试样应变迅速发展进而产生破坏；在排水试验中振动 1000 次以前土样的应变也在以较高的速率发展，而在 1000 次振动左右时出现了一个转折点以较缓慢的速率继续发展。这是因为在排水试验初期残余孔压不断积累导致土体有效应力不断降低，而产生软化；当残余孔压积累到一定程度时孔隙水的挤出变得顺畅，释放了部分孔压从而使土体有效应力也部分得到提升。

在排水条件下土体的变形一部分由振动产生的结构破坏造成，另一部分则由孔隙水排处产生体积变化造成。

根据《土工试验规程》SL237—1999，在室内试验中由于孔隙水排除产生的轴向变形可由下式确定：

$$\Delta h = h_0 - h_0 \times \left[1 - \frac{\Delta V}{V_0}\right]^{1/3} \tag{6-9}$$

式中，Δh 是轴向变形量，h_0 是试样初始高度，ΔV 是排水体积，V_0 是试样初始体积。

通过排水量对轴向应变的修正，可以将不排水试验数据对部分排水试验结果进行预测，在这个过程中考虑孔隙水的排除是加剧土体变形的主要因素，其他因素暂不考虑范围：

$$\varepsilon_d = \varepsilon_u + \varepsilon_{\Delta V} \tag{6-10}$$

式中 ε_d 是排水时的总应变，ε_u 是不排水时的应变，$\varepsilon_{\Delta V}$是由排水产生的应变。

图 6-7 是根据上式得到的应变值与试验值的对比，可以看出由公式获得的应

变值略小于实测值，这是因为只考虑了排水一个因素的影响而排水与振动的耦合等因素没有考虑的原因。但由于此误差不超过5%，仍可应用于实际工程。

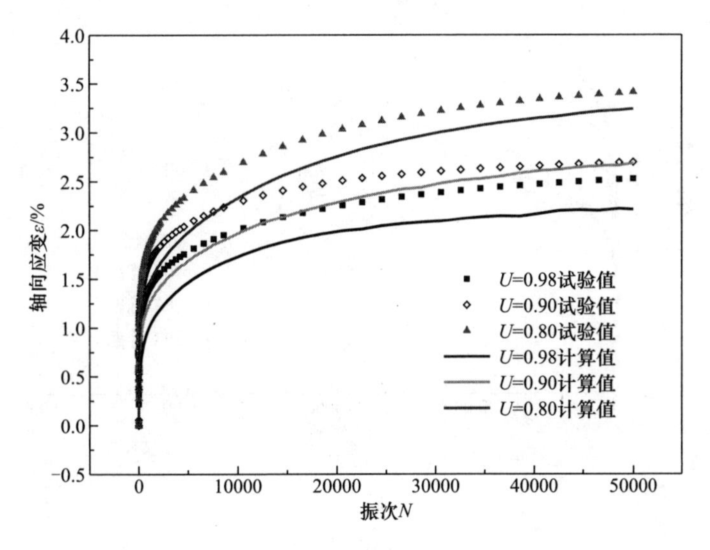

图 6-7 排水沉降试验值与计算值对比

6.4 冻融土试验结果分析

6.4.1 冻结温度影响下冻融土轴向应发展

图 6-8 为冻结温度影响下，冻融土累积轴向应变随振次（N）发展曲线图，发现软土经过冻融循环作用后，循环加载下冻融土轴向应变 ε 随振次 N 的发展趋势与未冻融土较为相似。在循环荷载施加初期，土体内部孔隙受到外力而发生较明显的挤密作用，轴向应变累积速率较快；随着加载次数的增加，试样逐渐密实，应变累积速率将在约 10000 振次左右逐渐减缓，但仍然呈增长趋势，与黄茂松[107]、唐益群[223]等的结论一致。

对比各冻结温度下轴向应变的累积发展曲线，可以看出冻结温度对应变累积规律的影响与孔压类似。冻结温度越低，孔隙水冻结产生的冻胀作用越明显，颗粒联结作用的破坏程度越大，孔隙贯通引起大孔隙的数量越多，对土体结构性的破坏也越大。进而导致循环荷载加载过程中，孔隙挤密作用更加明显，应变累积速率越快，极限应变值也越大。

对比图（a）、（b）可知二次冻融与低温冻结将加剧土体结构性的破坏，导致土体结构更加松散，大孔隙数量增多，在相同循环荷载下，更利于土体的压密作用，导致应变累积速率更快。因此，冻结法施工中应尽量避免对地基土二次冻融。

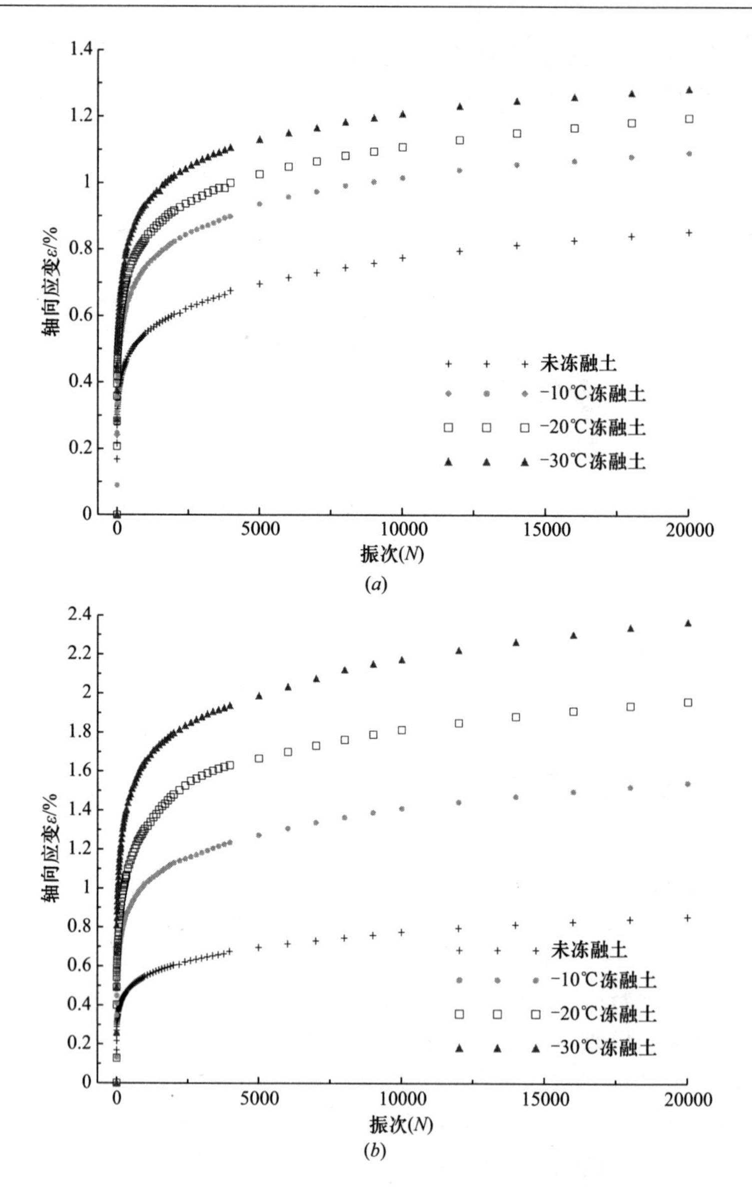

图 6-8　冻结温度影响下轴向应变累积发展的规律

（a）$F-T=1$；（b）$F-T=2$

6.4.2　冻融循环周期影响下冻融土轴向应变发展

图 6-9 分别为冻融循环周期对不同冻结温度下冻融土应变累积发展规律的影响，对比各图中不同冻融循环周期下冻融土轴向应变发展曲线，可以看出冻融循环作用对土体结构性弱化效应，二次冻融循环还会导致弱化效应的加剧。以－10℃冻融土为例，单次冻融后轴向应变较未冻融土增加27.87％，二次冻融后轴向应

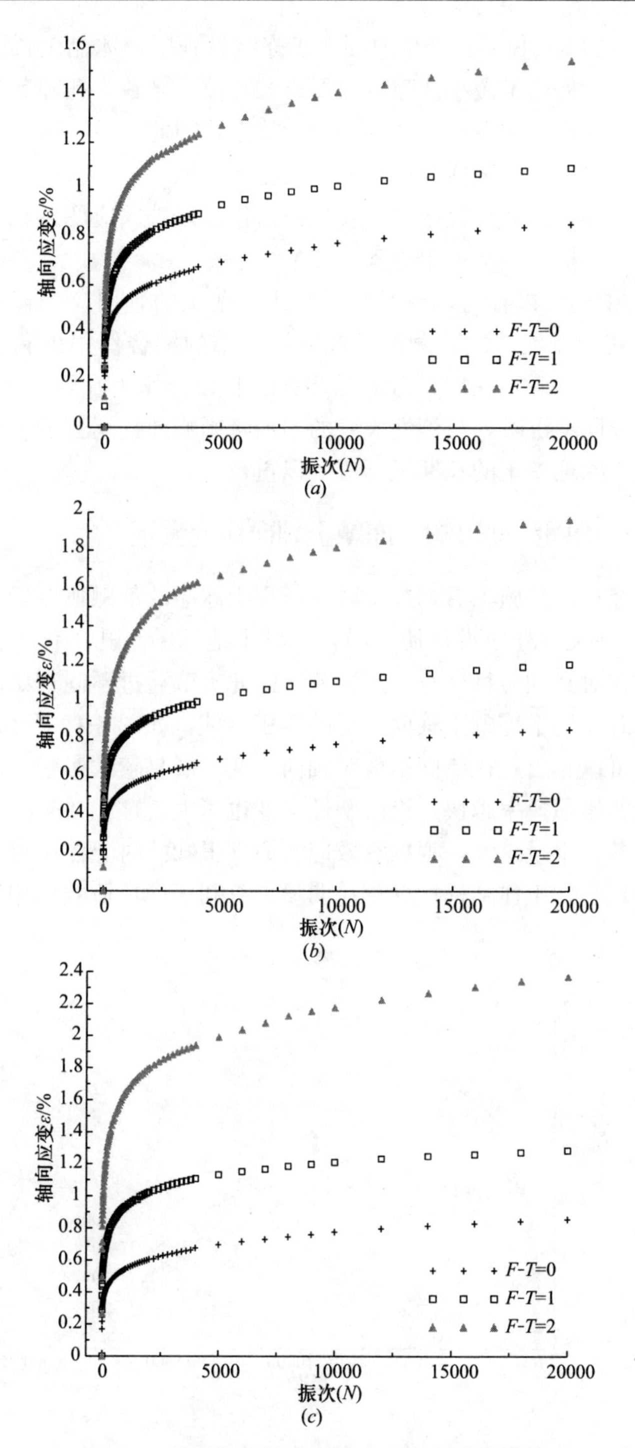

图 6-9　冻融周期影响下轴向应变发展的规律

(*a*) $T=-10℃$；(*b*) $T=-20℃$；(*c*) $T=-30℃$

变较未冻融土增加85.48%。分析原因在于冻结过程中，冰晶生长破坏了内部颗粒联结作用，并且促进了微小孔隙贯通形成大孔隙，导致大孔隙数量增加。在融化过程中，微观结构的改变难以恢复到初始状态，因此经历一次冻融循环后试样密实度减弱，二次冻融后试样的结构弱化效应将更加明显，孔隙体积增多和颗粒联结弱化，将使其在加载过程中更易发生挤密作用，轴向应变累积的累积速率将更快，加载后期的极限应变值也更大。

从图（*c*）中还可以看出，−30℃下二次冻融土的轴向应变较未冻融土增加了179.17%，可以推测二次冻融循环和低温冻结的耦合作用更利于轴向塑性应变的累积。并且在实际工况中，考虑循环荷载长期作用下孔隙水压力逐渐消散，还会引起一部分固结沉降，与塑性应变的累加将影响地铁运营的安全性，因此低温冻结下二次冻融地基土的长期沉降应予以重视。

6.4.3 融土初始固结度影响下冻融土轴向应变发展

联络通道经过冻结施工后，冻土融化过程中冰晶的消融速度远大于孔隙水的排出[198]，所以在地铁建成投付使用时，冻融土地基的超孔压仍未消散完全，初始固结度的存在对其动力特性有一定影响，因此本节通过不同初始固结度的试验模拟受循环荷载作用下冻融土轴向应变的累积特性，如图6-10所示。

从上图中可以看出，初始固结度对轴向应变发展有较大影响。初始固结度越低，轴向应变的累积速率越快，极限塑性应变也越大。这主要是因为初始固结度越低的试样，其含水量越大，根据有效应力原理得知此时土体中可以抵抗外部荷载的有效应力较小，土体结构性软化越明显，有利于循环荷载作用下塑性应变的

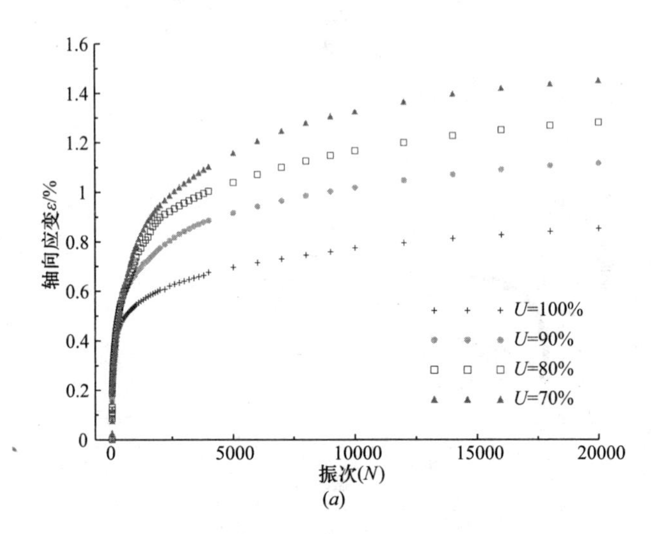

图6-10 融土初始固结度影响下轴向应变的发展（一）

（*a*）未冻融土

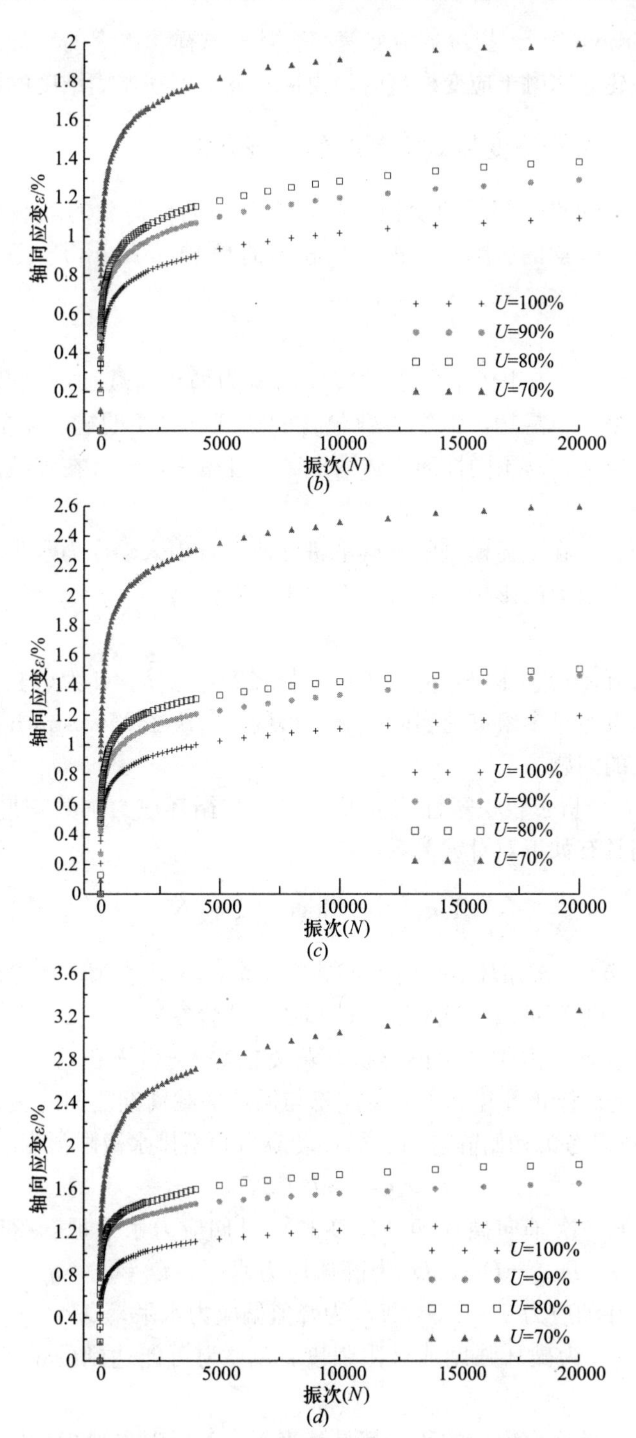

图 6-10 融土初始固结度影响下轴向应变的发展（二）

(b) $T=-10℃$；(c) $T=-20℃$；(d) $T=-30℃$

累积。这与 Brown 等[221]提出的应变速率会随着试样含水率的增加而加快的结论一致。因此在建立冻融土应变模型时，也应充分考虑初始固结度的影响。

6.4.4　冻融土累积应变显式模型的建立与分析

在建立合理的累积塑性应变模型时，需考虑循环荷载的加载周期、土体性质、应力历史等因素的影响。目前应用较多的是 Monismith[102]提出的经典指数模型：

$$\varepsilon = AN^b \tag{6-11}$$

式（6-11）中 ε 为土体累积塑性应变，N 为循环荷载加载次数，A、b 为材料参数。该模型简单易用，但是参数包含的物理意义不明确，参数 A 为第一加载周期的塑性应变，对不同性质土体取值离散性较大，并且在加载周期较大时具有较明显误差。

Li 和 Selig[103]在上述模型的基础上进行改进，引入动应力水平、土体静强度以及物理性质等因素的影响，得到如下修正指数模型：

$$\varepsilon = \alpha(\sigma_d/\sigma_s)^m N^b \tag{6-12}$$

式中，σ_d 为循环动应力水平，σ_s 为土体的静强度，α、b、m 为试验参数，与土体性质有关，可以通过多组室内实验反分析得到，解决了 Monismith 模型中参数 A 取值离散性大的问题。

Parr 等[224]分析了累积塑性应变发展速率与循环应力加载周期之间的关系，得到二者之间具有如下双对数关系：

$$\log\left(\frac{\dot{\varepsilon}_N}{\dot{\varepsilon}_1}\right) = \log C + \zeta \log N \tag{6-13}$$

式中，$\dot{\varepsilon}_N$ 代表第 N 次循环加载时的塑性应变率，$\dot{\varepsilon}_1$ 代表第一次循环加载后的塑性应变率，N 为循环荷载加载周期，C 和 ζ 为试验参数。

结合临界状态土力学理论的分析，黄茂松等[107]引入相对偏应力水平参数，对式（6-12）进行修正并建立了应变速率与循环加载周期之间的关系模型（式 6-14），该模型可以考虑初始静应力、循环动应力和不排水极限强度的影响。

$$\varepsilon^p = \alpha D^{*m} N^b \tag{6-14}$$

式中 α，m 由第一次轴向循环塑性应变和相对偏应力水平拟合得到，动偏应力 $D^* = (D_p - D_s)/(D_{\max} - D_s)$，$D_s$ 为静偏应力水平，$D_s = q_s - q_{ult}$，$q_s = \sigma_1 - \sigma_3$ 为静偏应力，循环动应力 $q_d = \eta_d \sigma_3$，D_p 为峰值偏应力水平，$D_p = (q_d + q_s)/q_{ult} D_p = (q_d + q_s)/q_{ult}$，$q_{ult}$ 为破坏强度或极限强度，$D_{\max}$ 为可能达到的最大偏应力水平，即 $D_{\max} = 1$。

以上关于塑性应变模型的研究都是基于 Monismith 经典指数模型进行修正得到，需要指出的是指数模型计算塑性应变时，当加载周期 N 无限增大时，塑性应变也会随之保持增长趋势，显然与塑性应变“稳定型”发展特征中“当加载周期达到一定次数后，轴向应变的发展将趋于稳定”[225]的描述存在一定偏差。同时上述应变模型均未考虑软土的冻融循环机制，而上文所述冻融循环作用将对软黏土动力特性带来不可忽视的影响，为此在建立冻融土塑性应变模型时引入冻结温度、冻融循环周期和融土初始固结度的影响。

本文中加载后期塑性应变仍呈现增长趋势，但是当加载到一定振次后，试样受到循环荷载的挤压而逐渐密实，应变的累积速率明显降低。考虑冻融土塑性应变“稳定型”发展模式，参考张勇[181]所建立的塑性应变双曲线模型，提出如下复合函数用于拟合冻融土轴向塑性应变的发展趋势：

$$\varepsilon = A' \cdot U \cdot \exp(-B' \cdot T \cdot K) \cdot N^{C'}/(1+D' \cdot N^{C'}) \tag{6-15}$$

式中 U 为融土初始固结度，T 为冻结温度，K 为冻融循环周期，N 为振次，A'、B'、C' 和 D' 为试验拟合参数。其中 A' 表示初始固结度对累积塑性应变的影响，B' 为冻结温度和冻融周期的影响。D' 可以反映累积塑性应变曲线的形状，当 $D'=0$ 时，式（6-15）将退化为 Monismith 经典指数的改进化模型，累积塑性应变的发展模式将呈“破坏型”。

采用式（6-15）对本文试验中冻融土轴向应变 ε-N 关系曲线进行拟合，图 6-11 和图 6-12 分别为单次和二次冻融土轴向应变的拟合曲线，拟合效果较好，拟合优度均在 99%以上，拟合参数见表 6-3 所示。

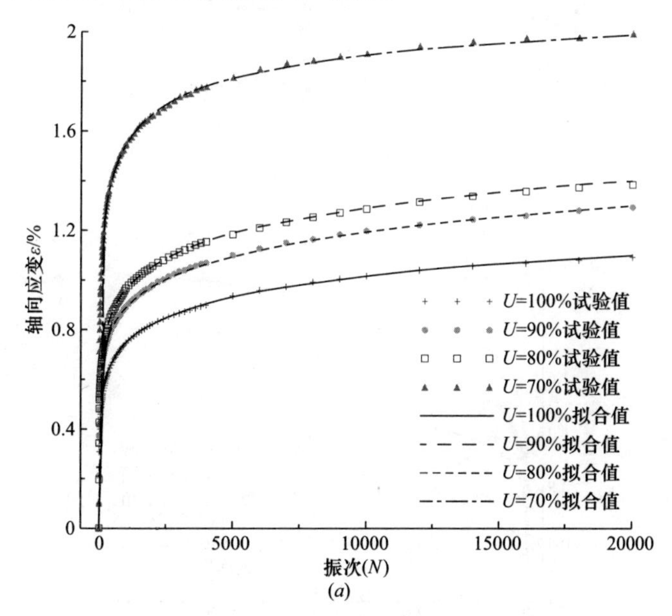

图 6-11　单次冻融土轴向应变拟合情况（一）

（a）$T=-10$℃

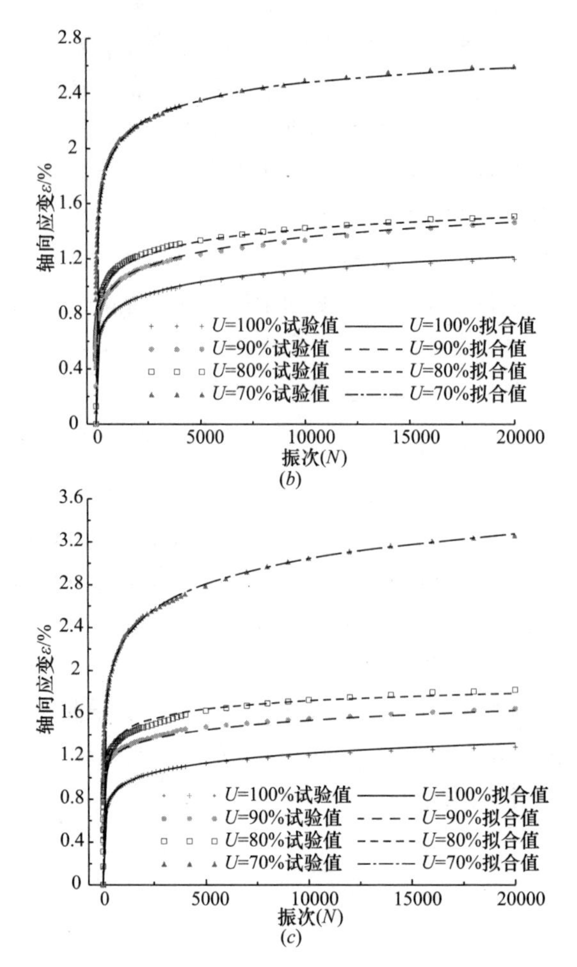

图 6-11　单次冻融土轴向应变拟合情况（二）

（b）$T=-20$℃；（c）$T=-30$℃

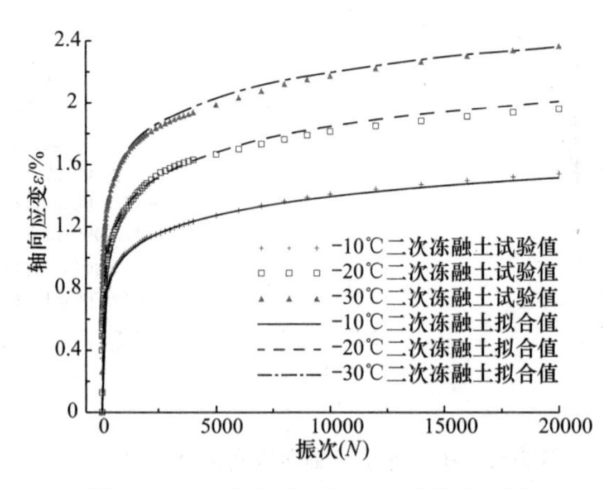

图 6-12　二次冻融土轴向应变拟合情况

拟合参数　　表 6-3

冻结温度 T	初始固结度 U	冻融循环周期	A'	B'	C'	D'
−10℃	100%	2	1.200	−0.069	0.234	0.100
	100%	1	0.733	−0.118	0.241	0.113
	90%	1	0.646	−0.046	0.143	0.040
	80%	1	0.891	−0.066	0.181	0.098
	70%	1	1.296	−0.067	0.326	0.194
−20℃	100%	2	1.329	−0.034	0.256	0.094
	100%	1	0.585	−0.032	0.197	0.112
	90%	1	0.611	−0.017	0.187	0.110
	80%	1	1.224	−0.044	0.243	0.179
	70%	1	1.256	−0.024	0.340	0.176
−30℃	100%	2	1.505	−0.016	0.224	0.135
	100%	1	0.963	−0.033	0.196	0.134
	90%	1	1.388	−0.020	0.078	−0.046
	80%	1	1.877	−0.040	0.328	0.214
	70%	1	1.133	−0.006	0.255	0.123

6.5 本章小结

本章通过对不同固结程度的杭州饱和软黏土动三轴实验，探究了循环荷载下软黏土的应变发展模式；同时还通过冻融土的动三轴试验，研究了冻结温度，冻融循环周期以及固结度对冻融土应变的影响。在现有研究成果的基础上建立了能够考虑不同固结程度的软黏土应变软化模型和冻融土累积应变显式模型，并获得了以下结论：

（1）软黏土应变随着循环次数的增加而增加，当循环应力水平较低时应变速率会逐渐减小，当循环应力水平较高时应变速率会持续增加；临界循环应力比和土的固结度有关，固结度越低临界循环应力比越小，在固结应力相同时固结度越低应变发展越快。

（2）在非破坏型试验中，不同固结度下软黏土的动应变与循环次数的对数 $\lg N$ 之间近似呈线性关系；在破坏型试验中，软黏土动应变与应变与循环次数的对数 $\lg N$ 之间近似呈折线关系；文章提出的应变软化模型考虑了荷载循环过程中土体的软化，可以较好地模拟不同固结度下饱和软黏土的应变发展规律；非破坏型的动荷载试验的排水应变可由排水产生的应变和不排水试验的应变叠加计算得到，因此排水应变高于不排水应变；其稳定的前提条件是排水是否达到稳定，当排水未达到稳定的情况下土体处于动态固结状态，变形将继续发展。

（3）冻融软土在循环加载初期，结构挤密作用明显，轴向应变累积速率较快，呈线性增长；随着加载周期的增加，土体结构逐渐密实，虽然轴向应变仍有一定程度的增长，但是累积速率明显降低，轴向应变的这种发展形态称为“稳定型”。

（4）考虑各影响因子的冻融土轴向应变随振次的发展曲线反映出冻结温度越低，土体在冻融循环过程中结构受到的破坏作用越大，在循环荷载的作用下试样挤密作用明显，轴向塑性应变累积速率越快；同理，冻融循环周期越大，轴向应变累积速率也越快；融土初始固结度越低的试样，加载初期的残余孔压越大，在加载过程中土体软化效果越明显，更有利于轴向应变的累积发展。

（5）低温冻结、二次冻融和较低初始固结度的耦合作用，将加剧土体结构的破坏程度，导致其孔隙增多、黏聚力降低、软化性增强，利于轴向应变的累积；根据实验结果，提出了适用于描述冻融土稳定型应变累积的复合函数模型，该模型考虑了冻结温度 T、冻融循环周期 K 和融土初始固结度 U 的影响，对于评估和控制地铁冻结法施工后的长期沉降具有一定指导意义。

第 7 章　冻融和动力加载下软土微观试验研究

7.1　引言

软土经过冻融循环后动力特性会发生改变，导致其在动力加载过程中更容易发生较大变形，而微观结构特征的变化正是引起这一系列宏观动力特性变化的本质。土体微观结构主要是通过土颗粒和孔隙的形态与排列方式进行描述，软土颗粒排列复杂且具有随机性，在冻融循环和动力加载下结构单元处于复杂的动态平衡。可以采用微观结构参数对土体微观结构进行定量分析，图 7-1 为土体微观结构的主要研究内容。

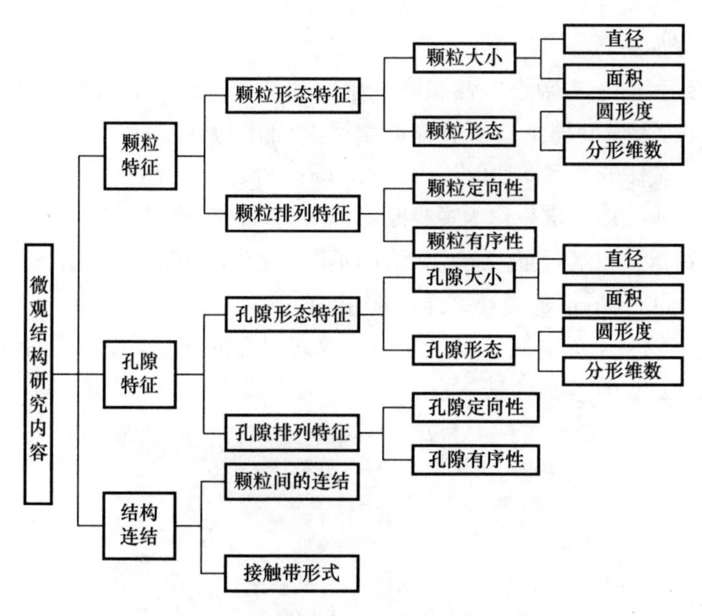

图 7-1　土体微观结构形态的研究内容[152]

本章利用荷兰 FEI 公司生产的 QUANTA FEG 650 型场发射扫描电镜对软土分别进行冻融前后和加载前后的 SEM 图像扫描，结合 Image-Pro Plus（以下简称 IPP）图像分析软件对土体微观结构中孔隙直径、孔隙面积、面孔隙比及孔隙分形维数进分析，从微观角度探讨冻融土宏观动力特性的变化机制。

7.2 电子扫描显微镜试验

7.2.1 试验仪器及内容

试验仪器采用浙江大学的场发射扫描电子显微镜，结合前几章中关于冻融土动力特性的研究成果，本次试验分别对未冻融土、−10℃、−20℃、−30℃下单次冻融土及−10℃、−20℃、−30℃二次冻融土在冻融前后、加载前后的微观结构变化进行研究，共14组试样。其中，冻融土的加载条件同4.2节中循环三轴试验方案。

7.2.2 试样制备及试验步骤

为保证扫描图像能够真实反映试样真实形貌，在制备微观扫描试样时需满足一定要求：尽量减少试样的扰动和破损；干燥过程尽量减小试样的收缩变形；喷镀导电介质时尽量保证其均匀性，薄厚适宜。

制样过程如下：

(1) 分别留取未冻融土、各温度下单次和二次冻融土在加载前、后的试样，共计14组进行干燥处理。选取试样的水平断面作为观察面，当试样达到半固体状态时，选取试样的芯部，切取长约5cm，断面约1cm×1cm的土条，继续干燥。

(2) 选取土条中间部位作为观察断面，用刻刀在断面四周刻一道划痕，沿此划痕掰开，得到新鲜观察断面。确保观察断面不受扰动，如图7-2所示将试样切削、打磨成5mm×5mm×2mm的微观试样，再用洗耳球吹去观测断面上松动的浮土颗粒。

(3) 由于软黏土导电性较差，为确保微观图像的质量，如图7-3所示将试样扫描前还需要在试样表面喷镀一层20～50nm金膜作为导电物质。

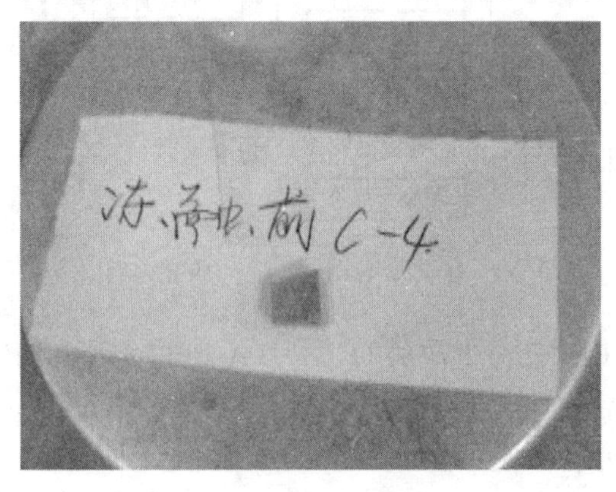

图7-2 微观试样图

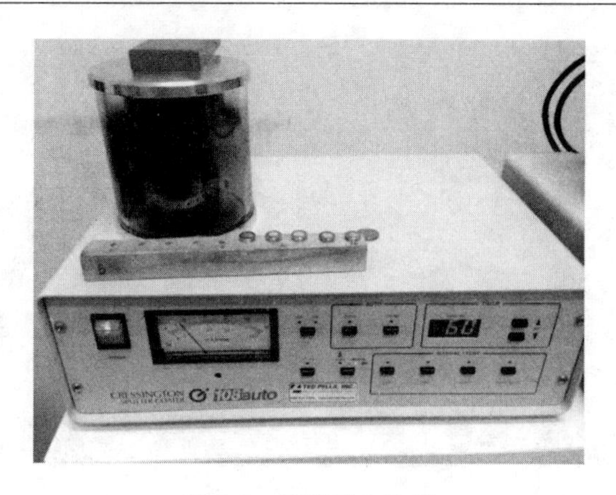

图 7-3　喷镀导电物质

7.3　冻融软土微观结构试验分析

对每个微观扫描试样，选取有代表性的区域拍摄 15 张照片，采用 8000 倍放大倍数。对比软土在冻融作用前后微观结构的变化，分别从定性和定量角度分析。

7.3.1　冻融软土微观结构变化定性分析

对扫描电镜试验中软土冻融循环前后的颗粒形态、联结方式以及孔隙形状、大小等进行定性观察和描述。图 7-4、图 7-5 分别为经历单次和二次冻融循环后不同冻结温度下冻融土微观结构扫描图像。

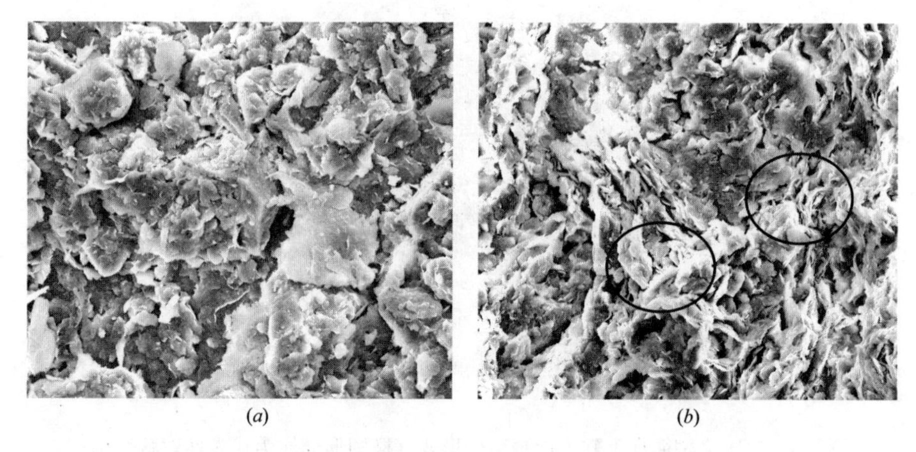

(a)　　(b)

图 7-4　单次冻融循环后软土微观结构形式（椭圆形标注为代表性絮状结构）（一）

（a）冻结前；（b）$T=-10$℃

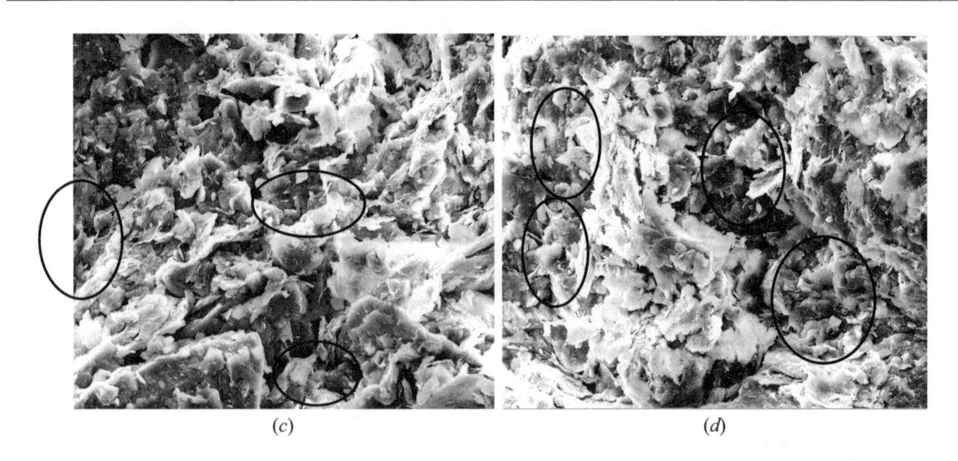

图 7-4　单次冻融循环后软土微观结构形式（椭圆形标注为代表性絮状结构）（二）
（c）$T=-20$℃；（d）$T=-30$℃

图 7-5　二次冻融循环下软土微观结构形式（椭圆形标注为代表性絮状结构；矩形标注为大孔隙结构）
（a）$T=-10$℃；（b）$T=-20$℃；（c）$T=-30$℃

软黏土冻融前，如图 7-4（a）所示，结构单元多为薄片状，颗粒之间接触较紧密，挤压镶嵌结构明显，结构单元多以边-边或边-面形式接触。由图 7-4（b）、（c）和（d）可以看出软土经冻融循环后微观图像出现絮凝和蜂窝絮凝结构，集合体多呈现絮状和羽毛状，图中以椭圆形标注了典型结构。同时，颗粒间孔隙也明显增多，形成结构局部弱化区。软土冻融前后微观结构的区别主要是由于冻结过程中冰晶的生长破坏土颗粒间的联结作用，使其受到挤压而形成新的骨架结构，同时微小孔隙贯通形成了较大孔隙。而在融化过程中，冰晶的消失却不能使骨架结构得到完全恢复。

对比不同冻结温度下冻融土微观结构，可以看出冻结温度越低，孔隙体积越大，絮凝结构越明显。因为软土在冻结过程中，冻结温度越低，孔隙水冻结成冰的总量越大，冻胀率也就越大，意味着内部结构受到的破坏越显著，具体表现为颗粒间胶结作用受到破坏，微小孔隙贯通相连，导致孔隙体积增大。在融化过程中，微观结构无法恢复到原始状态，所以冻融循环后土体结构性质受到一定程度的弱化作用，并导致其在宏观动力加载过程中超孔压和轴向应变的累积发展速率加快，与前文冻融土动三轴试验得出的结论较为一致。

随着冻融循环次数的增加，结构弱化效应更加明显。从图 7-5 中可以看出，二次冻融后软土孔隙数量和体积都明显增大（以矩形标注于图中），絮凝结构也更加明显（以椭圆形标注于图中）。并且冻结温度越低，微观结构变化将更加显著：如－30℃的二次冻融土中出现较大孔隙组成的架空孔隙，这将加剧土体结构性质的弱化。电镜扫描试验结果表明微观结构的变化可以在一定程度上解释软土冻融循环后的结构弱化机制，以及循环加载时结构弱化的放大效应。

7.3.2 冻融软土孔隙结构特征变化机理定量分析

土体结构存在孔隙是其重要特征之一，孔隙结构的特征也直接影响土体宏观工程性质。软土经过冻融循环后，孔隙特征的变化是影响其结构特性的主要因素，因此本节对软土冻融前后孔隙结构的变化进行定量分析，探讨软土冻融循环后结构的弱化机制。

在电镜扫描图像中，团粒单元体中的孔隙可以观察到，但对于微粒单元中的孔隙则较难发现，因此采用 IPP 图像分析软件对微观照片进行二值化处理。该软件可以读取所有标准图像文件，进行 2D 和 3D 图像处理、增强和分析，自动或手动跟踪和测算对象属性，如直径、周长、面积、圆形度等。

利用 IPP 软件进行图像处理时，首先需要对空间刻度校准，本文试验统一采用 8000 倍的放大倍数，因此可以采用统一的参考空间刻度进行校准。其次，对于扫描电镜照片图像处理的关键步骤在于将灰度图像转换为二值图像时阈值的选择。王宝军等[81]指出微观结构中许多颗粒是存在于孔隙之中，而由于拍照过程中光线和镀金均匀度的差异，阈值的选取对二值化处理结果具有较大影响。

IPP软件对电镜扫描图像进行二值化处理后，可以识别和标记得到的微观结构特征参数，并统计各孔隙的直径、面积、周长、形状系数、圆度等。本节选取以下特征参数对孔隙结构变化情况进行分析：

（1）Area：选取对象轮廓所占面积。

（2）Diameter(mean)：连接选取对象轮廓上的两点，并通过形心直线长度的平均值。

（3）Fractal Dimension(分形维数)：采用面积-周长法进行计算，其基本原理如下式：

$$\log(P)=(D/2)\log(A)+C \tag{7-1}$$

其中 P 为孔隙周长，A 为孔隙面积，D 即为孔隙的分形维数。

（4）面孔隙比：微观扫描图像中孔隙面积与颗粒面积之比：$e_w=S_w/(S-S_w)$，S_w 为微观图片中孔隙面积，S 为微观图片面积。

1. 不同条件下冻融循环后孔隙等效直径分布规律

图7-6所示为冻结温度影响下单次和二次冻融土孔隙等效直径的分布情况，从7-6（*a*）可以看出软土经冻融后小孔隙（$D=0.3\sim0.5\mu m$）数量减少，大孔隙（$D>1\mu m$）数量增多，如-10℃单次冻融后大孔隙数量增加近一倍。这是因为软土冻结过程中孔隙水成冰的过程将发生冻胀现象，导致土颗粒之间的胶结作用受到破坏，同时促成微小孔隙的联通，使土颗粒间的孔隙增大。冻土融化后，冰晶消失使附近土骨架结构失去支撑而发生部分塌落，但是孔隙结构也难以完全恢复到原始状态。

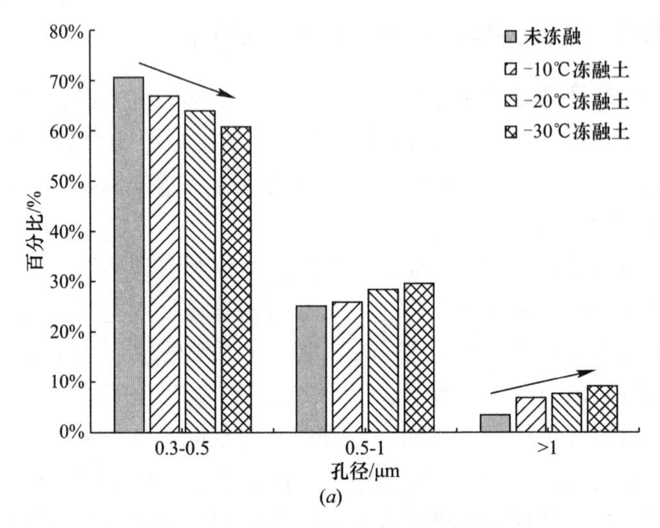

图7-6　冻结温度影响下冻融土孔径分布情况（一）

（*a*）$F-T=1$

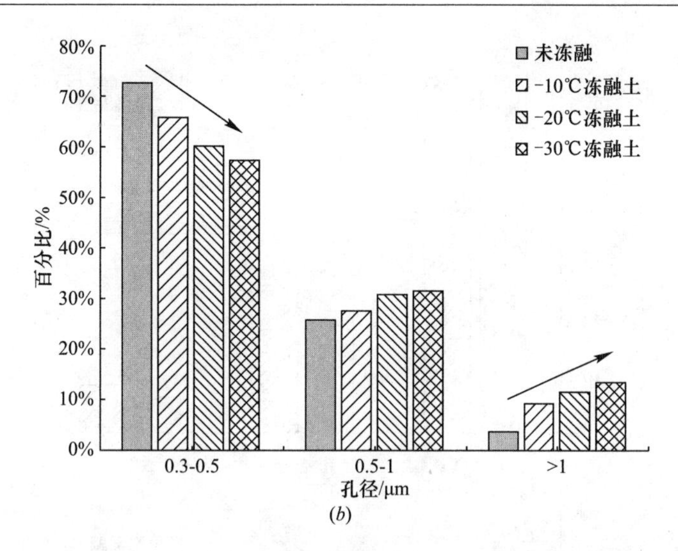

图 7-6 冻结温度影响下冻融土孔径分布情况（二）

(b) F－T=2

从图中还可以看出，冻结温度越低，小孔隙（$D=0.3\sim0.5\mu m$）百分含量减小，而中孔隙（$D=0.5\sim1\mu m$）和大孔隙（$D>1\mu m$）百分含量有增加的趋势。说明冻结温度越低，软土中冻胀率越大，对土体骨架结构特征的影响越明显，使得土体中微小孔隙的贯通的趋势增加，进而导致小孔隙数量减小，较大尺寸孔隙数量增加。

图 7-7 反映二次冻融循环对软土微观孔径分布情况的影响，可以看出随冻融循环周期的增加，微孔隙（$D=0.3\sim0.5\mu m$）的百分含量呈减小趋势，而较大孔隙百分含量则有所增加。单次冻融循环已造成了部分土颗粒骨架结构重塑和微孔隙的贯通，对土体结构性质造成了一定损伤。二次冻融循环不仅将对这些弱化区域造成再次损伤，同时也会带来新的结构性损伤，加剧颗粒重分布作用和微小孔隙的贯通连接，导致二次冻融后大孔隙数量增多，形成土体结构的弱化区。在循环荷载加载时，这些较大孔隙将受到压密，并导致了超孔压和轴向应变的快速累积。

2. 不同条件下冻融循环后孔隙面积分布规律

图 7-8 为不同冻结温度下单次和二次冻融土孔隙累积分布曲线，曲线发展陡峭说明此范围内孔隙分布较集中，所占比例较大。从图中可以看出，微小孔隙（$\leqslant0.5\mu m^2$）范围内曲线走势陡峭，说明微小孔隙所占比重较大。但是随着冻结温度的降低，孔隙累积分布曲线有向右移动的趋势，说明大孔隙所占比重有所增加。这是因为温度越低，冻结过程中的冻胀效应越明显，冰晶的生长使一些中小孔隙聚集在一起，形成较大孔隙结构；冰晶融化时，孔隙结构难以恢复初始状态。

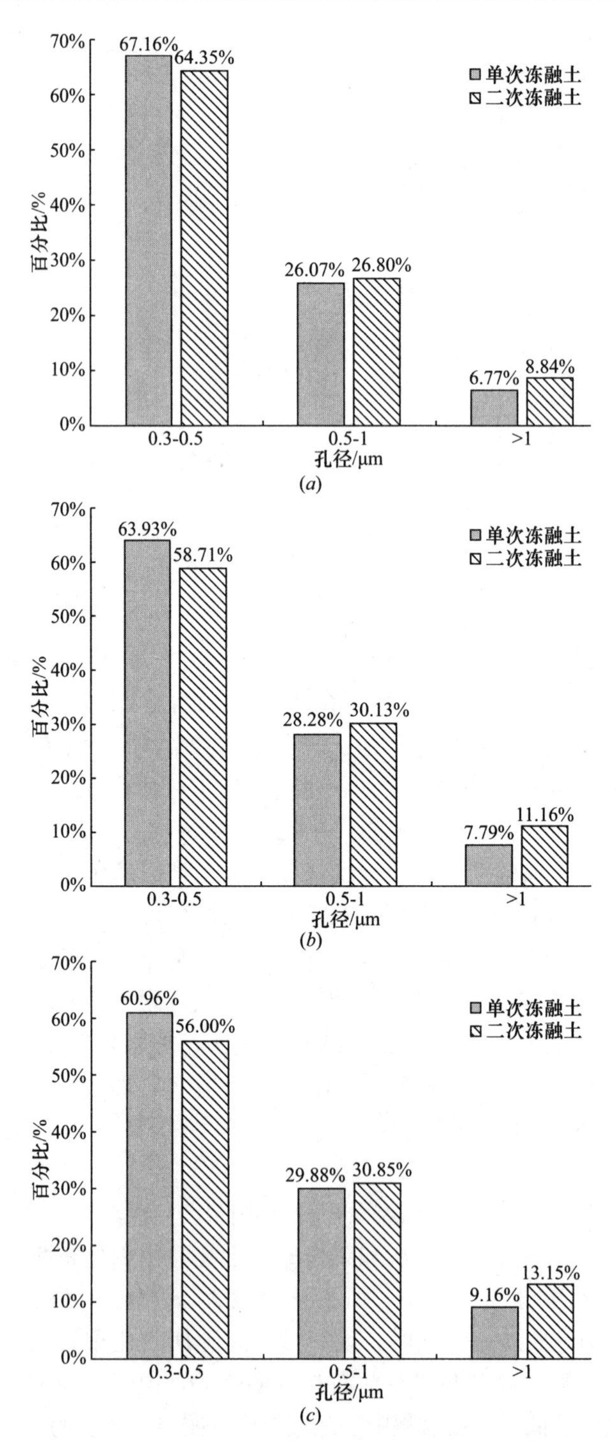

图 7-7　冻融循环周期影响下冻融土孔径分布情况

(*a*) $T=-10$℃；(*b*) $T=-20$℃；(*c*) $T=-30$℃

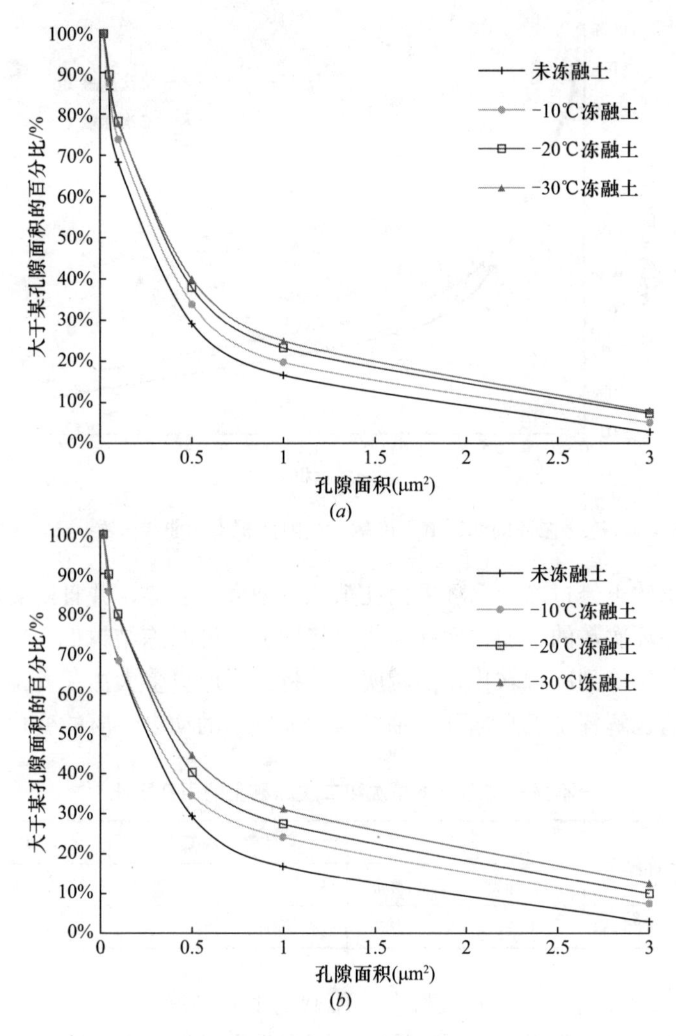

图 7-8 冻结温度影响下冻融土孔隙面积分布情况

(*a*) $F-T=1$；(*b*) $F-T=2$

图 7-9 以−30℃冻融土为例描述二次冻融循环对其孔隙面积累积曲线的影响，可以看出二次冻融后曲线右移，表明大孔隙所占百分比有所增加。这是因为二次冻融相当于对结构的二次损伤，冻胀作用对结构的破坏性继续累积，孔隙体积增加，并且大孔隙数量也有所增加。

3. 不同条件下冻融循环后面孔隙比的变化情况

基于孔隙比的概念，在微观结构中引入面孔隙比的概念，即为 SEM 图片中孔隙面积与颗粒面积的比值[76]。面孔隙比比真实孔隙比小，因为未计算颗粒内部孔隙，但是面孔隙比作为二维参数可以间接反映出空间孔隙体积的变化规律。表 7-1 即为本组试验中，软土经过不同冻结温度和冻融循环周期后面孔隙比的变

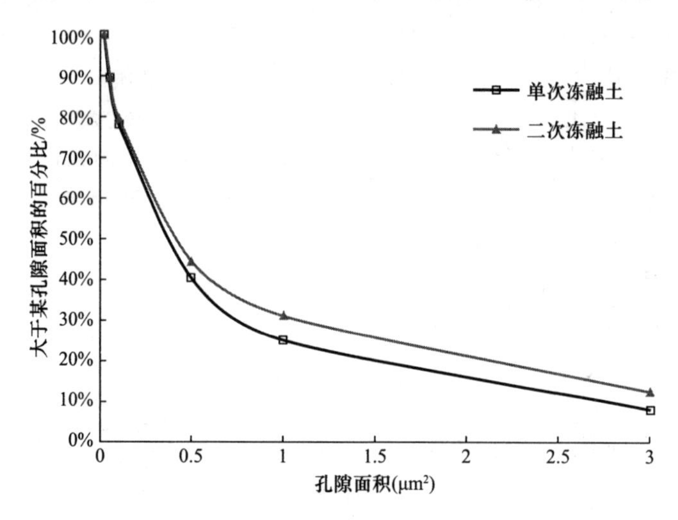

图 7-9　冻融循环周期影响下冻融土孔隙面积累积曲线（$T=-30$℃）

化，可以看出软土经过冻融循环后面孔隙比有增大的趋势，并且随着冻结温度的降低和冻融循环次数的增加，面孔隙比也将增大。说明冻结越低，冻融循环周期越多，软土结构受到冻融软化作用越明显，将会形成更多大体积孔隙，导致面孔隙比增多，这也解释了宏观循环三轴试验中冻融土的动力性质的变化。

不同冻结温度下单次和二次冻融土的面孔隙比　　表 7-1

试样	未冻融土	$T=-10$℃		$T=-20$℃		$T=-30$℃	
		单次冻融	二次冻融	单次冻融	二次冻融	单次冻融	二次冻融
面孔隙比	0.0364	0.0420	0.0483	0.0501	0.0586	0.0598	0.0697

4. 不同条件下冻融循环后孔隙分形维数的变化情况

将分形理论应用于岩土力学已取得了诸多重大进展，在微观结构颗粒形态的研究中被用以度量和分析颗粒不规则形状。当颗粒表面比较光滑时，其投影轮廓线的凹凸程度越小，那么分形维数 D 就越小。在微观图像中，孔隙和颗粒具有较为相似的形态，因此可将孔隙分形理论依据应用于颗粒分布的分析中。

土体孔隙形态的分形维数采用面积-周长法进行计算，其基本原理如公式（7-1）所示，利用 IPP 图像处理软件得到每个孔隙的等效面积和周长数据绘制到双对数坐标中。如果这些散点在双对数坐标系中可以采用一条直线拟合，那么根据面积-周长法可知直线的斜率即为土样中孔隙形态的分形维数：$D=2K$，K 为双对数坐标系下拟合直线的斜率。

从图 7-10 可知，软土经历冻融循环作用后孔隙的平均分形维数呈上升趋势，且冻结温度越低，冻融循环次数越多，孔隙分维值越大，说明软土经过冻融循环后，孔隙变得更加不规则。这是因为软土冻融循环过程中，冰晶的生长引起了微小孔隙的贯通，连接成为形状不规则的大孔隙。

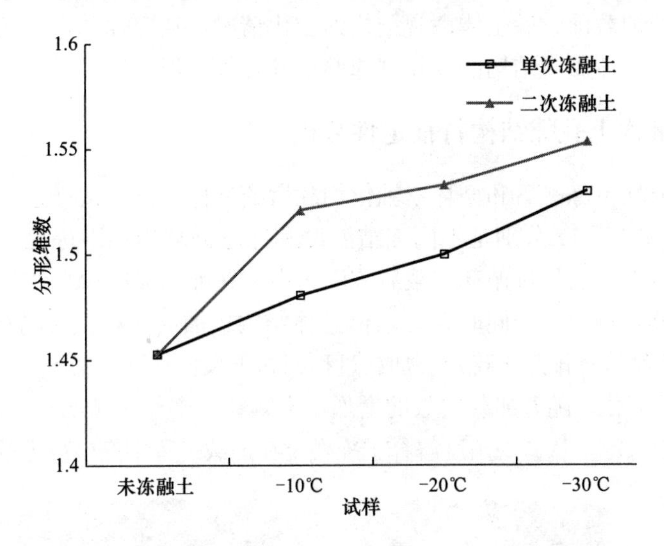

图 7-10　冻结温度影响下冻融土孔隙平均分形维数变化情况

结合软土冻融前后微观图像的定性分析和以上四个微观结构参数：孔径分布、孔隙面积累积分布、面孔隙比和孔隙平均分形维数的定量分析结果，可以看出软土经过冻融循环作用后微观结构发生了较大变化。软土在冻结过程中，孔隙中自由水冻结成冰，体积膨胀，冰晶的生长将破坏土体颗粒的胶结作用，引起颗粒重分布与微小孔隙的连接贯通。当温度逐渐升高时，冻结土体将发生融化现象，包括冰晶体的消失以及土骨架的重新调整分布以达到新的孔隙比平衡，但是土骨架和孔隙结构无法得到完全恢复。电镜扫描试验结果显示冻融循环后微孔隙数量减小，较大孔隙数量有增大的趋势，面孔隙比也将增加，且孔隙性状呈不规则变化。冻结温度越低，冻融循环次数越多，冻融循环对土体结构的破坏就越显著，这也与动三轴试验中宏观动力性质的变化规律一致。

7.4　循环加载下冻融软土微观结构研究

上一节通过对软土冻融前后微观结构的对比试验研究，得到了软土冻融循环后微观结构参数的变化规律，初步探讨了软土在冻融循环过程中的弱化机制。在地铁循环荷载的长期作用下，冻融软土的变形量将不断累积，变形的大小与土体内部结构的变化（如结构单元相对错动等）有重要关系[226]。软土经历冻融循环后，内部结构已经发生了较大改变，导致在循环荷载作用下冻融软土微观结构具有其独特的变化特征。因此，循环加载下冻融土微观结构的研究对于解释地铁运营期间冻融土产生宏观变形的机理和发展趋势具有重要意义。

本节以不同温度和不同冻融周期下的冻融土为研究对象，利用电镜扫描试验研究循环荷载加载前、后土体微观结构的变化情况，从定性和定量的角度进行分析，尝试利用土体微观结构的变化规律验证其宏观变形特性。

7.4.1　冻融软土孔隙结构特征定性分析

分别留取软土冻融后和循环三轴仪加载后的试样，拆卸试样过程尽量减小扰动。图 7-11 和图 7-12 分别是不同冻结温度和冻融循环周期下冻融土加载前、后微观图像。可以看出经过循环加载后冻融土中大孔隙明显减少，结构变得较为密实，颗粒破碎与颗粒聚合同时存在，但总体结构较加载前有压密趋势，表明长期加载后冻融土结构逐渐趋于稳定。加载过程相邻土颗粒靠近、聚集、压密，土骨架结构逐渐发生变化。随着加载次数的增加，土颗粒压密作用越明显，大孔隙减少，骨架结构趋于稳定，从微观角度解释了冻融土在加载过程中产生变形的主要原因。

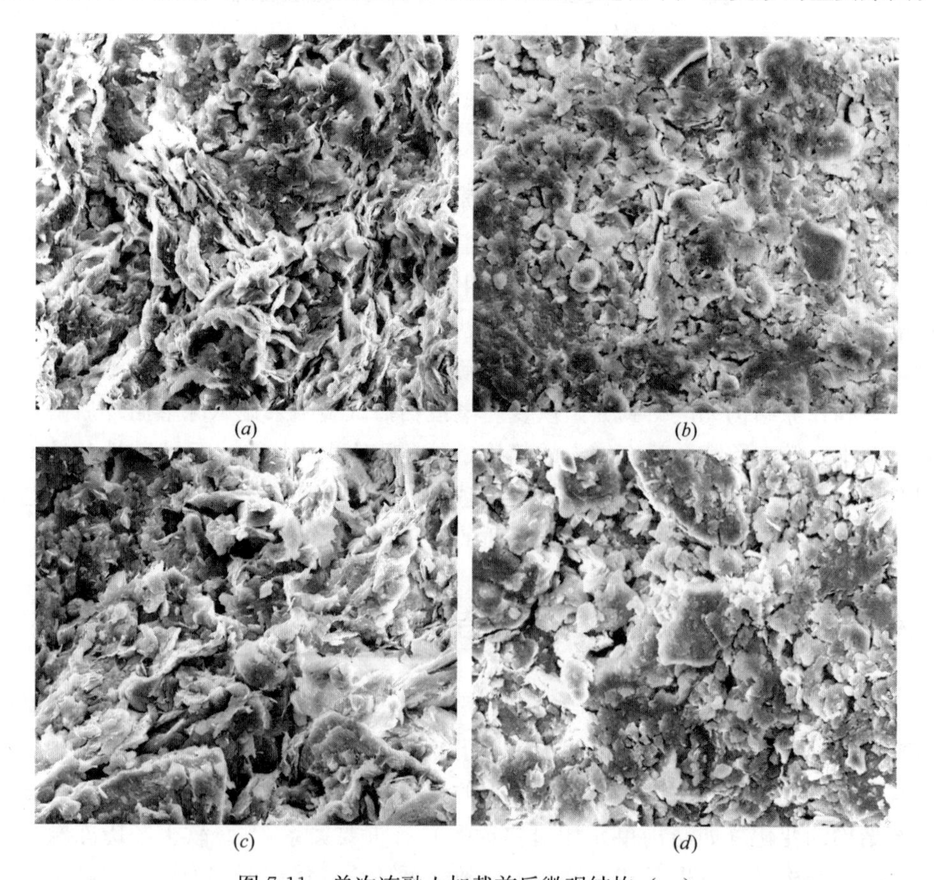

图 7-11　单次冻融土加载前后微观结构（一）

(*a*) −10℃冻融土加载前；(*b*) 加载后；(*c*) −20℃冻融土加载前；(*d*) 加载后

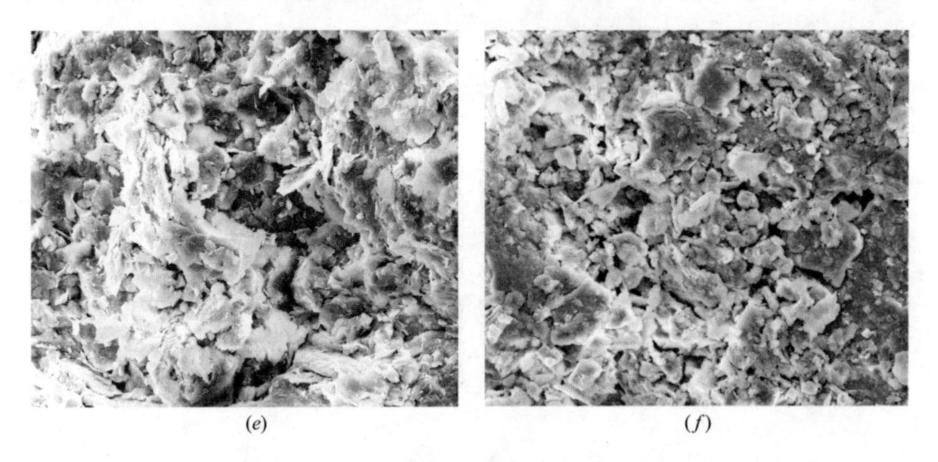

图 7-11 单次冻融土加载前后微观结构（二）
（*e*）−30℃冻融土加载前；（*f*）加载后

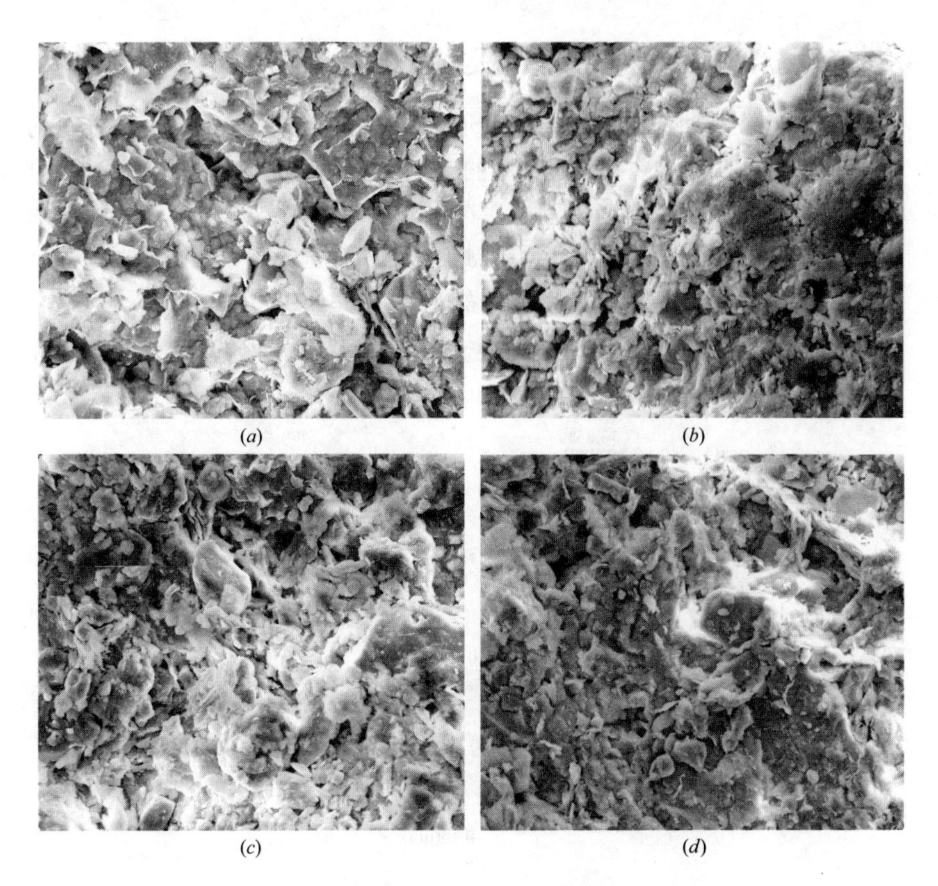

图 7-12 二次冻融土加载前后微观结构（一）
（*a*）−10℃冻融土加载前；（*b*）加载后；（*c*）−20℃冻融土加载前；（*d*）加载后

图7-12　二次冻融土加载前后微观结构（二）

（e）－30℃冻融土加载前；（f）加载后

7.4.2　冻融软土孔隙结构特征参数定量分析

冻融土在地铁循环荷载下的宏观变形，从本质上讲是微观结构重分布的过程，颗粒骨架和孔隙结构在加载过程中的变化规律对于解释其宏观变形特性具有重要意义。分析冻结温度和冻融周期对冻融土在动力加载过程中宏观特性的影响，从定量角度对比分析加载前、后冻融土孔隙结构特征参数的变化规律。

1. 动力加载前、后孔隙等效直径分布规律

图7-13和图7-14分别表示不同冻结温度下单次和二次冻融土动力加载前后

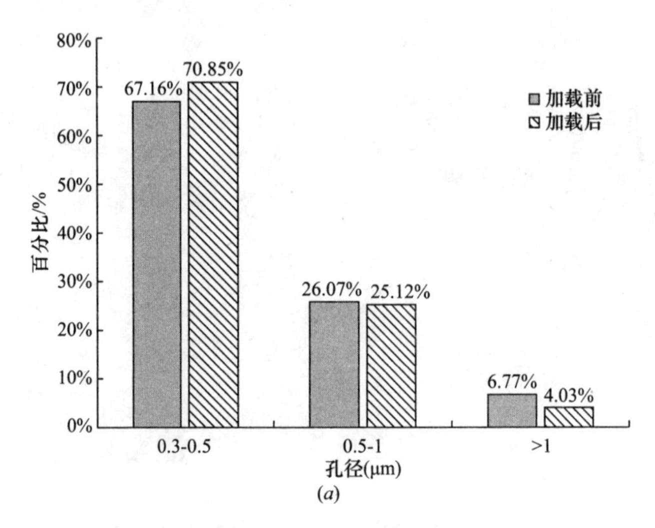

图7-13　单次冻融土加载前后有效孔径分布情况（一）

（a）$T=-10℃$

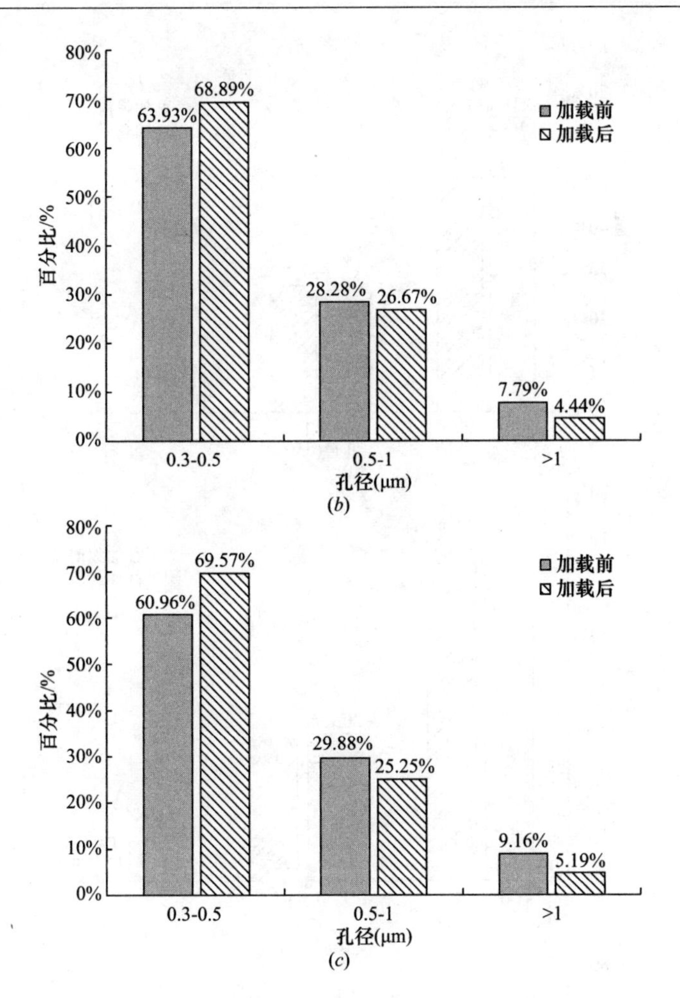

图 7-13 单次冻融土加载前后有效孔径分布情况（二）

(*b*) $T=-20℃$；(*c*) $T=-30℃$

孔隙等效直径分布情况，可以看出加载后大孔隙数量明显减少，微小孔隙则有增加趋势。这是因为加载过程中，部分土颗粒之间的联结作用将受到破坏而发生滑移，导致颗粒较为破碎；同时，大孔隙受挤压而减小，周围小颗粒又会相互聚集、压密。土颗粒通过滑移、破碎、聚集、压密作用后，将重分布并形成新的平衡状态。

2. 动力加载前后孔隙面积累积分布规律

表 7-2 表示不同温度下单次和二次冻融土经过循环加载前、后孔隙面积的分级统计，可以看出加载后土体微孔隙所占百分比有增大趋势，而大孔隙的变化则相反。并且冻结温度越低、冻融循环次数越多的试样，加载后大孔隙含量减少的趋势越明显，这也与其宏观变形特征相吻合。

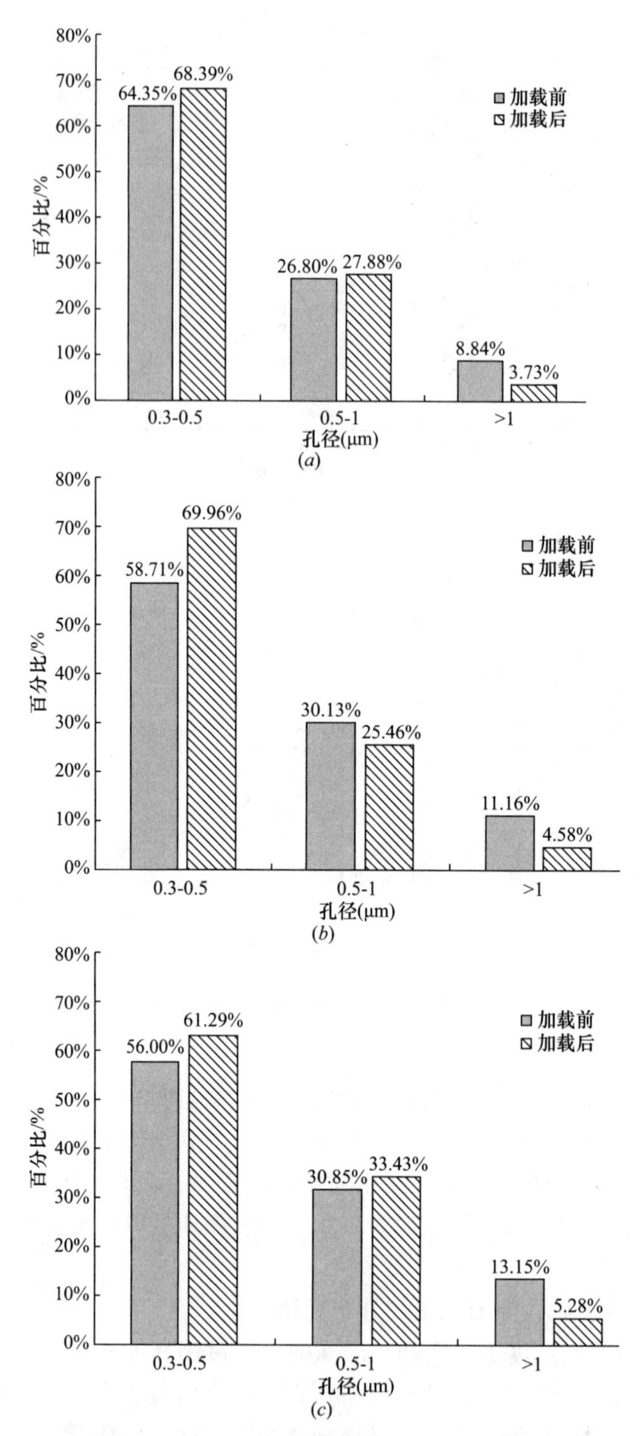

图 7-14　二次冻融土加载前后有效孔径分布情况

(*a*) $T=-10$℃；(*b*) $T=-20$℃；(*c*) $T=-30$℃

施加循环荷载前、后孔隙面积分布情况（μm^2） 表 7-2

			0.02～0.05	0.05～0.1	0.1～0.5	0.5～1	1～3	>3
单次冻融土	−10℃	加载前	12.27%	13.55%	40.07%	14.15%	14.69%	5.28%
		加载后	15.08%	16.90%	41.63%	12.97%	11.64%	1.77%
	−20℃	加载前	10.78%	12.28%	38.30%	14.70%	15.78%	8.16%
		加载后	15.68%	17.25%	40.08%	13.71%	10.24%	3.04%
	−30℃	加载前	10.60%	11.30%	37.76%	15.18%	17.00%	8.15%
		加载后	17.58%	20.32%	39.96%	12.93%	5.90%	3.31%
二次冻融土	−10℃	加载前	14.43%	17.22%	33.62%	10.61%	16.79%	7.32%
		加载后	15.65%	16.20%	45.34%	10.71%	8.23%	3.86%
	−20℃	加载前	9.90%	10.12%	39.60%	12.91%	17.54%	9.93%
		加载后	15.79%	18.79%	43.20%	10.91%	5.52%	5.79%
	−30℃	加载前	10.32%	10.31%	34.84%	13.46%	18.58%	12.49%
		加载后	10.58%	12.82%	41.85%	12.86%	13.74%	8.15%

图 7-15 和图 7-16 分别表示单次和二次冻融土在加载前后土体孔隙面积的累积分布曲线，图中所示曲线在≤0.5μm^2 部分较陡峭，说明冻融土内部以微小孔隙为主。对比加载前、后的孔隙累积分布曲线，发现循环加载后曲线向左偏移，表明微小孔隙所占的比例增大，而大孔隙所占比例减小。

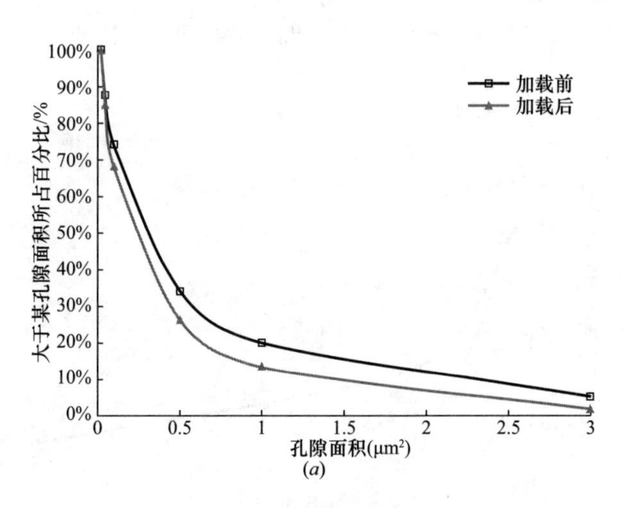

图 7-15 单次冻融土加载前后孔隙面积累积分布情况（一）

（a）$T=-10$℃

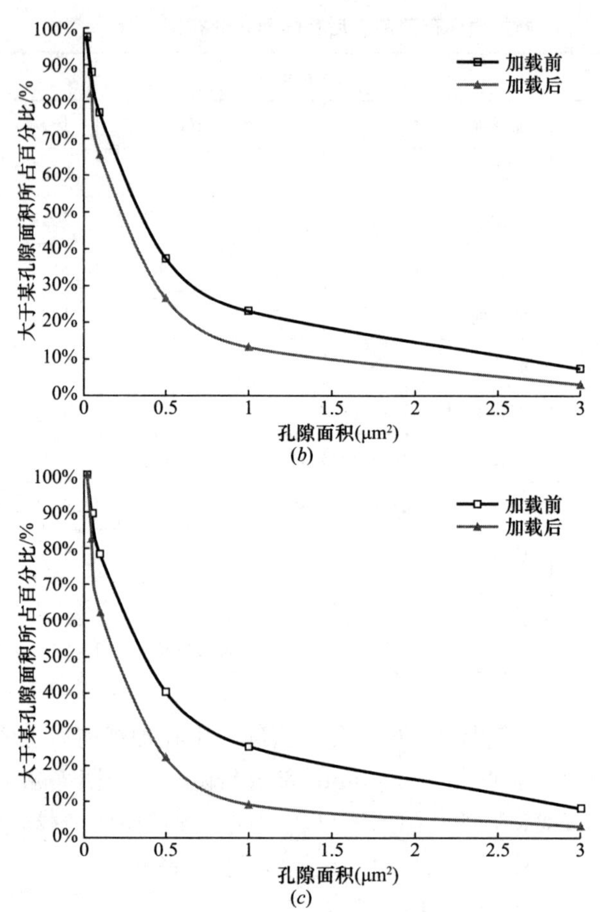

图 7-15　单次冻融土加载前后孔隙面积累积分布情况（二）

（*b*）$T=-20$℃；（*c*）$T=-30$℃

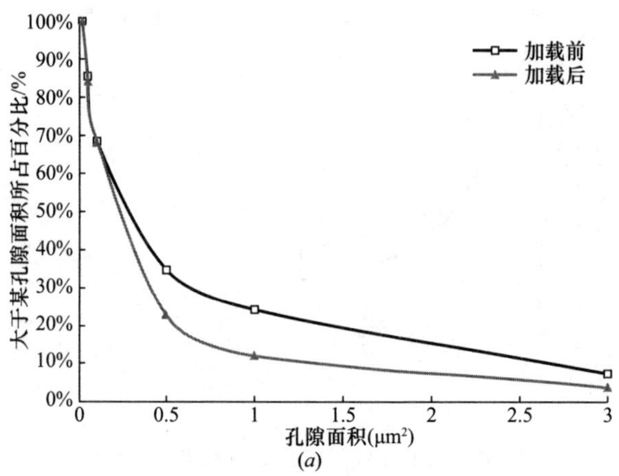

图 7-16　二次冻融土加载前后孔隙面积累积分布情况（一）

（*a*）$T=-10$℃

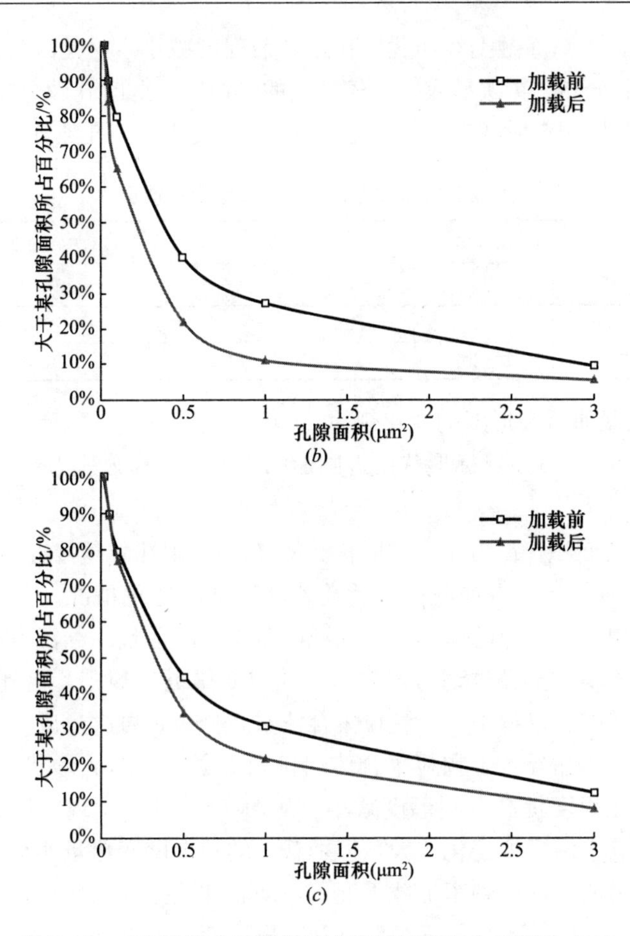

图 7-16 二次冻融土加载前后孔隙面积累积分布情况（二）

（*b*）$T=-20℃$；（*c*）$T=-30℃$

3．动力加载前后面孔隙比的变化规律

表 7-3 表示循环加载前后冻融土微观面孔隙比的变化规律，可以看出加载后面孔隙比呈减小趋势。微观孔隙减少是产生宏观变形的主要原因，并且随着冻结温度的降低和冻融循环次数的增加，加载后面孔隙比减少的趋势越大，与其宏观变形特征一致。

加载前后冻融土面孔隙比变化情况 **表 7-3**

	未冻融土	单次冻融土			二次冻融土		
		－10℃	－20℃	－30℃	－10℃	－20℃	－30℃
加载前	0.0364	0.0420	0.0501	0.0598	0.0483	0.0586	0.0697
加载后	0.0275	0.0285	0.0322	0.0364	0.0299	0.0352	0.0388

4．动力加载前后孔隙分形维数的变化规律

表 7-4 为加载前后冻融土孔隙分形维数的变化情况，数据表明加载后土体孔

隙分维数减小，表明冻融土经加载后孔隙复杂程度减小。这是因为循环加载过程中，土颗粒重新分布，再次形成一个较稳定的平衡态，此时孔隙分布具有定向化，孔隙压缩导致其体积有所减小，使得孔隙均一化程度提高，孔隙分形维数减小。

加载前后冻融土孔隙分形维数变化情况　　表7-4

	单次冻融土			二次冻融土		
	−10℃	−20℃	−30℃	−10℃	−20℃	−30℃
加载前	1.4809	1.5003	1.5301	1.5211	1.5328	1.5531
加载后	1.4103	1.4205	1.4548	1.4528	1.476	1.4991

5. 动力加载前后圆形度的变化规律

用圆形度 R_0 来描述目标形状接近圆形的程度，计算公式为

$$R_0 = L^2/(4\pi S) \tag{7-2}$$

式中 S 为孔隙的面积，L 为孔隙的周长。R_0 越小，则孔隙越接近圆形。

如图7-17所示为动力加载前、后孔隙圆形度的变化情况。可知，冻融土经历冻融循环作用后，孔隙的圆形度较加载前急剧下降，且冻结温度越低，圆形度下降越明显。说明软土经过动力加载后，孔隙变得更加规则，更加接近于圆形。这是因为在循环加载过程中，土颗粒集合体重新分布，再次形成一个较稳定的平衡态；此时孔隙压缩导致土颗粒集合体间排列更紧密，形成形状规则的小孔隙，使得孔隙均一化程度提高，圆形度减小。从图7-17可以发现，加载前不同温度冻结下的冻融软土圆形度变化较大，但加载后的圆形度变化量明显减少，且更具有规律性。这表明在同一列车加载工况下，随着加载振次的增加，孔隙均一化程度趋近于一致。这反映了不同冻结温度和冻融周期下冻融软土的应变发展规律应保持一致，图7-17所示的宏观动力试验应变结果验证了上述结论。

6. 孔隙概率熵变化规律

施斌等[227]将现代系统论中概率熵的概念引用到微结构研究中，用概率熵 H_m 来表示土的微结构单元体的有序性的排列情况，定义为

$$H_m = -\sum_{i-1}^{n} P_i(\alpha)\frac{\ln(p_i(\alpha))}{\ln(n)} \tag{7-3}$$

式中 H_m 可以有效表示单元体分布的有序性，H_m 越小，说明单元体排列的有序性越高，反之就越低。

利用IPP软件进行测量计数，首先需要对空间刻度校准[228]，本文试验统一采用8000倍的放大倍数，因此可以采用统一的参考空间刻度进行校准。此外，由于拍照过程中光线和镀金均匀度的差异，图像中不可避免地存在孤点与瑕疵点或者由于阈值选取的原因使得图像的微孔隙中存在土颗粒。为了消除孤点、瑕疵点和微孔隙对试验数据的影响，设置孔隙直径计数起始值为0.3μm。

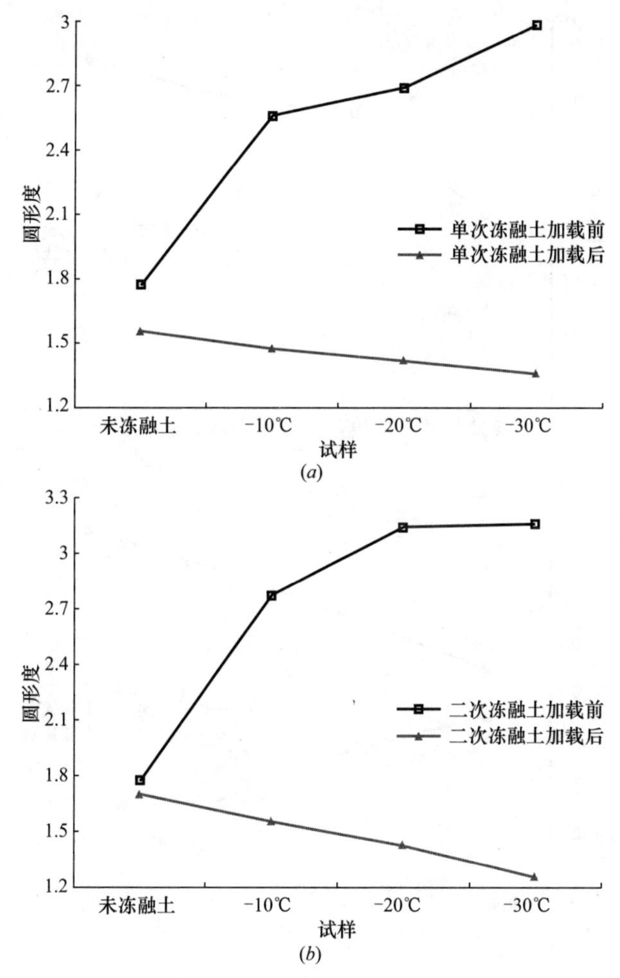

图 7-17 加载后孔隙圆形度的变化图

(a) 单次冻融；(b) 二次冻融

如图 7-18 所示为动力加载前、后孔隙概率熵的变化情况。可知，土体冻结温度越低，冻融循环次数越多，孔隙概率熵越大。说明动力加载后，孔隙变得更加有序，这对应于孔隙在某个区位定向频 $P_i(10)$ 明显增大，两者所得出的结论一致，即加载过程使得孔隙沿着某一特定方向发展，孔隙分布变得更加有序。图 7-18 表明，加载前－30℃状态下的冻融土结构单元体分布的概率熵最大，说明软黏土颗粒在该状态下的定向性和有序性最差。这表明该工况下黏土微结构的有序性实现过程相对来说比较缓慢，动力作用下的应变增长过程大于其他工况，这一点与宏观加载试验结果相一致。同时，二次冻融－30℃状态下冻融土的概率熵最大，加载后的概率熵最小，宏观动力加载应变更大，这表明低温冻结下二次冻融地基土的循环荷载长期变形更应予以重视。

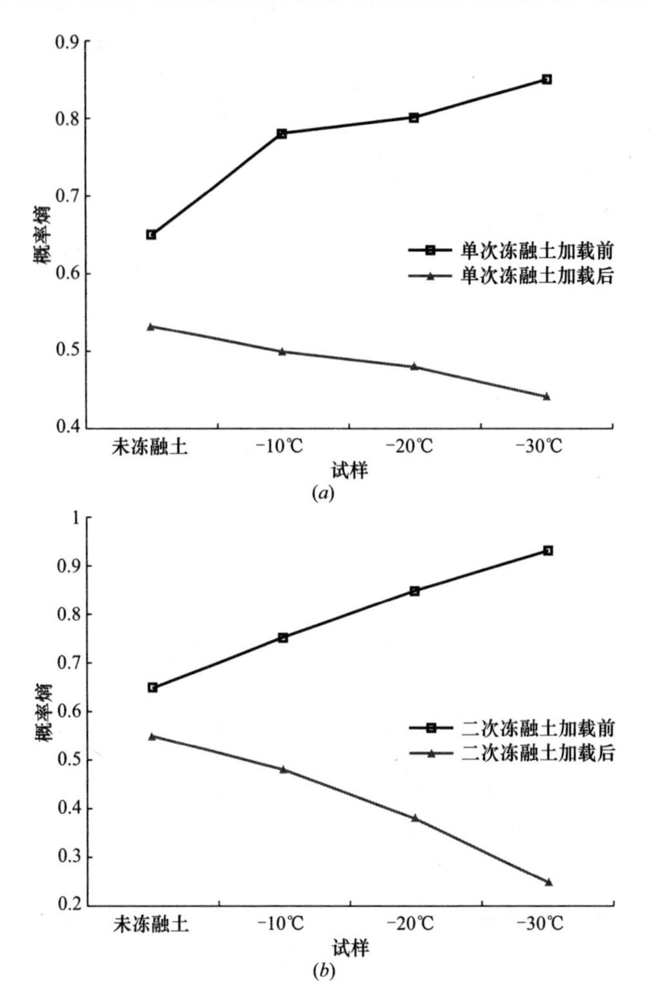

图 7-18　加载前、后的概率熵变化图

(a) 单次冻融；(b) 二次冻融

7. 孔隙定向频率分布

为了表示单元体在某一方向分布强度的变化情况，将 0°～180°分成 n 等分（区位），则每个区位代表方向的角度范围为 $\alpha=180°/n$，由此可以求出在 0°～180°内 n 个区位中第 i 个区位单元体定向分布频率：

$$P_i(\alpha)=\frac{m_i}{M}\times 100\% \tag{7-4}$$

式中 m_i 为椭圆形单元体长轴方向在第 i 个区位内的个数，M 为单元体或孔隙总数 α。改变，即改变划分的区位个数，可得不同的频率分布情况，本文取 $\alpha=10°$。

从图 7-19 所示的玫瑰风向图可以看出，冻融土经历动力加载后在 0～180°下某个区位孔隙定向频率 $P_i(10)$ 明显增大，如－20℃下一次冻融土经动三轴加载

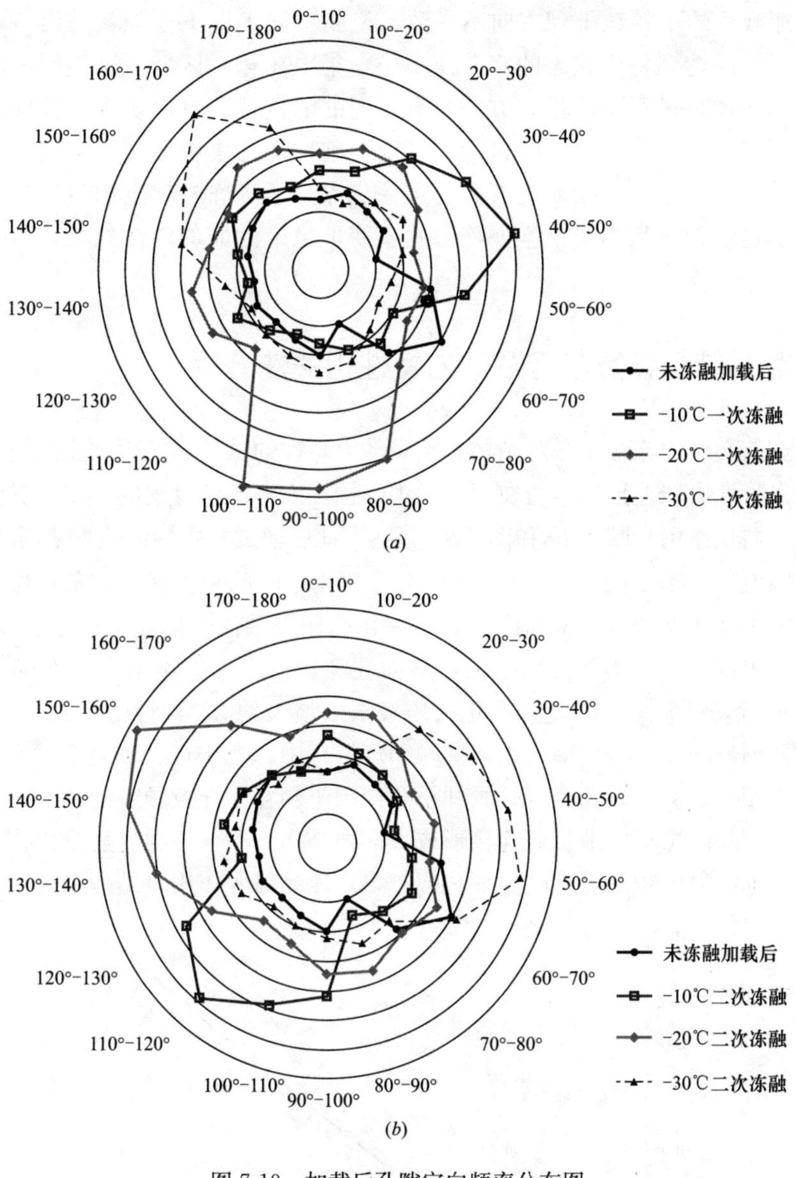

图 7-19 加载后孔隙定向频率分布图

(a) 单次冻融土加载后；(b) 二次冻融土加载后

后，孔隙定向角集中在 80°～110°，说明动力加载使得冻融土中孔隙朝着某一特定方向发展，孔隙分布具有更好的定向性。这可能是因为冻融循环破坏了土颗粒集合体之间的胶结作用，使得某一方向的胶结作用明显弱于其他方向，在动力加载过程中较弱的方向结构率先被破坏；随着加载的进行，土体结构会沿着该方向不断破坏，直至破坏线延伸到整个截面。图 7-19 表明，不同冻结温度、不同冻融周期加载后的土颗粒排列方向不一致，说明不同工况下土颗粒虽沿一定方向排列，但最终达到稳定状态的定向角不完全集中在相近区域，这表明冻融土颗粒集合体在加载过程中的排列方向具有一定的随机性。可以认为，冻融软土的变形乃至破坏是不均匀的、随机的，且变形破坏往往集中在某些部位，而有的部位几乎没有变化。后续研究有必要进一步深刻了解冻融软土加载后的颗粒排列规律，这有助于从本质上掌握冻融软土变形稳定性能的内在规律，具有现实的工程指导意义。

7.5　微观结构参数与宏观动力特性相关性分析

通过前文对比冻融土微观结构和宏观动力特性的试验，发现软土经过冻融循环后动力特性出现差异的本质在于其微观结构在冻融循环过程的重组对其工程性质带来了弱化作用。图 7-20 和图 7-21 分别为动三轴试验中轴向应变 ε_f 和归一化孔压极限值 u_f^* 与软土经过冻融循环后面孔隙比之间的相关曲线，从图中可以看出软土经过冻融循环后，轴向应变和归一化孔压极限值随面孔隙比增大而增大。以－30℃单次冻融土为例，冻融循环后面孔隙比较未冻融土增大约 64%，对应的极限轴向应变增大 50%，归一化孔压极限值增大约 27%。这一结果说明了软土的冻融循环弱化机制，即软土在冻融循环过程中，处于正、负温度的变化，孔隙水发生相变，冻结时孔隙水膨胀并挤压周围土颗粒，导致颗粒间的胶结作用受到破坏，团粒间微小孔隙贯通连接形成大孔隙结构，并且在融化后难以恢复到原始状态。冻结温度越低，冻融循环次数越多，冰晶冻胀作用对结构的破坏性就越

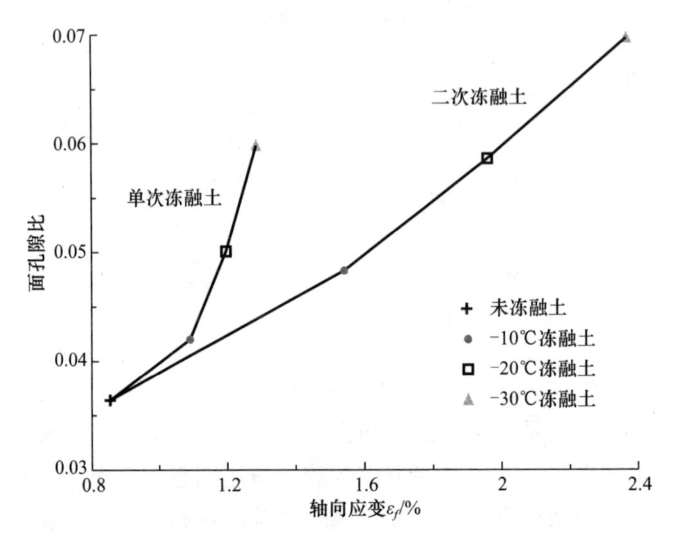

图 7-20　轴向应变 ε_f-加载前面孔隙比相关曲线

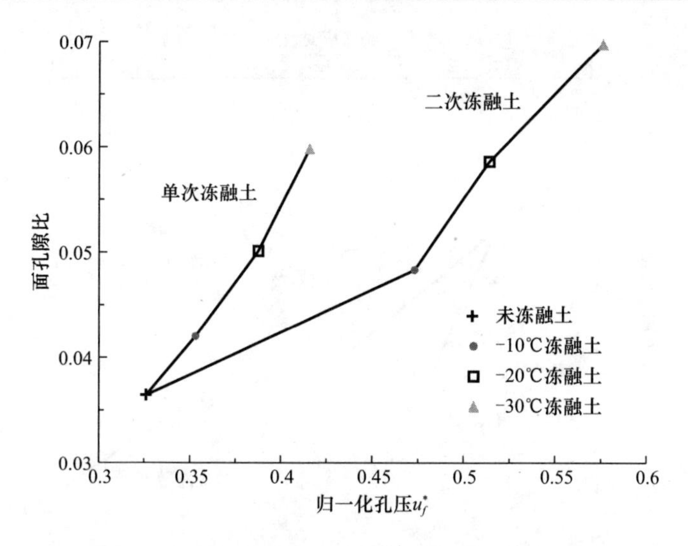

图 7-21 归一化孔压 u_f^*-加载前面孔隙比相关曲线

大，经过冻融循环作用后内部结构越疏松，面孔隙比增加越多，导致其宏观力学性质弱化程度越强，结构处于相对不稳定状态。在动力加载过程，动应力会在局部弱化区形成应力集中，土颗粒出现滑移，使其联结作用再次受到破坏，由土骨架结构承担的压力降传递给孔隙水，导致孔隙水压力迅速累积。同时，大孔隙的压密作用在宏观表现为轴向应变发展，可见软土冻融循环后微观结构变化与动力加载时宏观动力特性具有一定相关性，可以用微观结构的变化解释宏观机理。

软土冻融后结构弱化机制与微观结构的变化密不可分，而冻融土在地铁荷载下宏观变形特征的本质也是微观结构重分布的过程，颗粒结构单元和孔隙特征都将发生改变。图 7-21 和图 7-22 分别是各冻结温度下单次和二次冻融土经动力加载后，微观面孔隙比变化情况（$(e_{加载前}-e_{加载后})/e\times100\%$）与宏观变形特征、孔压累积规律的相关曲线（面孔隙比增加为正，减小为负），从图中可以看出冻融土轴向应变极限值 ε_f 和归一化孔压极限值 u_f^* 均随面孔隙比衰减程度的增加而增加。

软土冻融后，土骨架结构受到破坏，孔隙体积增加，工程性质已受到弱化。动力加载时，也可以采用微观结构的变化过程来解释冻融土宏观变形和孔压累积发展规律。循环应力的作用是一个能量积聚的过程，加载初期，循环应力使土体结构具有压密的趋势，较大孔隙将受到挤压而减小。并且当累积的能量大于骨架结构间结合能时，土颗粒间的胶结作用受到破坏，进而发生相对滑移。同时，孔隙水承担外部荷载的比重有所增加，试样挤密效应明显，所以超孔压累积和轴向应变发展速率也较快。随着振次增多，相邻结构单元受到挤压而逐渐靠拢，弱结合水被挤压排出，受强结合水引力作用的相邻结构单元较难发生进一步移动[226]，此时土体内部结构将达到新的平衡状态，轴向应变和超孔压的发展速率减缓并逐

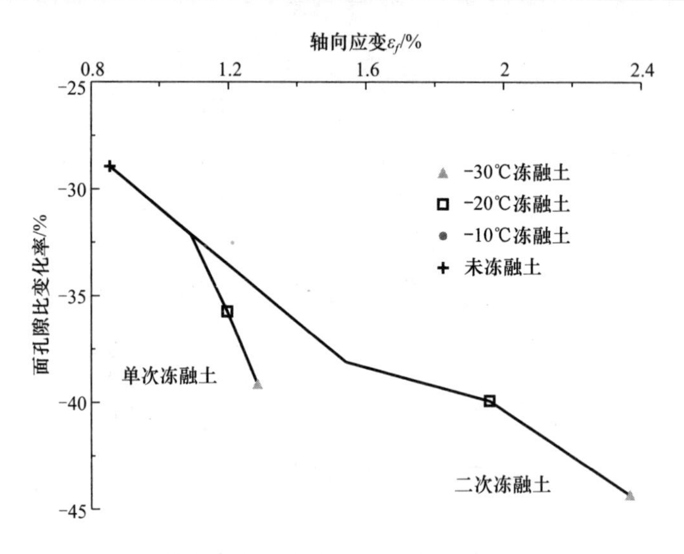

图 7-22　轴向应变 ε_f-加载后面孔隙比变化率相关曲线

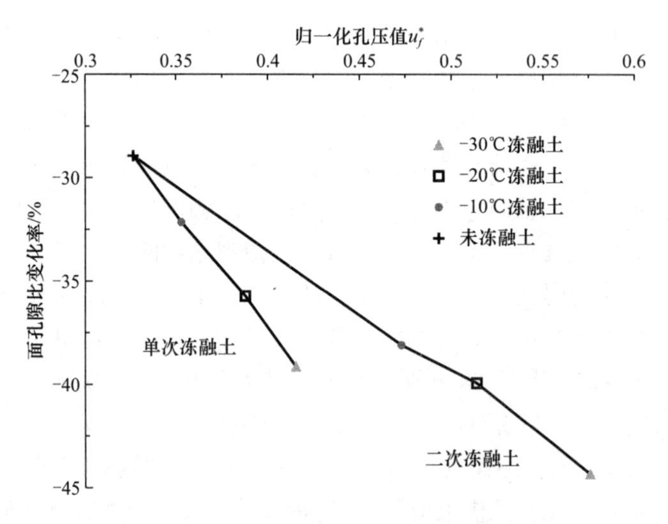

图 7-23　归一化孔压 u_f^*-加载后面孔隙比变化率相关曲线

渐达到稳定。对冻融软土而言，随冻结温度降低和冻融循环次数增多，冻融后土体内部孔隙体积越大，结构受到损伤也越大，存在的结构弱化区越多，动力加载时使土颗粒滑移所需的能量就越小，导致应变累积和超孔压发展速率越快。

7.6　本章小结

冻融作用对软土结构具有弱化作用，在地铁循环荷载下冻融土宏观应变累积和超孔压发展特性的本质是微观结构重分布的动态平衡过程。本章从微观结构角度分析冻融循环和动力加载作用对软土微观结构的影响，并对微观孔隙结构特征与宏观变形和孔压发展规律进行相关性分析，得到如下结论：

（1）软土未冻融时，结构单元多为薄片状，颗粒之间接触较紧密，挤压镶嵌结构明显。经历冻融循环作用后，出现絮凝和蜂窝絮凝结构，集合体多呈现絮状和羽毛状。微小孔隙贯通连接，导致颗粒间孔隙也明显增多，形成结构局部弱化区。冻结温度越低，冻融循环次数越多，孔隙水冻胀作用越明显，对微观结构的破坏作用越大，导致孔隙体积增加，絮凝结构越明显，结构弱化效应也越显著。

（2）从定量角度分析冻融循环的弱化机制，软土冻融循环后，微小孔隙具有贯通相连的趋势，导致微孔隙（$D<0.5\mu m$）含量减小，较大尺寸（$D\geqslant 1\mu m$）的孔隙数量增加。冻结过程中孔隙水的冻胀作用还会破坏颗粒间胶结作用，产生新的孔隙结构，进而导致面孔隙比具有增大的趋势。微小孔隙的贯通和新孔隙结构的产生，使孔隙结构变得较为复杂，所以冻融土孔隙的平均分形维数也有所增加。并且，冻结温度越低，冻融循环次数越多，冻融循环的弱化效应越显著，上述微观结构参数的变化程度就越大。

（3）冻融土加载后，大孔隙受到挤压而减小，导致面孔隙比减小。孔隙面积累积曲线向左偏移，表明微小孔隙所占比例有所增加，而大孔隙所占比例减小，结构变得较为密实。土颗粒沿一定方向排列，但最终达到稳定状态的定向角不完全集中在相近区域，这表明冻融土颗粒集合体在加载过程中的排列方向具有一定的随机性。大颗粒破碎与小颗粒聚集同时发生，结构呈片状相互镶嵌。在动力加载过程中，大孔隙结构发生挤压和破碎，导致孔隙尺寸差距减小，孔隙圆形度减小，均一化程度提高，表明动力加载后，冻融土内部结构将逐渐趋于稳定。冻结温度越低，冻融循环周期越大，冻融循环弱化效应越明显，在加载过程中上述微观结构参数的变化程度越大。

（4）冻融土在循环加载下轴向应变和孔压累积的宏观特性，其本质在于孔隙结构的变化。加载初期，外部荷载作用累积的能量超过部分土颗粒间的结合能时，颗粒发生错位滑动，孔隙水承担的外部荷载比例有所增加，导致超孔压的累积速率较快。同时孔隙受到挤压，进而发生应变累积。随着加载周期的增加，土骨架单元逐渐靠近，孔隙结构的挤密作用减小，此时土体结构较为密实，达到一种较为稳定的状态，宏观体现为超孔压和轴向应变的累积速率减小。

（5）冻融土微观孔隙结构参数与宏观动三轴试验中轴向应变和超孔压累积特性具有一定相关性，冻融土概率熵减小，孔隙变得更加有序，应变增长大于未冻融土；阐述了低温冻结和多次冻融循环作用对软土结构的弱化机制，同时也解释了动力加载下变形和孔压累积的特性。

第 8 章　地铁长期沉降预测及变形控制技术

8.1　引言

长期循环荷载作用下软黏土地基累积沉降的预测是软土工程的一个重要问题，特别是对于东南沿海一带深厚软黏土地质条件，由于城市交通的迅速发展，交通荷载作用下的长期沉降问题成为一个不可忽视的问题。实测资料表明，在长期的循环荷载作用下软黏土地基会产生较大的附加沉降。要合理的预测软黏土地基在循环荷载下的累积沉降，首先要研究土体的循环累积变形特性。国内外学者对循环荷载下的土体的累积变形特性进行了很多研究。土体在循环荷载下的累积变形特性主要分为不排水累积塑性体积变形和累积孔压消散变形。不排水累积塑性体积变形，主要通过室内的循环三轴试验，建立土体残余变形与土的初始特性、应力状态、动应力及循环次数的关系的拟合公式（MoniSmith[229]，1975；Li 和 Selig[103]，1996）。土体的不排水孔压累积特性的研究方法主要通过室内试验的循环三轴试验，考虑土体初始应力状态、动应力和循环次数的关系，按照每一荷载步循环结束时的残余孔压建立经验或半经验公式。

杭州地铁列车运营引起的长期沉降，是典型的长期循环荷载作用下软黏土地基累积沉降问题。本章将长期沉降分为两部分进行研究，即不排水累积塑性变形引起的沉降和累积孔压消散引起的沉降。前者采用 Li 和 Selig[103] 改进得到的累积变形计算公式计算，后者通过对杭州地区典型软黏土的模型试验，建立了不同固结度下杭州地区软黏土累积孔压模型，利用累积孔压计算得到了累积孔压消散引起的沉降。

8.2　地铁车辆轨道动力学模型研究

8.2.1　杭州地铁列车参数

杭州地铁 1 号线全长 53km，其中一期工程 48km，采用盾构开挖，衬砌为钢筋混凝土管片结构，外径 6.2m，内径 5.5m，厚度 350mm，强度等级 C50，轨道采用 60kg/m 的重轨，轨距 1435mm。运行列车采用中国南车生产的四动两拖六辆编组模式的 B 型地铁（列车编组模式为 Tc-Mp-M-M-Mp-Tc 的对称编组，其中 Tc 为带司机室的拖车，Mp 为带受电弓的动车，M 为普通动车），列车最高时速 80km/h，每列车安装 12 个转向架，其中 8 个动车转向架，4 个拖车转向架，半列列车结构尺寸如图 8-1 所示。

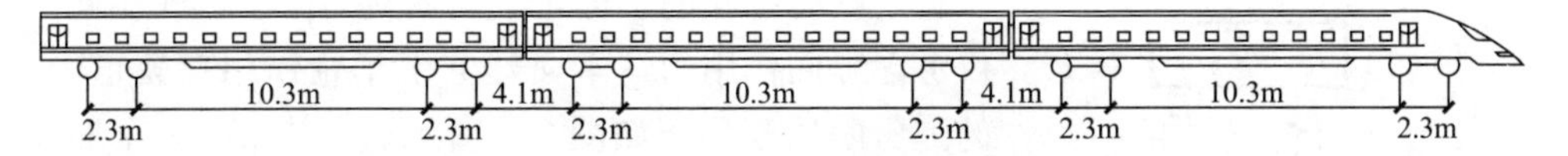

图 8-1 半列列车结构尺寸

转向架是地铁车辆的重要部件之一，又称走行部或台车。它的位置介于车体与轨道之间，引导地铁车辆沿钢轨行驶和承受来自车体及线路的各种载荷并传递列车的牵引力、制动力以及轮轨相互作用力。转向架的结构与性能直接关系到地铁车辆的运行品质和安全。其运行的稳定与否将直接影响到乘客的舒适度。这一点对地铁车辆显得更为重要，地铁车辆的高频率启动和制动对转向架的性能提出了更高的要求。列车车厢与转向架之间的减振（如图 8-2 所示）由空气弹簧、垂向和横向油压减振器等组成，确保提供良好的乘坐舒适性。转向架与车轮之间采用橡胶弹簧（如图 8-3 所示）减振，橡胶弹簧能吸收部分高频振动，改善车辆运行平稳性。

图 8-2 空气弹簧

图 8-3 橡胶弹簧

8.2.2 车轮作用在钢轨上的荷载时程分析

根据车厢转向架车轮三者之间的联系，假设各个轮子相互独立，轮子与钢轨一直是贴合接触的，即轮子与钢轨的振动形式相同。仅考虑竖向作用力，本文建立了车轮作用在轨道上的弹簧阻尼模型，如图 8-4 所示。其中 m_1 为车厢，取一节车厢质量的 1/8，$m_1=1225$kg；m_2 为转向架，取一个普通拖车转向架质量的 1/4，$m_2=1125$kg；m_3 为一个车轮的质量，$m_3=189$kg；k_1、c_1、k_2、c_2 为分别车厢与转向架，转向架与车轮之间的弹簧刚度和阻尼，$k_1=250$kN/m、$c_1=30$kN·s/m，$k_2=1450$kN/m、$c_2=0$，y_1、y_2、y_3 分别为车厢、转向架、车轮三者离开各自静力平衡位置的竖向位移。

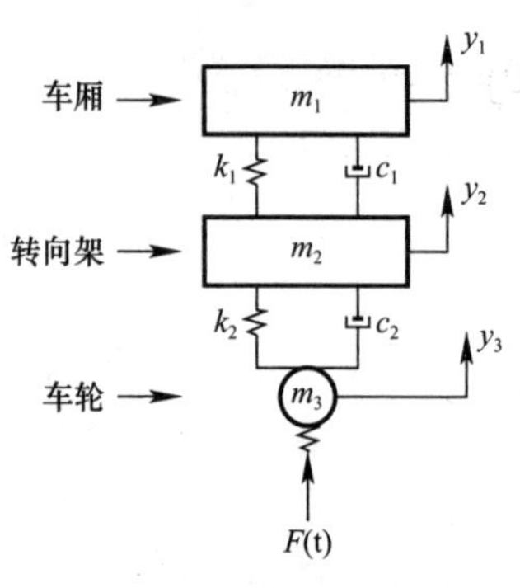

图 8-4　作用在钢轨上和荷载计算模型

对 m_1 进行动力分析，由竖向动力平衡条件可得：

$$m_1\ddot{y}_1+c_1(\dot{y}_1-\dot{y}_2)+k_1(y_1-y_2)=0 \tag{8-1}$$

对 m_1 与 m_2 组成的系统进行动力分析，由竖向动力平衡条件可得：

$$m_1\ddot{y}_1+m_2\ddot{y}_2+c_2(\dot{y}_2-\dot{y}_3)+k_2(y_2-y_3)=0 \tag{8-2}$$

对 m_1、m_2 与 m_3 组成整个系统分析：

$$P(t)=m_1\ddot{y}_1+m_2\ddot{y}_2+m_3\ddot{y}_3 \tag{8-3}$$

因此，车轮作用于钢轨的荷载：

$$F(t)=P(t)+(m_1+m_2+m_3)g \tag{8-4}$$

现在求解 $P(t)$，联立式（8-1）与式（8-2），令 $y_a=y_1-y_2$。(8-1) 与 (8-2) 可化为：

$$m_1\ddot{y}_a+m_1\ddot{y}_2+c_1\dot{y}_a+k_1y_a=0 \tag{8-5}$$

$$m_1\ddot{y}_a+(m_1+m_2)\ddot{y}_2+c_2\dot{y}_2+k_2y_2=c_2\dot{y}_3+k_2y_3 \tag{8-6}$$

由于 c_2 可将式（8-5）、式（8-6）简化为：

$$m_1\ddot{y}_a+m_1\ddot{y}_2+c_1\dot{y}_a+k_1y_a=0 \tag{8-7}$$

$$m_1\ddot{y}_a+(m_1+m_2)\ddot{y}_2+k_2y_2=k_2y_3 \tag{8-8}$$

式（8-7）与式（8-8）相减得到：

$$m_2\ddot{y}_2-c_1\dot{y}_a+k_2y_2-k_1y_a=k_2y_3 \tag{8-9}$$

两边除以 m_2 得到：

$$\ddot{y}_2-\frac{c_1}{m_2}\dot{y}_a+\frac{k_2}{m_2}y_2-\frac{k_1}{m_2}y_a=\frac{k_2}{m_2}y_3 \tag{8-10}$$

将式（8-7）两边除以 m_1 得到：

$$\ddot{y}_a + \ddot{y}_2 + \frac{c_1}{m_1}\dot{y}_a + \frac{k_1}{m_1}y_a = 0 \tag{8-11}$$

式（8-11）与式（8-12）相减得到：

$$\ddot{y}_a + \left(\frac{c_1}{m_1} + \frac{c_1}{m_2}\right)\dot{y}_a + \left(\frac{k_1}{m_1} + \frac{k_1}{m_2}\right)y_a - \frac{k_2}{m_2}y_2 = -\frac{k_2}{m_2}y_3 \tag{8-12}$$

令 $\xi=\frac{1}{m_1}+\frac{1}{m_2}$、$\zeta=\frac{k_2}{m_2}$，式（8-12）可简化为：

$$\ddot{y}_a + c_1\xi\dot{y}_a + k_1\xi y_a - \zeta y_2 = -\zeta y_3 \tag{8-13}$$

进一步简化为：

$$y_2 = \frac{1}{\zeta}(\ddot{y}_a + c_1\xi\dot{y}_a + k_1\xi y_a) + y_3 \tag{8-14}$$

式（8-14）两边对 t 求二次导数得到：

$$\ddot{y}_2 = \frac{1}{\zeta}(y_a^{(4)} + c_1\xi y_a^{(3)} + k_1\xi\ddot{y}_a) + \ddot{y}_3 \tag{8-15}$$

将式（8-14）、式（8-15）代入式（8-10）得以得到：

$$\begin{aligned}&\frac{1}{\zeta}(y_a^{(4)} + c_1\xi y_a^{(3)} + k_1\xi\ddot{y}_a) + \ddot{y}_3 - \frac{c_1}{m_2}\dot{y}_a + \\ &\frac{k_2}{m_2}\left[\frac{1}{\zeta}(\ddot{y}_a + c_1\xi\dot{y}_a + k_1\xi y_a) + y_3\right] - \frac{k_1}{m_2}y_a = \frac{k_2}{m_2}y_3\end{aligned} \tag{8-16}$$

进一步简化为：

$$y_a^{(4)} + c_1\xi y_a^{(3)} + \left(k_1\xi + \frac{k_2}{m_2}\right)\ddot{y}_a + \left(\frac{k_2}{m_2}c_1\xi - \frac{c_1}{m_2}\zeta\right)\dot{y}_a + \left(\frac{k_2}{m_2}k_1\xi - \frac{k_1}{m_2}\zeta\right)y_a = -\ddot{y}_3\zeta \tag{8-17}$$

由于 $\xi=\frac{1}{m_1}+\frac{1}{m_2}$、$\zeta=\frac{k_2}{m_2}$，令 $\psi=k_1\xi+\frac{k_2}{m_2}$、$\eta=\xi\cdot\zeta-\frac{\zeta}{m_2}$，将式（8-17）简化为关于 y_a 的四阶常系数非齐次线性微分方程：

$$y_a^{(4)} + c_1\xi y_a^{(3)} + \psi\ddot{y}_a + c_1\eta\dot{y}_a + k_1\eta y_a = -\ddot{y}_3\zeta \tag{8-18}$$

由于杭州地铁刚开始运营暂时缺乏隧道振动的实测数据，本文采用上海地铁一号线王田友等对张璞的实测数据进行分析得到钢轨加速度见文献[29]，测点埋深16m，车速19m/s，由频域计算得到的实测钢轨竖向加速度时程 y_3 的数学表达式为：

$$\ddot{y}_3 = \sum_{n=0}^{\frac{N}{2}-1}(A_n\cos n\omega t + B_n\sin n\omega t) \tag{8-19}$$

其中 A_n 和 B_n 由快速傅里叶变换求得。于是车轮作用于钢轨的时程荷载为：

$$F(t) = P(t) + (m_1 + m_2 + m_3)\mathrm{g} = m_1\ddot{y}_1 + m_2\ddot{y}_2 + m_3\ddot{y}_3 + (m_1 + m_2 + m_3)\mathrm{g} \tag{8-20}$$

通过Matlab编程，采用四节精度的Runge-Kutta算法，得到的列车作用在钢轨上的荷载时程曲线如图8-5所示，荷载时程按100HZ采样。

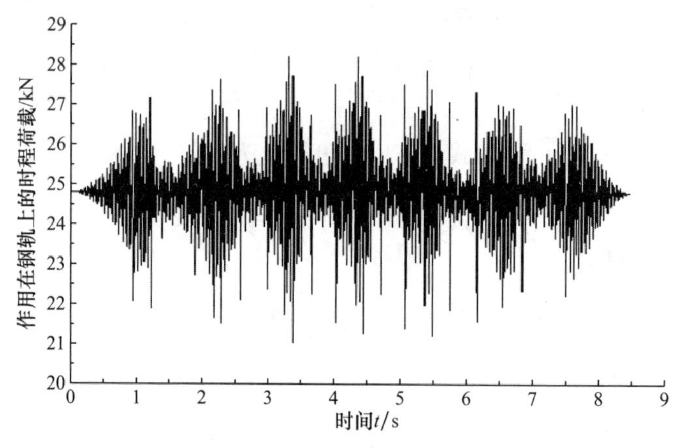

图8-5 列车作用在钢轨上的荷载时程

8.2.3 轨道作用在隧道仰拱上的荷载计算

在有限元动力分析中，为了是模型更加简便且容易计算，一般直接将荷载施加在衬砌上，因此需要计算作用在隧道仰拱上的荷载时程。目前轨道结构主要有三类，即轨枕埋入式整体道床轨道、浮置板轨道、弹性支撑块轨道。由于本文运用的实测数据为整体道床情况下的实测数据，所以仅对整体道床进行考虑。

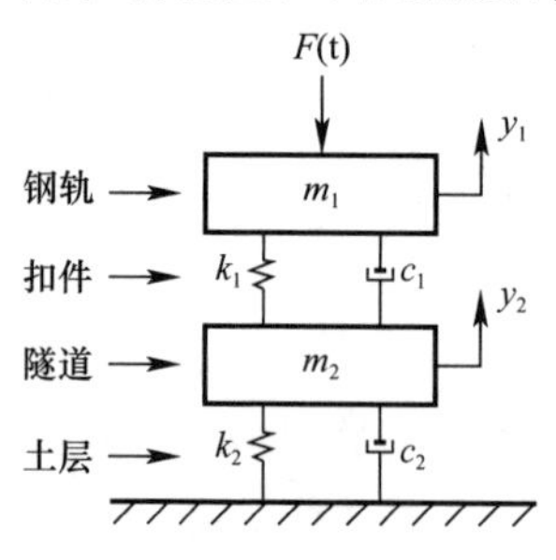

图8-6 整体道床隧道仰拱计算模型

由道床与隧道壁的振动加速度时程的实测数据[230]表明，对于整体道床来说，轨枕、道床和隧道间可按刚性连接考虑。建立简单的弹簧系统如图8-6所示，钢轨采用60kg/m的重轨，钢轨竖向抗弯刚度为3217cm^4，每米长度上扣件的阻尼c_1=84kN·s/m，垂直方向静刚度采用220kN/cm[231-232]，动刚度在静刚度的基础上乘以放大系数，放大系数取1.4[233]，因此动刚度的取值为220×1.4=308kN/cm，扣件之间的距离为0.595m，按1m长轨道选取计算，因此扣件的动刚度为：

$$k_1 = 308\text{kN/cm} \times 1\text{m} \div 0.595\text{m} = 517\text{kN/cm} = 51.7\text{kN/mm} \quad (8\text{-}21)$$

取1m长钢轨进行受力分析：

$$F(t) + m_1\ddot{y}_1 + k_1(y_1 - y_2) + c_1(\dot{y}_1 - \dot{y}_2) = 0 \quad (8\text{-}22)$$

由于隧道仰拱荷载通过扣件传递，作用在隧道仰拱上的荷载表达式为：

$$F = -k_1(y_1 - y_2) + c_1(\dot{y}_1 - \dot{y}_2) \quad (8\text{-}23)$$

因此作用在隧道仰拱上的荷载为：

$$F = F(t) + m_1\ddot{y}_1 \quad (8\text{-}24)$$

根据8.3节的计算结果可以得到整体道床隧道仰拱荷载的时程如图8-7所示。

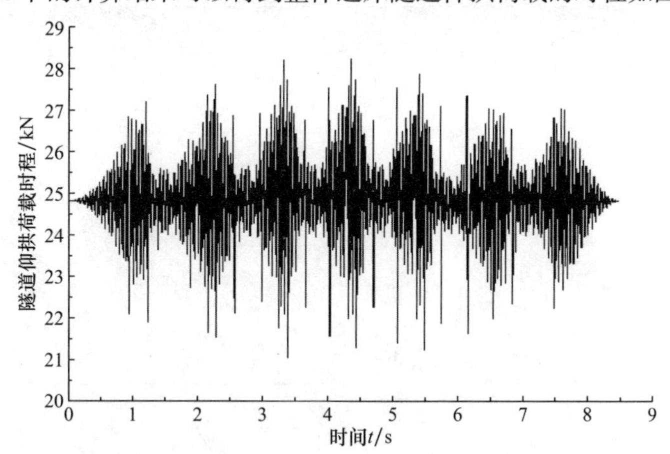

图8-7 作用在隧道仰拱上的荷载时程

8.3 施工期及运营期地铁隧道三维有限元模拟

8.3.1 考虑施工影响的三维有限元模拟

8.3.1.1 土体初始超孔隙水压力的计算

要进行盾构隧道的工后固结模拟，首先得计算出初始孔隙水压力，根据已有的研究成果计算如下：

根据有效应力原理，土体中任一点的总应力由有效应力与孔隙水压力两部分组成，且满足：

$$\sigma = \sigma' + u \tag{8-25}$$

式中σ、σ'和u分别为作用在土单元上的总应力、有效应力与孔隙水压力。

假设土的侧向压力系数为K_0，在H深度处未开挖时土中孔隙水压力为u_0，如图8-8所示，则土单元所受的应力为：

$$\sigma_{r0} = K_0\sigma_0' + u_0 \tag{8-26}$$

$$\sigma_{\theta 0} = \sigma_0' + u_0 \tag{8-27}$$

式中σ_{r0}、$\sigma_{\theta 0}$、σ_0'分别为未开挖隧道时土单元所受的总径向应力、总切向应力和有效应力。

盾构推进过程中不考虑土体的挤压应力和盾尾注浆力，应力土体在挖掉以后，在周围土体围压作用下将产生超孔隙水压力[234]。假设隧道开挖半径为R，r为隧道起拱线上某点距离隧道中心的长度。当$R=r$时孔隙水压力为u；当$r \geqslant r^*$时，孔隙水压力为未开挖时的孔压u_0，定义变量$\rho=R/r$，得到开挖后隧道中心

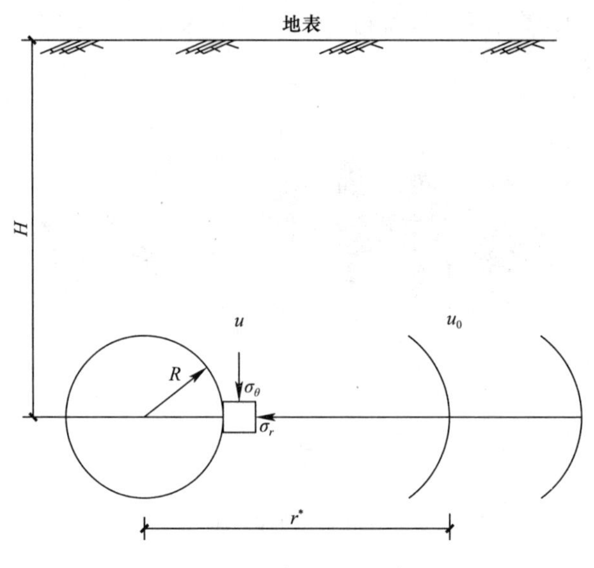

图 8-8　土单元受力示意图

水平线上的应力为：

$$\sigma_r = K_0\sigma_0' + u_0 - (K_0\sigma_0' + u_0 - p_s)\rho^2 + \frac{G}{2(\lambda + 2G)} \cdot \frac{u_0 - u}{\ln\rho^*}[2\ln\rho + (1-\rho^2)(1-2\ln\rho^*)] \tag{8-28}$$

$$\sigma_\theta = \sigma_0' + u_0 + (\sigma_0' + u_0 - p_s)\rho^2 + \frac{G}{2(\lambda + 2G)} \cdot \frac{u_0 - u}{\ln\rho^*}[2\ln\rho - 2 + (1-\rho^2)(1-2\ln\rho^*)] \tag{8-29}$$

其中 $\lambda=\frac{E\nu}{(1+\nu)(1-2\nu)}$、$G=\frac{E}{2(1+\nu)}$，$E$、$\nu$ 为土体的弹性模量和泊松比；p_s 为隧道起拱线处的支护应力，$p_s=(K_0\sigma'+u_0)\frac{D}{[D+2GR\eta_{CF}/(1+\eta_{CF})]}$，$D=E_c t_c/(1-\nu_c^2)$，$E_c$、$t_c$、$\nu_c$ 分别为衬砌的弹性模量、厚度和泊松比。

根据 Hankel 提出的三向应力条件下的超孔隙水压力计算式可以得到，隧道起拱线处土单元超孔隙水压力为：

$$\Delta u = \beta\frac{\Delta\sigma_r + \Delta\sigma_\theta + \Delta\sigma_z}{3} + \alpha\frac{\sqrt{(\Delta\sigma_r - \Delta\sigma_\theta)^2 + (\Delta\sigma_\theta - \Delta\sigma_z)^2 + (\Delta\sigma_z - \Delta\sigma_r)^2}}{3} \tag{8-30}$$

式中 α、β 为 Hankel 孔隙水压力系数，$\alpha=(3A-1)/\sqrt{2}$，对于饱和软黏土，$A=0.5$，$\beta=1$。

本节数值模拟以杭州某盾构隧道为背景[229]，隧道管片：外径 $D=6.2$m，内径 5.5m，环宽 1.2m，厚度 350mm。管片材质为钢筋混凝土，强度等级为 C50，抗渗等级为 S10。隧道顶部覆土为 10.2m，地下水位为 0m。土层自上而下分别为：①填土，②砂质粉土，③砂质粉土，④粉砂，⑤淤泥质粉质黏土夹淤泥质黏土，如图 8-9 所示，具体的土质参数见 8-1。土层抗力系数 $Ks=3000kN/m^3$。土体损失率取为 2%。土体为平面应变单元，采用摩尔—库伦模型，初始应力参数 $K_0=0.45$。衬砌为梁单元，采用弹性模型，具体参数详见表 8-2。

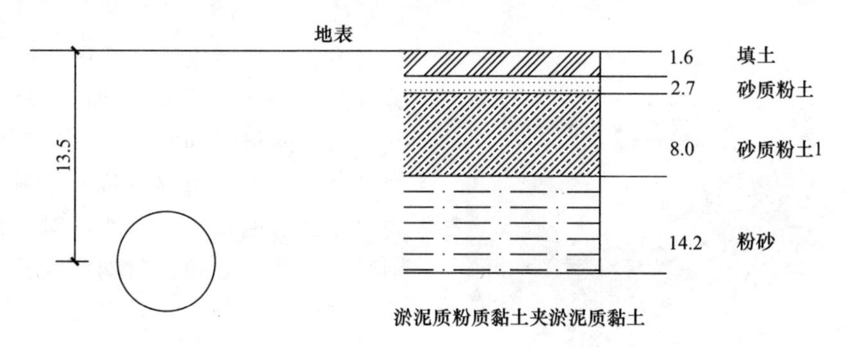

图 8-9 土层分布

土体参数 表 8-1

土类	含水率 W(%)	容重 γ(kN/m³)	摩擦角 φ(°)	粘聚力 C(kPa)	压缩模量 E_s(MPa)	K_v(m/d)	K_w(m/d)
①	29.1	19.2	19.5	28.0	6.50	0.0289	0.0233
②	27.9	19.0	29.3	9.4	12.22	0.6480	0.6480
③	27.9	19.0	32.2	5.7	13.28	0.1598	0.0382
④	36.3	19.5	25.0	3.8	10.79	0.2843	0.2601
⑤	47.0	17.1	8.9	14.9	2.49	0.0003	0.0005

衬砌参数 表 8-2

构件	重度 kN·m⁻³	弹性模量 MPa	泊松比
衬砌	25	34500	0.2

对表 8-1 中各层土的参数按照厚度取加权平均值，则土的加权重度为 $18.92kN/m^3$，侧向土压力系数为 0.45，弹性模量为 3.2MPa，泊松比为 0.3。根据式（8-28）～(8-30）可以得到隧道起拱线处超孔隙水压力 29.82kPa。

8.3.1.2 数值模型的建立

MIDAS/GTS 软件是一款专门针对隧道数值分析的软件，由于实际情况相对比较复杂，关于土体的本构模型和土体参数的取值的选择相对较难，因此本节作了以下假设：(1) 土体为各向同性、连续的弹塑性材料，服从莫尔-库伦屈服准则；(2) 衬砌与周围土体紧密相连，且在此连接面上，两者不出现相对位移；

(3) 土体的弹性模量不变；(4) 由于模拟的是工后固结，数值模拟中，不考虑其他施工因素的影响，如盾构机推力，注浆压力等。

首先，利用MIDAS/GTS建立盾构隧道三维模型，模型长80m，高40m，宽60m，隧道中心离地表13.35m，直径6.2m。土的参数取各层加权平均数，重度为18.92kN/m^3，侧向土压力系数为0.45，变形模量为3.2MPa，泊松比为0.3，粘聚力为12.36kPa，摩擦角为22.98°，竖向渗透系数0.2243m/d，横向渗透系数0.194m/d。

建立完模型以后，需进行网格划分，在MIDAS/GTS中是定义材料属性与划分网格时同时进行的。在网格划分之前，通过边界线段的播种，控制边界处的网格尺寸，然后对土体分别通过自动划分和映射网格两种不同的方式进行划分，同时定义土体和隧道的材料属性。对隧道的衬砌采用析取单元的方式，按网格大小为1自动划分。网格划分如图8-10所示。

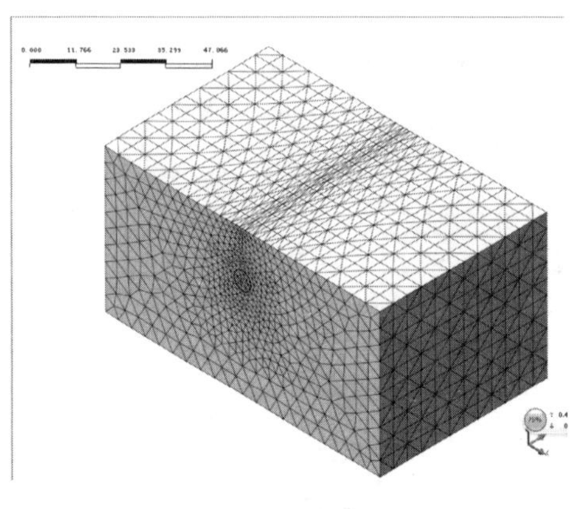

图8-10　网格划分图

8.3.1.3　定义施工阶段

本文盾构隧道工后固结的模拟过程具体为以下五步：

(1) 建立初始地应力场、位移约束和外界面排水状态。初始地应力场为自重作用，模型的前后平面上为y方向固定支座约束，左右平面为x方向固定支座约束，模型底部为x、y、z三个方向的固定支座约束。此步结束后结果清零，作为后面模拟的初始条件。

(2) 去除开挖隧道内的地层单元，即将隧道一次性开挖完毕，同时保持开挖面排水状态。

(3) 在隧道周围土体处施加径向应力，并使超孔隙水压力等于计算值，同时钝化开挖面排水状态，激活开挖面水头。具体计算方法为，在土层开挖完毕后，计算得到隧道顶部、起拱线处，底部三处的法向应力，三点之间通过线性插入简化计算得到。将计算得到应力减去之前计算得到的超孔隙水压力，得到向土体施加的径向应力。激活在隧道周围土体上设置的超孔隙水压力水头，使得超孔隙水压力等计算值。

(4) 将所有的节点位移置零，添加衬砌单元，同时消除径向应力。

(5) 通过MIDAS/GTS软件中渗流固结模块计算土体在工后一周、一个月、三个月、六个月、一年的变形量以及孔压。

本节中，将在隧道完工后列车运行前这段时间产生的沉降定义工后沉降，影响隧道工后沉降的因数有很多，例如施工工艺、水文地质条件、隧道埋深、周围环境及现场施工条件等等，本节有限元仅考虑由于施工扰动产生的超孔隙水压力，以及其导致的固结沉降。

有限元分析采用工作站 Thinkstation D30 如图 8-11，具体配置为 24 核 intel 2.3GHz 处理器，运行内存 32g，运行系统为 64 位 Window7 操作系统。

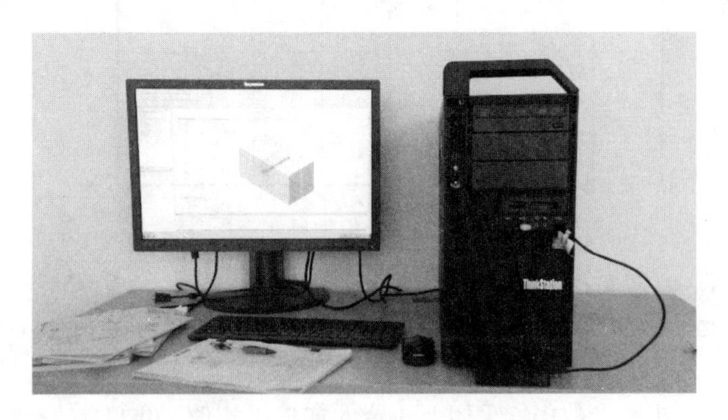

图 8-11 工作站 Thinkstation D30

通过 MIDAS-GTS 施工阶段分析，得到隧道完工后，不同时刻土体中的超孔隙水压力以及土体沉降量。

8.3.2 考虑土体初始固结度的三维有限元模拟

根据 8.2 节中的力学模型，建立土与隧道的结构体系，只需要将时程荷载添加到隧道结构上，列车运行荷载将以有隧道传播出去。本节采用有限元分析软件 MIDAS-GTS 建立了有限元模型，研究了在不同固结度情况下列车荷载引起的振动规律。

8.3.2.1 模型尺寸的确定

在动力分析中，有限元网格的大小对模型响应分析结果的准确性有重要影响，而且三维模型计算量相对较大，有限元模型的尺寸对计算时间也有很大的影响，因此确定合理的尺寸能够更加快速得到较为精确的结果。《工程场地地震安全性评价工作规范》要求网格在波传播方向尺寸与所考虑最短波长的比值不大于 1/8 或 1/4；杨永斌等[87]以半无限域自由面上受单位简谐荷载为例（模型如图 8-12 所示），研究了有限元网格的划分，得到荷载作用点到有限元边界的长度 R 以及有限元单元长度 L 的取值结果：

对于模型尺寸 R 的取值为大于 λ_s，其中 λ_s 为剪切波的波长，由式（8-31）确定：

$$\lambda_s = 2\pi C_s/\omega = C_s/f \tag{8-31}$$

式中，C_s，f 分别为土的剪切波速、振源的振动频率。剪切波速根据理论公式：

$$C_s = \sqrt{\frac{E}{2(1+\mu)\rho}} \tag{8-32}$$

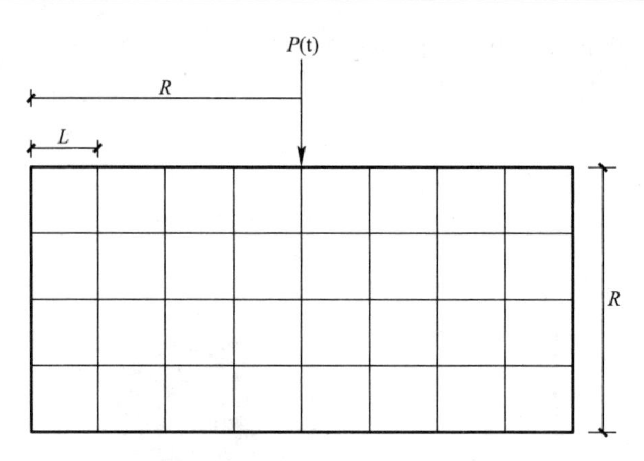

图 8-12　有限元模型尺寸示意图

E 为弹性模量，ρ 为密度，μ 为泊松比。

对于单元的边长 L 在荷载附近 $0.5\lambda_s$ 处，最长取值为 $\lambda_s/12$，在其余位置 L 要小于 $\lambda_s/6$。

有限元中，土的参数仍然采用上一节的加权平均值，重度为 18.92kN/m^3，侧向土压力系数为 0.45，变形模量为 3.2MPa，泊松比为 0.3，粘聚力为 12.36kPa，摩擦角为 22.98°，竖向渗透系数 0.2243m/d，横向渗透系数 0.194m/d。通过计算得到剪切波速 $C_s=80$m/s，由于地铁列车荷载频率集中在 2～20Hz，取 $f=2$Hz 时，得到 $\lambda_s=40$m。

8.3.2.2　模型的建立与网格划分

根据 8.3.1 的讨论，在 MIDAS-GTS 中建立模型，模型尺寸为长 80m，高 40m，宽 40m，满足 $R=40\text{m}\geqslant\lambda_s$ 要求。在模型边缘网格最大取值为 5m，隧道中心为 1m，满足要求 $L<\lambda_s/6$。隧道中心离地表 13.35m，内径 5.5m。有限元模型如图 8-13 和图 8-14 所示，模型共 4221 个单元，19481 个节点。工作平台仍然采用 Thinkstation D30。

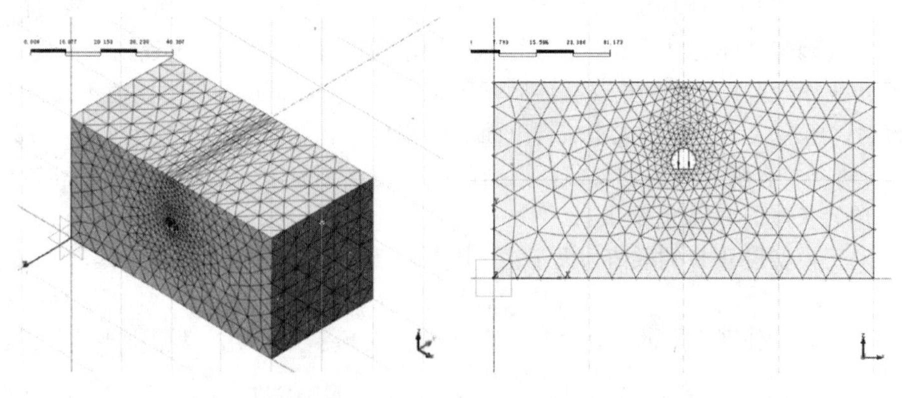

图 8-13　有限元模型图　　　　图 8-14　隧道示意图

8.3.2.3 边界添加及特征分析

在动力分析中，一般的边界条件会由于波的反射作用而产生很大的误差，本模型采用弹簧阻尼来定义边界条件。

利用弹簧来定义弹性边界，用铁路设计规范的地基反力系数计算弹簧常量，地基土边界的竖直和水平地基反力系数公式如下：

竖直地基反力系数：

$$k_v = 10 \times k_{v0}\left(\frac{B_v}{30}\right)^{-3/4} \text{kN/m}^3 \tag{8-33}$$

水平地基反力系数：

$$k_h = 10 \times k_{h0}\left(\frac{B_h}{30}\right)^{-3/4} \text{kN/m}^3 \tag{8-34}$$

式中，$k_{vo}=\frac{1}{30}\cdot\alpha\cdot E_0=k_{ho}$；$B_v=\sqrt{A_v}$；$B_h=\sqrt{A_h}$；$A_h$ 和 A_v 分别为地基的竖直方向和水平方向截面积；E_0 为地基土弹性模量，α 为系数，一般取 1.0。

为了定义黏性边界条件需要计算相应的土体 x、y、z 方向上的阻尼系数，计算阻尼的公式如下：

P 波阻尼系数：$c_{\text{p}}=\rho A\sqrt{\frac{\lambda+2G}{\rho}}$；

S 波阻尼系数：$c_{\text{s}}=\rho A\sqrt{\frac{G}{\rho}}$

其中，$\lambda=\frac{\mu E}{(1+\mu)(1-2\mu)}$；$G=\frac{E}{2(1+\mu)}$；$\lambda$、$G$ 分别为地基土的体积弹性模量和剪切模量；μ 为泊松比；ρ 为密度；A 为面积。

添加计算得到弹簧阻尼参数：$k_x=10295.26\text{kN/m}^3$；$k_y=9996.599\text{kN/m}^3$；$k_z=943.0217\text{kN/m}^3$；$c_{\text{p}}=532.201\text{kN}\cdot\text{s/m}$；$c_{\text{s}}=284.473\text{kN}\cdot\text{s/m}$。

在添加列车荷载之前首先应该对模型进行特征分析，采用 MIDAS-GTS 中的特征分析模块进行，得到模型的第一振型和第二振型，如图 8-15 所示。

MODE NO.	FREQUENCY [RAD/SEC]	FREQUENCY [CYCLES/SEC]	PERIOD [SEC]	TOLERANCE
1	2.228695E+00	3.547079E-01	2.81922E+00	0.00000E+00
2	2.452304E+00	3.902964E-01	2.56216E+00	0.00000E+00
3	3.135939E+00	4.991003E-01	2.00361E+00	5.41896E-16
4	3.329155E+00	5.298514E-01	1.88732E+00	4.80821E-16
5	3.369018E+00	5.361959E-01	1.86499E+00	3.13007E-16
6	3.691318E+00	5.874915E-01	1.70215E+00	1.30367E-16
7	3.932642E+00	6.258994E-01	1.59770E+00	8.04006E-16
8	4.680623E+00	7.449442E-01	1.34238E+00	1.56011E-11
9	4.748641E+00	7.557697E-01	1.32315E+00	8.08489E-12
10	4.902403E+00	7.802416E-01	1.28165E+00	8.09659E-11

图 8-15 模型振型

根据《土工原理与计算》[88]，阻尼比取值为 0.05。

8.3.2.4　列车荷载的添加

列车荷载采用第三章的数据，即采用在整体道床情况下作用在隧道仰拱上的时程荷载。在 MIDAS-GTS 建模中将隧道网格划分大小为 1m，将荷载直接作用在隧道节点上，列车速度取 $v=72\text{km/h}=20\text{m/s}$，因此荷载经过一个节点到下一个节点用时 0.05 秒。列车荷载作用如图 8-16 所示：

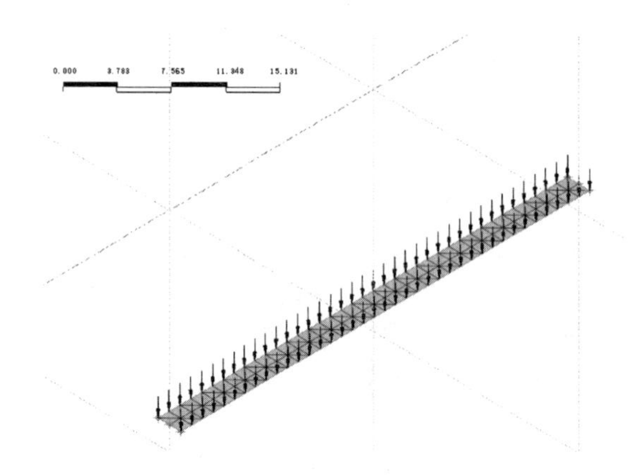

图 8-16　列车荷载作用示意

8.3.2.5　不同固结度的设置

根据 8.3 节中的计算方法可以得到，当隧道开挖完成时的初始超孔隙水压力 29.82kPa，可以认为此时土层刚开始固结，固结度为 0。根据土力学原理，当固结度为 70%时，超孔隙水压力为 29.82×(1－70%)＝8.946kPa，当固结度为 90%时，超孔隙水压力为 29.82×(1－90%)＝2.982kPa。根据本书 8.3 节，由于固结开始后，隧道周围孔压分布不均匀，在这里进行简化，认为不同固结阶段，模型中隧道衬砌周围孔隙水压力是均匀分布的。MIDAS-GTS 的边界设置中，在隧道衬砌周围添加一个压力水头，分别等于 8.946kPa、2.982kPa、0kPa 分别对应固结度为 70%、90%、100%。

8.3.2.6　初始固结度对列车运行时孔压变化的影响规律

由于在 MIDAS-GTS 时程分析中无法得到不同固结度下孔隙水压力的变化规律，因此在研究不同固结度情况下，列车运行引起的孔压变化规律时，不能够采用时程分析。本节采用 MIDAS-GTS 中不同时间内的固结模拟来得到列车荷载通过的过程中隧道周围超孔压的变化规律。具体方法如下：

该限元模型对列车荷载进行了一定的简化处理，用列车的一个转向架移动来模拟列车荷载移动，荷载通过在各个节点上逐步施加静力的方法进行，仅计算一次列车荷载通过模型。假设列车运行速度为 20m/s，模型中隧道长 40m，每隔

0.1s 列车向前移动 2m，因此可以将列车向前运行分为 20 个步骤进行，每个步骤 0.1s，如图 8-17 所示，开始时转向架四个轮子作用在节点 1、1′、2、2′上，经过 0.1 秒，转向架四个轮子作用在 2、2′、3、3′上，同时钝化作用在 1、1′上的轮载，再经过 0.1 秒，转向架四个轮子作用在 3、3′、4、4′上，同时钝化作用在 2、2′上的轮载，以此类推。

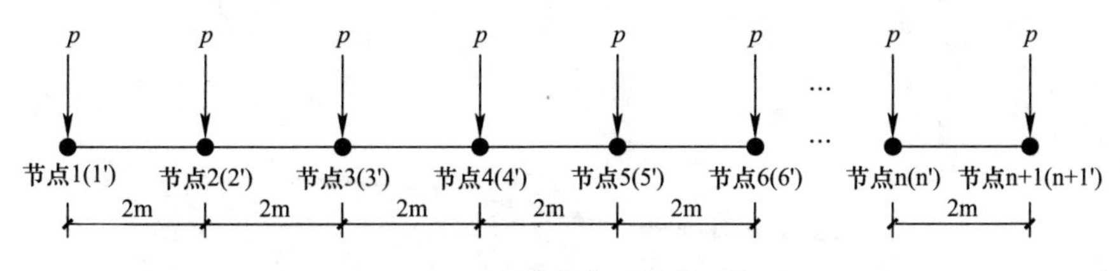

图 8-17 列车荷载作用简化示意图

通过 MIDAS-GTS 中的固结模块计算，得到每一个步骤下超孔隙水压力的大小，从而得到孔压变化规律。

不同固结度在有限元中的实现与上一节相同，采用在隧道衬砌周围添加一个压力水头，分别等于 8.946kPa、2.982kPa、0kPa 分别对应固结度为 70%、90%、100%情况下隧道周围超孔隙水压力。取模型中间截面上隧道拱顶、隧道起拱线和隧道拱底三个位置为研究对象分析超孔隙水压力的变化规律。

图 8-18、图 8-19、图 8-20 分别为在列车移动荷载作用下，地基土固结度分别为 100%、90%、70%时，隧道拱顶、隧道起拱线和隧道拱底三个位置的超孔隙水压力变化规律。对比不同固结度下超孔压变化，可以发现固结度越高，随着列车荷载的移动，超孔隙水压力变化率也越小。

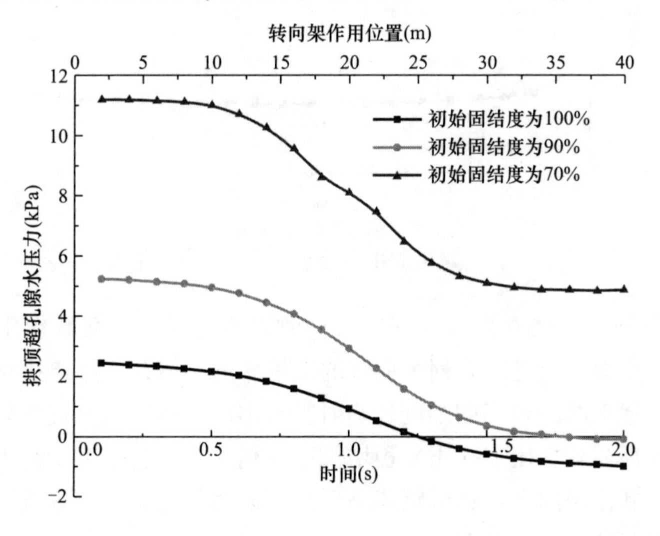

图 8-18 隧道拱顶超孔隙水压力变化图

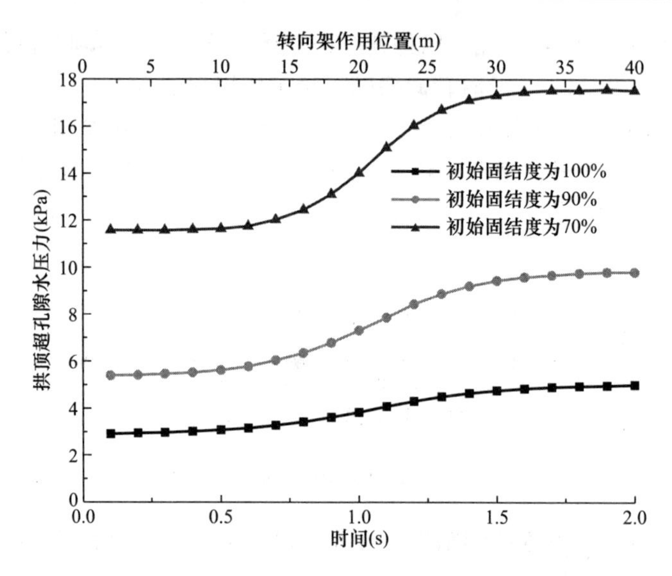

图 8-19　隧道拱底超孔隙水压力变化图

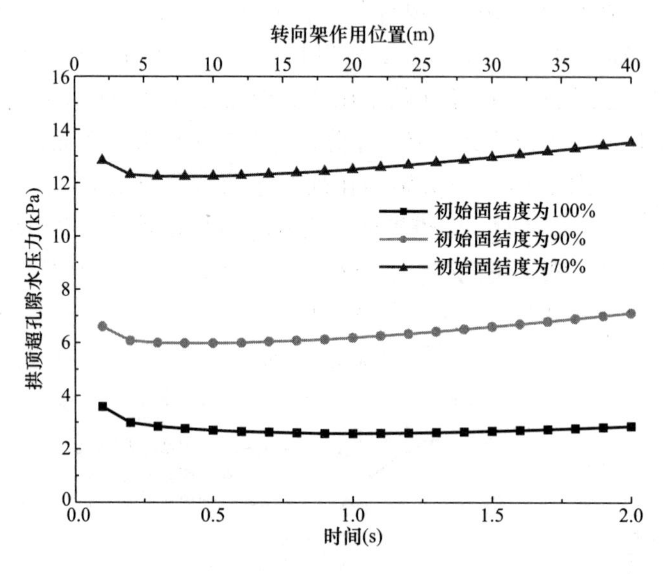

图 8-20　隧道起拱线处超孔隙水压力变化图

由图 8-18 可以看出，列车荷载距离观测点较远时，在荷载作用下隧道拱顶产生超孔隙水压力，但是随着列车荷载的慢慢靠近与离开，隧道拱顶处，超孔隙水压力程 S 形逐渐减小，当固结度较高时甚至出现负值，这一点比较特殊，与国内外研究的循环荷载作用下孔压累积增长恰好相反。可能是由于衬砌刚度相对较大，在列车荷载作用向下，隧道整体呈现向下运动的趋势，导致隧道顶部土体应力得到释放引起的。

由图 8-19 可以发现，随着列车荷载移动，隧道拱底孔隙水压力呈 S 形逐渐增长，超孔压变化率在列车靠近观测点的过程中逐渐变大，到达观测点正上方时变化率最大，然后随着列车的离开超孔压变化率逐渐减小。

由图 8-20 可以发现，随着列车荷载的移动，隧道起拱线上的超孔隙水压力先逐渐变小，然后又逐渐变大，但是变化率很小。

8.4 考虑固结度的地铁长期沉降预测

8.4.1 累积塑性变形引起的长期沉降

8.4.1.1 累积塑性变形计算模型

Monismith[229]等（1975）提出了在循环荷载作用下计算软黏土路基累积塑性变形的经验公式：

$$\varepsilon_p = AN^b \tag{8-35}$$

式中：ε_p 为地基土体的累积塑性应变；N 为循环荷载次数；A 和 b 关于移动荷载特性和地基地层特性的参数，但是对于复杂多层土体时，参数取值离散性大，计算误差较大。因此本文选取 Li 和 Selig[103]对参数 A 的改进公式：

$$A = a(q_d/q_f)^m \tag{8-36}$$

$$\varepsilon_p = a(q_d/q_f)^m N^b \tag{8-37}$$

式中：q_f 为地基土体的静强度；为 q_d 交通循环荷载下的动偏应力；a 和 m 为常参数。对于给定的工程，a、b 和 m 这 3 个参数与土体的类型和塑性指数有关，Li 和 Selig 提出了对常见几种土类型之建议值，见表 8-3。

不同土体的材料参数值　　表 8-3

模型参数		土的分类		
		粉土	低塑性黏土	高塑性黏土
b	平均值	0.13	0.16	0.18
	范围	0.08～0.19	0.08～0.34	0.12～0.27
	观测数	4	13	7
a	平均值	0.84	1.10	1.2
	范围	—	0.30～3.50	0.82～1.50
	观测数	1	7	5
m	平均值	2.0	2.0	2.4
	范围	1.3～4.2	1.0～2.6	1.3～3.9
	观测数	4	10	7

本书章节中已经对不同固结度下列车荷载作用一次的情况做了三维有限元分

析，本节中所用应力分量可以从有限元中提取。将三维有限元中隧道中轴线以下土层为均质土，按一层土考虑，取隧道中轴线以下土层中间点的应力分量作为来计算拟合模型中的参数。

q_f 为土的静强度，仅与地基土体的原始状态有关，采用以下计算公式[235]：

$$q_f = 2\tau_f \tag{8-38}$$

$$\tau_f = \frac{c_{cu}\cos\phi_{cu}}{1-\sin\phi_{cu}} + \frac{3}{2}\left(1-\frac{1}{2+K_0}\right)\frac{p_c}{1-\sin\phi_{cu}} \tag{8-39}$$

式中 τ_f 为不排水抗剪强度；c_{cu} 和 φ_{cu} 别为土体黏聚力和内摩擦角；K_0 为静止土压力系数；P_c 为平均有效固结压力。

土体平均有效固结压力 P_c 的确定：认为实际土层土体处于 K_0 固结状态，通过分层土体的自重应力确定竖向应力，采用土体的侧限系数 K_0 确定水平应力。如下式所示：

$$P_c = \frac{(1+2K_0)}{3}\sigma_{cz} = \frac{(1+2K_0)}{3}\sum_{i=1}^{n}\gamma_i h_i \tag{8-40}$$

式中，K_0 为土体的侧限系数，σ_{cz} 为土体的自重应力；n 为计算应力点上部土层数，γ_i 为上部第 i 层的容重，h_i 为上部第 i 土层的厚度。

动偏应力 q_d 的计算公式：

$$q_d = \sqrt{3J_2} = \sqrt{\frac{1}{2}\left[(\sigma_{xd}-\sigma_{yd})^2+(\sigma_{xd}-\sigma_{zd})^2+(\sigma_{zd}-\sigma_{yd})^2+6\tau_{xyd}^2\right]} \tag{8-41}$$

本书 8.4.6 中已经对不同固结度下列车荷载作用一次的情况做了三维有限元分析，本节中所用应力分量 σ_{xd}、σ_{yd}、σ_{zd}、τ_{xyd} 可以从有限元中提取。三维有限元中隧道中轴线以下土层为均质土，按一层土考虑，取隧道中轴线以下土层中间点的的应力分量作为来计算拟合模型中的参数。

通过计算得到 $P_c=155.35\text{kPa}$，$\tau_f=311\text{kPa}$，$q_f=2\tau_f=622\text{kPa}$，$q_d=22.5\text{kPa}$。取 $a=1.2$，$b=0.18$，$m=2.6$。

8.4.1.2 累积塑性变形引起的沉降计算

土体的累积变形引起的沉降值 S_d 可用分层总和法计算：

$$S_d = \sum_{i=1}^{n}\varepsilon_i^p h_i \tag{8-42}$$

式中，ε_i^p 为第 i 层土的累积塑性应变，h_i 为第 i 层土的厚度，n 为压缩层的分层总数。

本文中为均质土，压缩层位于隧道中轴线以下，厚度 12m，假设列车每年运行次数为 20 万次，则半年、一年、两年、五年、十年、二十年后的沉降分别为 39.67mm、44.94mm、50.91mm、60.04mm、68.02mm、77.06mm，如图 8-21 所示，可以发现累积塑性变形引起的沉降在开始发展较快，到第五年沉降为

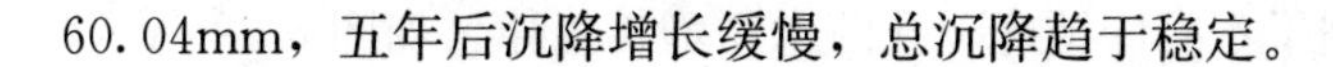

60.04mm，五年后沉降增长缓慢，总沉降趋于稳定。

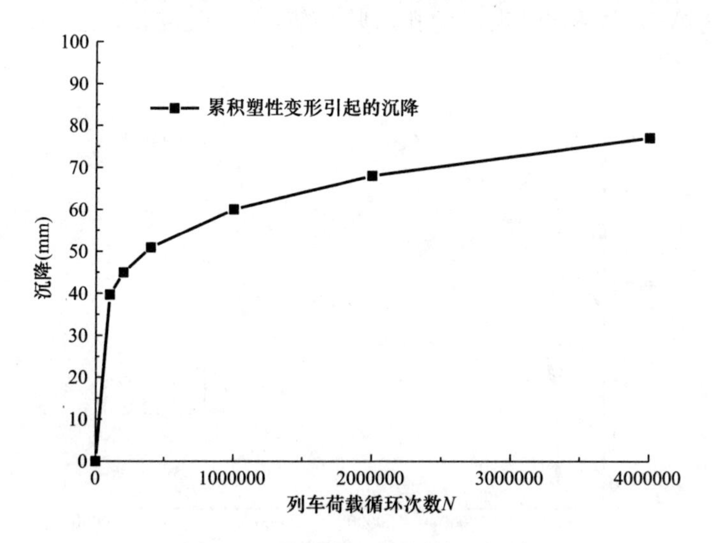

图 8-21　累积塑性变形引起的沉降

8.4.2　累积孔压消散引起的固结沉降

8.4.2.1　累积孔压计算模型

循环荷载作用下软黏土的孔压发展性态复杂影响因素众多，归纳起来主要有黏土物理化学成分、土体微观结构、应力历史、加载波形、加载频率、加载次数、排水条件等因素，在同一次试验中不可能同时考虑到所有因素，不同的研究者根据自己设定的试验条件所获得的孔压模型也有很大区别，因此目前国内外学者提出了很多模型，但是这些模型都是建立在试样完全固结基础上的，不能反映不同初始固结程度对孔压发展规律的影响。

根据以上不足本节对杭州地区典型软黏土做了动三轴试验。采用英国 GDS 动三轴试验系统，试验用土取自杭州地铁一号线工地附近的基坑工地，将土体在浙江大学重塑土制备仪中做成均匀的重塑土块，其含水率 42.19%～46.22%，比重 2.68，塑限 18.4%，液限 52.5%。将重塑土块切成 $D\times H=38\text{mm}\times 76\text{mm}$ 的圆柱体，按照土工试验规程 SL237—1999 的要求进行真空包和：抽真空 3 小时后在大气压下静置 12 小时以上，装样后在动三轴仪中反压饱和 2 小时。

为了实现不同固结程度的控制试验采用单面排水等向固结，试验过程可实时读取孔压值，按照平均固结度计算公式[236]通过控制超孔压消散情况来完成。动荷载采用由应力控制的半正弦波，循环过程不排水；循环应力比按公式 $\tau=\sigma_d/2p$ 确定[187]，式中 τ 为循环应力比，σ_d 为动应力幅值。根据上节土体平均有效固结压力 P_c，试验中固结应力采用 155kPa。

通过动三轴模拟，得到了不同固结度下孔隙水压增长规律，如图 8-22 所示，图中，u^* 为第 N 次循环结束时的孔压归一值：$u^* = \Delta u/\sigma_3$，Δu 为相应的超孔压，σ_3 为有效围压。

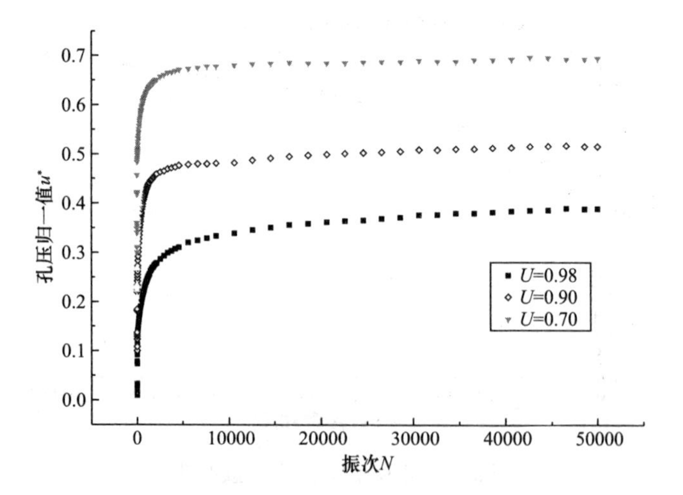

图 8-22 不同固结度下孔压归一值 u^* 随振次 N 的发展关系

通过对试验数据拟合，如图 8-23 所示，得到杭州地区软土在循环荷载下孔压模型如下：

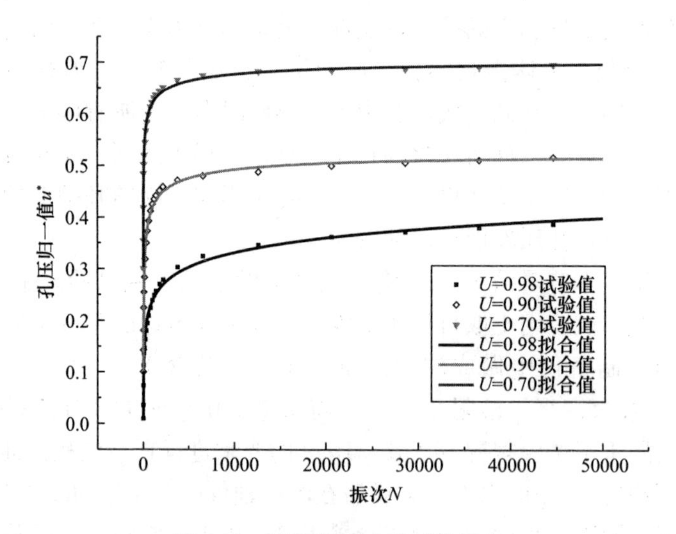

图 8-23 孔压随振次发展的拟合

$$u^* = AU(\tau - \tau_t)\ln N + B(1 - U) \tag{8-43}$$

式中：u^* 为累积孔压归一值；U 为固结度；τ 为循环应力比取 0.2；τ_t 为门槛循环应力比 0.02；N 为振动次数。A、B 为试验拟合参数，见表 8-4。

模型参数 表 8-4

固结度	A	B
>98%	0.2132	-0.8650
90%	0.2543	1.1020
70%	0.2746	1.2007

8.4.2.2 不同固结度下累积孔压消散引起的沉降

根据太沙基一维固结理论，固结沉降量可根据分层总和法进行计算，每一层土的固结沉降由每一层土的附加应力（超孔隙水压力）与固结度控制。由累积孔压消散引起的固结沉降 S_v 为：

$$S_v = U_{zi}\sum_{i=1}^{n}\frac{\Delta p h_i}{E_{si}} = U_{zi}\sum_{i=1}^{n}\frac{u_i h_i}{E_{si}} \tag{8-44}$$

式中 E_{si} 为土的压缩模量，h_i 为第 i 层土的厚度，n 为压缩层的分层总数，U_{zi} 为最终土的固结度。

本文中土质参数采用加权平均参数，可视为均质土。取隧道轴线下部软黏土中心点的超孔隙水压力代表该层土的平均超孔隙水压力。在计算累积孔压消散引起的固结沉降时，考虑最终土体完成固结，可以按照 $U_{zi}=100\%$ 考虑。

列车运行开始时土体的固结度分别取 100%、90%、70%。假设列车每年运行次数为 20 万次，则半年、一年、两年、五年、十年、二十年后累积孔压消散引起的沉降如图 8-24 所示，可以发现固结度越大累积孔压消散引起的沉降越小。随着振次 N 的增加孔压消散引起的沉降初始阶段迅速增加，半年后基本达到稳定，不同固结度下累积孔压消散引起的沉降也在这段时间有所区分，之后涨幅非常接近。

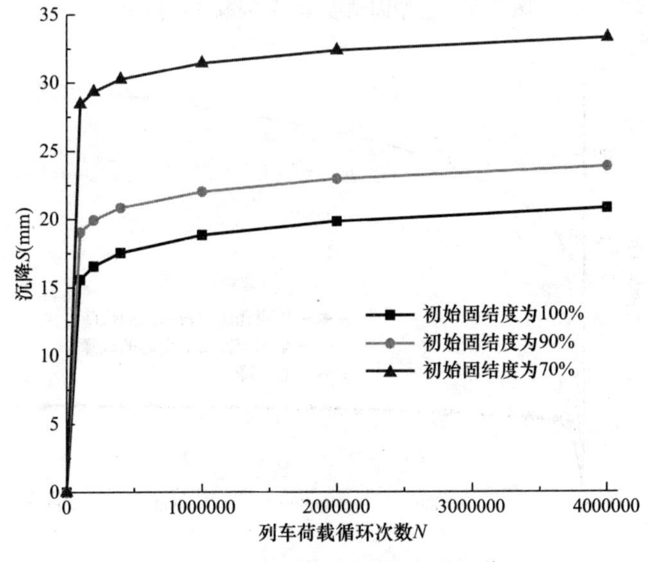

图 8-24 累积孔压消散引起的沉降

8.4.3 不同固结度下地铁列车运营引起的长期沉降

将不排水累积塑性变形引起的沉降和累积孔压消散引起的沉降进行叠加得到不同固结度下地铁列车运营引起的总沉降，如图 8-25～图 8-27 所示。从图中可以看出，列车荷载作用一百万次，即五年左右后，总沉降趋于稳定。累积孔压消散引起的沉降占总沉降的 30%左右，这个比值随着固结度的增长而降低，此部分沉降在列车荷载作用十万次，即半年左右后趋于稳定。

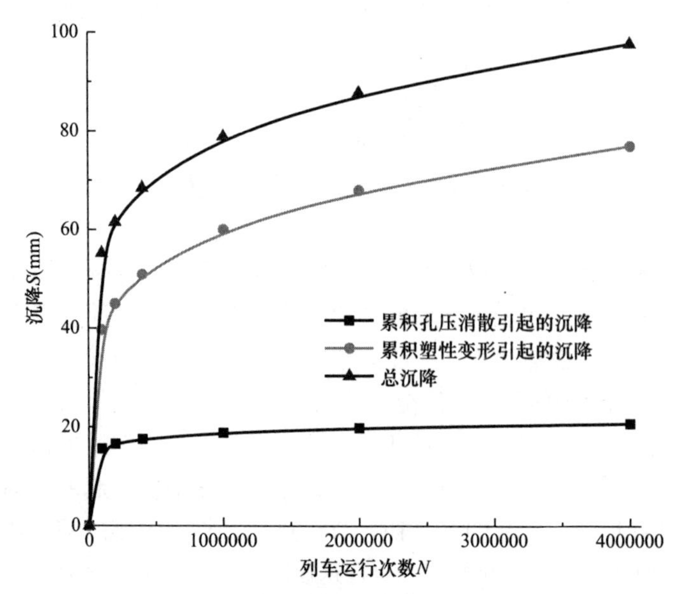

图 8-25 初始固结度 100%时软土沉降量

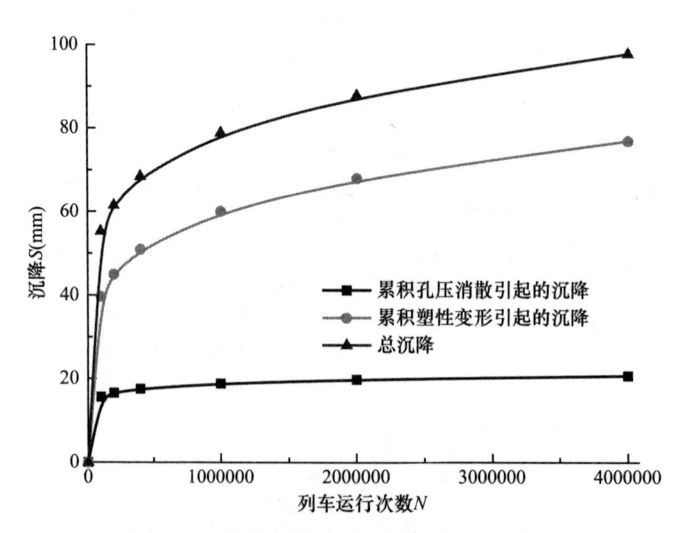

图 8-26 初始固结度为 90%时软土沉降量

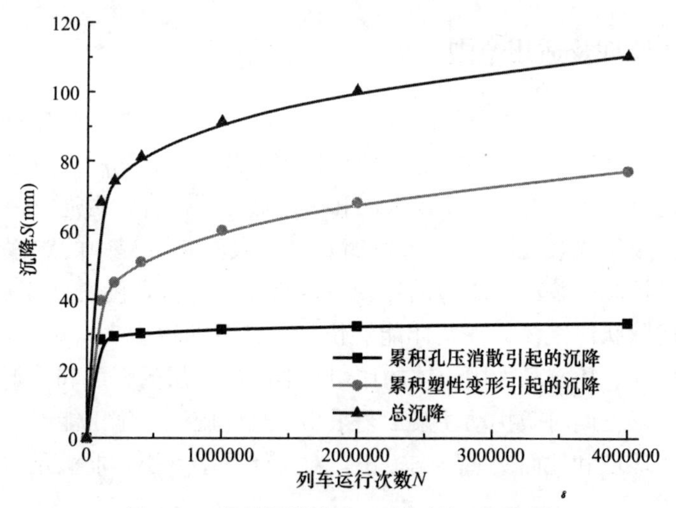

图 8-27 初始固结度为 70%时软土沉降量

8.5 地铁长期变形控制技术

根据上述考虑固结度的地铁长期工后沉降预测，在较为不利的工况下，地基软土在沉降趋于稳定前平均每年的沉降量可达 20mm，这与某城市地铁一号线开通一年后某区间内的沉降实测数据基本符合（如图 8-28 所示）。隧道沉降发展已经在一定程度影响到了地铁结构的安全，在检查过程中，该沉降区域有少许的渗漏、管片与道床脱开及管片上出现微量裂缝等现象。如不及时控制沉降的发展，将影响地铁的运营安全。因此本章根据软土地区地铁长期变形特性，介绍了一套较为科学、合理的“地铁隧道微扰动注浆加固施工工法”，根据隧道特点及隧道沉降发展趋势，对饱和软土地区地铁隧道下卧软弱土层采用“均匀、少量、多次、多点”的注浆工艺，将注浆对地层的扰动降到最低的同时，达到控制隧道沉降、变形目的。

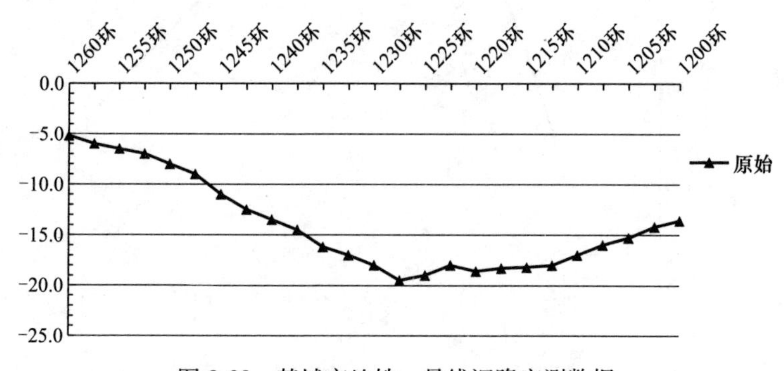

图 8-28 某城市地铁一号线沉降实测数据

8.5.1　工法原理及适用范围

微扰动注浆工艺是根据隧道沉降曲线各沉降点的沉降控制指标进行分区分阶段的注浆沉降治理方法。采用的是一种新型注浆技术，它利用“双泵”将“双液浆”打出，通过特制的混合器使得水泥和水玻璃充分混合，再通过注浆芯管将浆液注入土体。采用双浆液（水泥-水玻璃）可克服注浆过程中的跑浆现象，浆液流动范围较易控制。浆液在压力的作用下使得土体劈开，随着注浆芯管的提升，在土体中形成脉状注浆体。注浆体能够快凝，且后期强度高，对于隧道的下卧、侧向土层有填充、压密和加固土体的作用，能提高土层的强度和变形模量、控制隧道沉降、变形。同时微扰动注浆工艺采用信息化施工，施工能够在狭小空间中进行，对周边环境和地面交通影响极小，对土体扰动微小，能满足对地铁隧道的严格保护要求。

该工法适用地层主要是流塑性淤泥质黏土或受扰动的软塑黏土，粉土及砂性土地层。

8.5.2　微扰动注浆材料、工艺及参数

8.5.2.1　注浆材料

双液的初凝时间及抗压强度与施工环境、温度、水泥水玻璃的品种及双浆液的体积比有着直接的关系。考察浆液初凝时间、净浆立方抗压强度与双浆液（水泥-水玻璃）体积比的关系，水泥-水玻璃体积比对解释强度的影响如图8-29所示。在能够满足注浆操作的前提下，浆液中水泥比重尽量多，最终确定的水玻璃

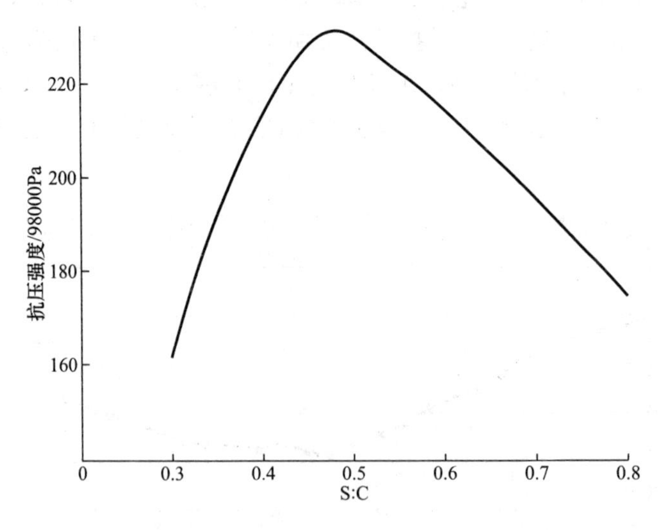

图8-29　S（水玻璃）∶C（水泥浆）体积比对结石强度的影响

和水泥浆的体积比为0.4～0.5，水泥浆采用水与等级为32.5R的水泥按0.6～0.7水灰比掺和而成，水玻璃采用的是模数为28的35°Be′。

8.5.2.2 注浆工艺及参数

采用专用钻孔机及特定工艺打设注浆孔，并将安装了注浆前端装置的注浆管插入土层而进行分层注浆，每层注浆厚度等于设定的注浆长度。当注浆管插入到每次注浆厚度时，利用前端装置同时开启所有喷浆孔进行注浆，并按设定的拔管速度起拔注浆管，每次注浆长度必须确保浆液均匀、定量地注入层。

注浆的技术参数由隧道所处的地质条件、隧道沉降特点及地面与现场试验来确定。根据多次试验及实践结果，淤泥质软黏土层中注浆参数的选取如下：

(1) 单次注浆长度一般为8.8～35.2cm，宜根据不同土层和隧道的注浆情况、注浆效果和监测数据等确定。

(2) 单次注浆量应配合单次注浆长度和掺入量来确定，不应大于80L，单次注浆量过大，容易引起超孔隙水压力较大，从而导致孔隙水消散过程中的隧道沉降。

(3) 注浆流量应低且稳定，一般双液流量为20L/min。其中，水泥浆泵流量以14～16L/min为宜，水玻璃泵流量则为4～6L/min。

(4) 拔管速度根据单次注浆量、单次注浆长度和双液浆流量来确定，即

$$v=\frac{lq}{V} \tag{8-45}$$

式中v为拔管速度(cm/min)；l为单次注浆长度(cm)；q为双液浆流量(L/min)；V为单次注浆量(L)。

(5) 单孔注浆按照由上往下、依次搭接的施工顺序，采用间隔跳孔施工，间隔不少于2环管片。

(6) 单个孔注浆时间间隔：在淤泥质软黏土中，抬升注浆阶段间隔1～3天，间隔补浆阶段间隔时间至少两周，后期固结稳定进行补浆阶段的时间间隔至少1个月以上。

8.5.3 微扰动注浆方法

微扰动注浆治理具体方法如下：沿隧道治理段纵向以合理间距布设注浆孔，运营阶段隧道落地块两端开孔没有相应参照经验，必须精确量测孔位，在避开管片钢筋的前提下，利用专业设备开孔并做好防水渗漏处理。因此，开孔时采用DD200钻石钻孔系统进行开口，孔径62mm，孔深约300mm（根据管片厚度确定，留5cm的管片保护层）成孔后，先进行清理烘干，注入植筋胶，采用ϕ57mm无缝管作为孔口管与管片连接；将2吋球阀与孔口管连接，并在球阀上安装防喷装置。注浆口构造图如图8-30所示，其中植筋胶为HIT-RE500锚固胶

黏剂，其强劲而稳定的黏结力沿锚固深度均匀分布，经抗拔试验，其最大拉力达 8t，且防水抗渗效果良好。

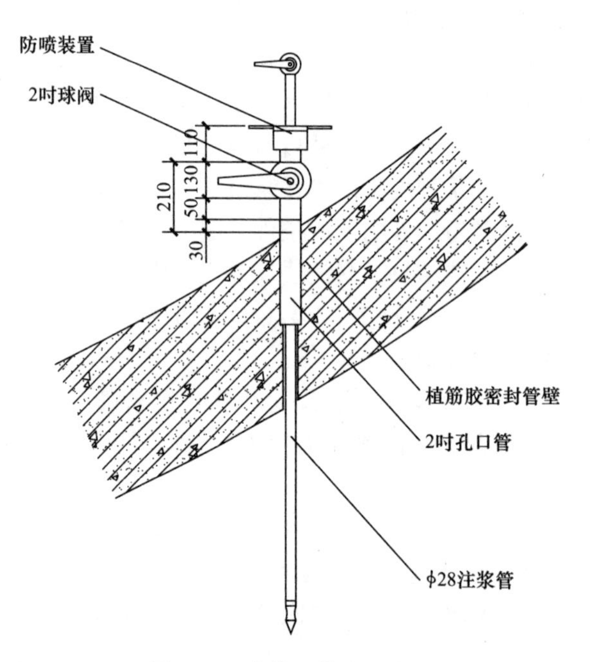

图 8-30　注浆口构造示意图

单次注浆时利用专用拔管设备边注浆边拔注浆管，缓慢地连续均匀地进行，拔管速度与注浆流量、注浆单节高度、注浆量相匹配约为每 30s 拔 5cm，同时根据实际监测数据以调整拔注浆管提升速度。要求完成注浆后，注浆管停滞 10min 左右，待浆液初凝，利用专用拔管设备将注浆管全部拔出，单次注浆完成。如图 8-31 所示，对每个注浆孔通过分阶段、少量、多次地自隧道底部而向下分层叠加注浆，每次注浆量控制适当，并采取减少注浆对地层扰动的措施，以使每次注浆引起的隧道上抬量 ΔS_1 大于在 2 次注浆的间隔时间内隧道自然沉降与地基由于注浆引起的土体结构扰动和超孔隙水压力消散而产生的固结沉降量之和 ΔS_2，分阶段注浆隧道隆起以及沉降规律如图 8-32 所示。

在初始注浆阶段，必须使治理段隧道抬升至一定的预期值。为此，在初始阶段的抬升注浆过程中，适当减少单次注浆的间隔时间 Δt，以增大每次注浆的有效抬升量（$\Delta S_1-\Delta S_2$）当初始阶段各次注浆所引起的隧道总抬升量

$$R=\sum(\Delta S_1+\Delta S_2)$$

达到预期值时，使注浆暂停一段时间，以使隧道下卧土层因注浆引起的超孔隙水压消散殆尽，隧道地基得到一定的固结沉降。经试验测试，在淤泥质黏性地层中，超孔隙水压完全消散需要约 1 周。

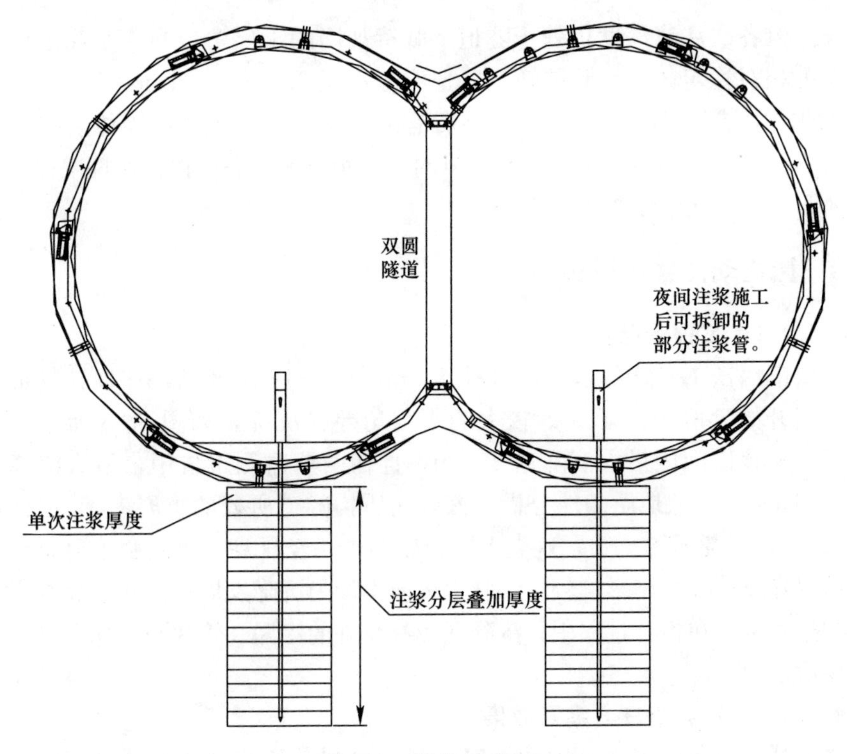

图 8-31 注浆示意图

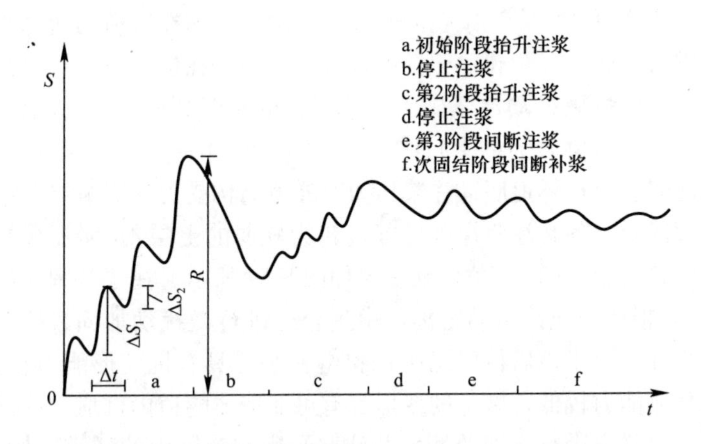

图 8-32 分阶段注浆隆起与沉降规律示意图

如果有必要进一步提高隧道总抬升量，则开始进行第 2 阶段的抬升注浆，当注浆抬升量达到预期值时，则停止第 2 阶段的抬升注浆。经过土层再次固结沉降，隧道沉降速率开始降低，当隧道沉降速率大于 0.02mm/d，进行第 3 阶段，旨在维持隧道沉降相对稳定的间断注浆，此阶段各次注浆的间断时间可适当延长，但各次注浆深度仍处于隧道下卧待加固的土层中。当注浆深度已伸入隧道下卧相对稳定的土层且隧道沉降速率减小至0.02～0.01mm/d时则进行第4阶段即次固结阶段的间断补浆，补浆是在隧道与下卧注浆加固体之间的空隙中进行。当隧道沉降速率<0.01mm/d时，结束补浆。各阶段注浆间隔时间根据章节8.5.2.2中注浆参数来确定。

8.5.4 微扰动注浆应用实例

8.5.4.1 工程概况

某城市地铁1号线隧道衬砌外径6.2m，自2012年8月，该地铁隧道某区间在运营开始阶段出现了6处较大的不均匀差异沉降，如图8-28所示，地铁运营近一年该区间内最大沉降达20mm，且在两期监测报告中，最大沉降速率达−0.11mm/d。从地质条件分析，该区间盾构隧道所处的土层为$④_1$淤泥质黏土和$②_{2c}$淤泥质粉质黏土中，这类土层较软弱，一经扰动，土层强度降低，对盾构隧道沉降及沉降控制影响较大。隧道纵向不均匀沉降发展一定程度将会影响地铁结构的安全，在检查过程中，沉降区域有少许的渗漏、管片与道床脱开及管片上出现微量裂缝现象。

8.5.4.2 注浆治理方案及效果

在充分考虑隧道沉降原因的情况下采用微扰动注浆开始对隧道沉降进行治理，以达到控制和调整隧道沉降的目的。由于此区间管片为错缝拼装，且有部分管片为不规则错缝拼装，在注浆孔的开设过程中，考虑在轨道两边垂直于下卧土层的管片上进行钻孔，一个孔位于标准块管片，一个孔位于拱底块管片，注浆孔安装完成后，再进行微扰动注浆施工，注浆孔的布置如图8-33所示。根据原始沉降曲线形态，对沉降较大的上行线1220环-1240环及下行线95环-120环范围进行微扰动注浆。分析隧道底部注浆压力对隧道结构受力的影响，并结合微扰动注浆类似工程经验，各孔注浆深度应穿过较为软弱的土层$④_1$淤泥质黏土，将部分受力传递到较为稳定的$⑤_2$黄色硬土层如图8-34所示。注浆范围在隧道下卧层1.5m区域内，根据与地铁站的距离，由远至近进行微扰动加固、抬升，注浆孔纵向间距为1环。由于该盾构隧道采用错缝拼装，具有抗变形能力较强的优点，但是其变形释放能力较低，微小的变形都有可能造成隧道内部应力的激增。后期注浆施工时，对隧道进行密切监测，若注浆孔影响范围内的隧道结构出现病害，立即终止注浆，以确保隧道结构不会出现进一步的损伤。

经过微扰动注浆整治半年后：上行线1215环～1245环监测范围累计最大抬升量12.2mm；下行线91环～120环监测范围累计最大抬升9.3mm。如图8-35和图8-36所示，上下行隧道沉降分别得到了明显的控制和调整，实现了对地铁隧道病害的较为有效的整治。

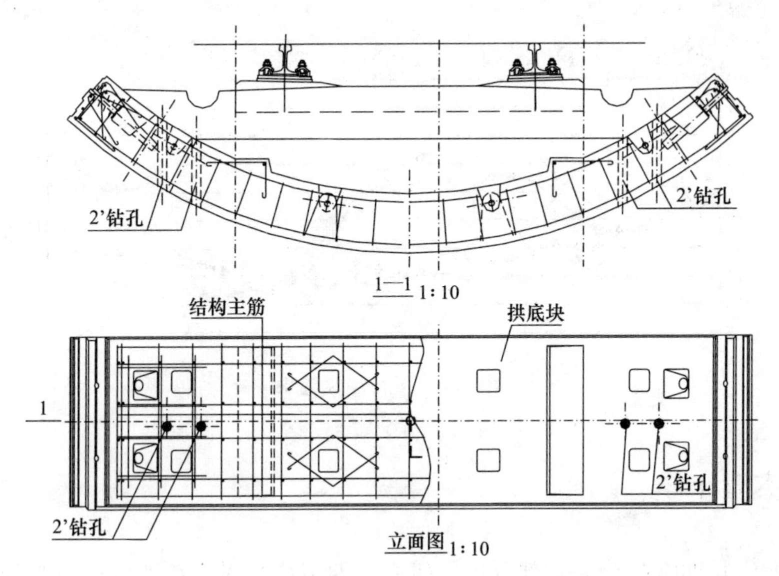

图 8-33 注浆孔布置图

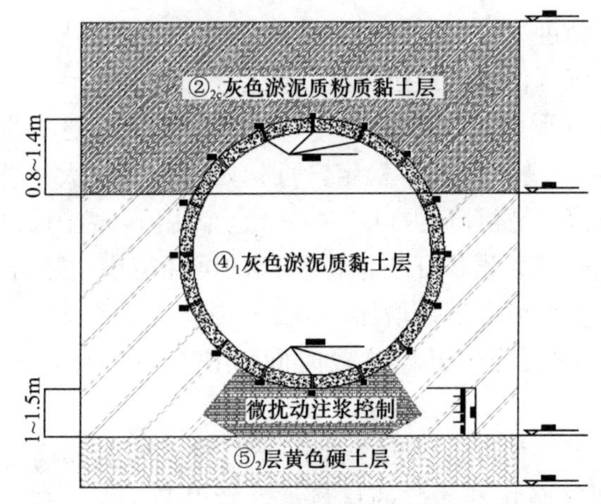

图 8-34 注浆区域示意图

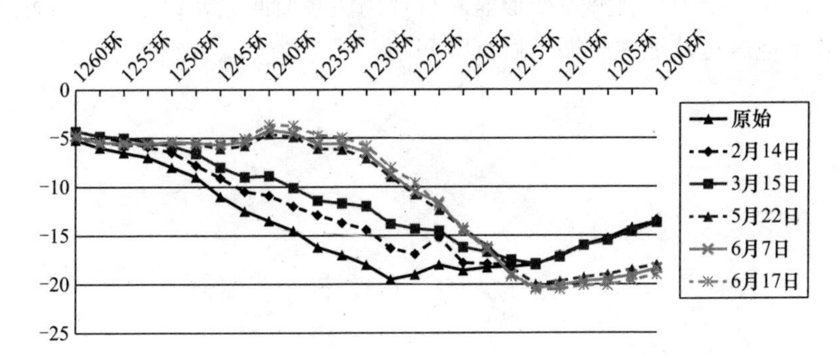

图 8-35 上行注浆效果

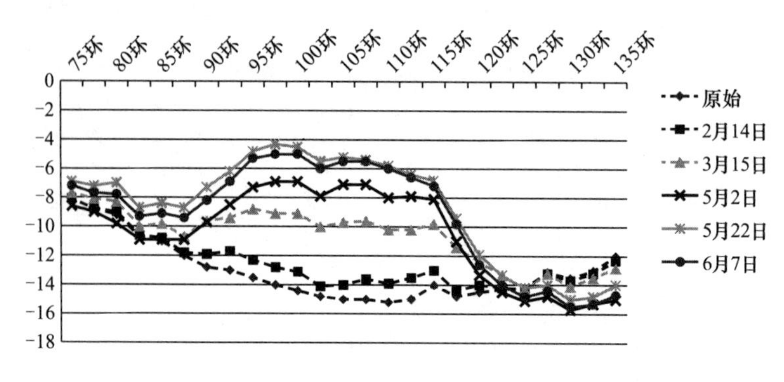

图 8-36　下行注浆效果

8.6　本章小结

本章将长期沉降分为两部分进行研究，即不排水累积塑性变形引起的沉降和累积孔压消散引起的沉降，通过建立相应的力学模型以及数值计算模型预测了杭州地铁不同初始固结度下列车运行引起的长期沉降，并提出了采用微扰动注浆方法对运营地铁进行沉降治理。通过分析得到如下结论：

（1）累积塑性变形引起的沉降在开始时发展较快，列车荷载作用一百万次（即五年左右）之后，总沉降趋于稳定，且初始固结度越大，总沉降越小。累积孔压消散引起的沉降占总沉降的30%左右，这个比值随着固结度的增长而降低。

（2）初始固结度越大累积孔压消散引起的沉降越小。随着振次 N 的增加孔压消散引起的沉降开始阶段迅速增加，半年后基本达到稳定，不同初始固结度下累积孔压消散引起的沉降也开始这段时间增长有所区分，之后增长幅度非常接近。

（3）本章介绍了一种可治理由于地铁变形过大而引起病害的微扰动注浆技术，总结了软土地区微扰动注浆的材料、参数以及工艺；通过均匀、少量、多点、多次的注浆治理，将隧道变形监测与现场注浆监测紧密结合，能够较为有效地解决软土地区运营地铁长期工后沉降问题。

参考文献

[1] 王梦恕. 中国铁路、隧道与地下空间发展概况 [J]. 隧道建设，2010，30（4）：351-364.

[2] 夏禾，吴萱，于大明. 城市轨道交通系统引起的环境振动问题 [J]. 北方交通大学学报，1999，23（4）：1-7.

[3] 王如路，周贤浩，余泳亮. 近年来上海地铁监护发现的问题及对策 [C]//中国土木工程学会隧道及地下工程学会地下铁道专业委员会第十四届学术交流会论文集，2001：239-242.

[4] 叶耀东，朱合华，王如路. 软土地铁运营隧道病害现状及成因分析 [J]. 地下空间与工程学报，2007，3（01）：157-160，166.

[5] 狄宏规，周顺华，宫全美，等. 软土地区地铁隧道不均匀沉降特征及分区控制 [J]. 岩土工程学报，2015，37（S2）：74-79.

[6] 王常晶，姬美秀，陈云敏. 列车荷载作用下饱和软黏土地基的附加沉降 [C]//中国土木工程学会第九届土力学及岩土工程学术会议论文集. 北京：清华大学出版，2003，1118-1122.

[7] 周健，屠洪权，安原一哉. 动力荷载作用下然黏土的残余变形计算模式 [J]. 岩土力学，1996，17（1）：54-60.

[8] 陈德智. 广州地铁隧道运营期沉降监测及分析 [J]. 都市快轨交通，2011，24（4）：94-98.

[9] 韦凯，宫全美，周顺华. 隧道长期不均匀沉降预测的蚁群算法 [J]. 同济大学学报（自然科学版），2009，37（8），993-998.

[10] 何淑梅. 沿海地区地铁隧道冻结工程中土体冻胀融沉特性研究 [D]. 兰州：兰州理工大学，2011.

[11] 王效宾. 人工冻土融沉特性及其预报模型研究 [D]. 南京：南京林业大学，2006.

[12] 王毅，徐辉. 地铁车辆段平台居住小区振动与噪声污染控制 [J]. 中国环境监测，1999，15（6）：43-45.

[13] 王毅. 北京地下铁道振动对环境影响的调查与研究 [J]. 噪声与振动控制，1992，(1)：15-17.

[14] 徐忠根，任氓，杨泽群，等. 广州市地铁一号线振动传播对环境影响测定与分析 [J]. 环境技术，2002（4）：12-14.

[15] 曹国辉，方志. 地铁运行引起房屋振动的研究 [J]. 工业建筑，2003，33（12）：31-33.

[16] 杨英豪，王杰贤. 列车运行时振波在土中的传递 [J]. 西安建筑科技大学学报，1995，27（3）：229-334.

[17] 彭波，谢伟平，蒋沧如. 移动荷载作用下地基-轨道系统的土动力分析 [J]. 华中科技

大学学报（城市科学版），2003，20（2）：72-74.

[18] HUNG H H，YANG Y B. Elastiewavesinvisio-elastic half-spacegeneratedbyvariousvehicle loads [J]. Soil DynamicandEarquakeEngineering，2001，21（1）：1-17.

[19] HONGH，ANG T C. Analytical Modeling of Traffic induced Ground Vibration [J]. Journal of Engineering Meehanies，1998，124（8）：921-928.

[20] 王逢朝，夏禾，张鸿儒. 地铁列车振动对邻近建筑物的影响 [J]. 北方交通大学学报，1999，23（5）：45-48.

[21] 谢伟平，孙洪刚. 地铁运行时引起的土的波动分析 [J]. 岩土力学与工程学报，2003，22（7）：1180-1184.

[22] 洪俊清，刘伟庆. 地铁对周边建筑物振动影响分析 [J]. 振动与冲击，200，25（4）：142-145.

[23] 翟辉，刘维宁. 地铁列车引起的低频地表响应及减振措施的研究 [J]. 都市快轨交通，2005，18（4）：101-105.

[24] 陶连金，李晓霖，陆熙，等. 地铁诱发地面运动的衰减规律的研究分析 [J]. 世界地震工程，2003（19）：83-87.

[25] 潘昌实，Pande G N. 黄土隧道列车动荷载响应有限元初步数定分析研究 [J]. 土木工程学报，1984，17（4）：19-28.

[26] 潘昌实，李德武等. 北京地铁列车振动对环境影响的探讨 [J]. 振动与冲击，1995，14（4）：29-34.

[27] 潘昌实，谢正光. 地铁区间隧道列车振动测试与分析 [J]. 土木工程学报，1990，23（2）：21-28.

[28] 张玉娥，潘昌实. 地铁区间隧道列车振动响应测试与分析 [J]. 石家庄铁道学院学报，1993，6（2）：7-14.

[29] 刘维宁，夏禾，郭文军. 地铁列车振动的环境响应 [J]. 岩石力学与工程学报，1996，15（s1）：586-593.

[30] 吴连元，许昌. 圆柱壳体在移动集中荷载作用下的弯曲解 [J]. 上海交通大学学报，1989，23（5）：46-54.

[31] 王常晶，陈云敏. 列车移动荷载在地基中引起的主应力轴旋转 [J]. 浙江大学学报（工学版），2010，44（5）：950-954.

[32] 边学成，胡婷，陈云敏. 列车交通荷载作用下地基土单元体的应力路径 [J]. 土木工程学报，2008，41（11）：86-92.

[33] 边学成，曾二贤，陈云敏. 列车交通荷载作用下软土路基的长期沉降 [J]. 岩土力学，2008，29（11）：2990-2996.

[34] 王田友，丁洁民，楼梦麟. 地铁运行引起场地振动的荷载与分析方法 [J]. 工程力学，2010，27（1）：195-201.

[35] HUI C K，NG C F. The effects of floating slab bending resonances on the vibration isolation of rail viaduct [J]. Applied Acoustics，2009，70（6）：830-844.

[36] 李锐，杜鹏飞，李永福，徐文韬，张雄. 基于相似理论的短型浮置板磁流变隔振试验

研究 [J]. 仪器仪表学报，2014，35 (1)：200-207.

[37] 杜鹏飞. 基于无量纲分析的短型浮置板轨道隔振系统参数优化研究 [D]. 重庆邮电大学，2014.

[38] 刘维宁，丁德云，李克飞，张厚贵. 钢弹簧浮置板轨道低频特征试验研究 [J]. 土木工程学报，2011，44 (8)：118-125.

[39] 孙成龙，高亮. 北京地铁 5 号线钢弹簧浮置板轨道减振效果测试与分析 [J]. 铁道建筑，2011 (4)：110-113.

[40] 耿传智，孙晓明. 地铁轨道结构减振效果的实测分析 [J]. 环境污染与防治，2011，33 (11)：54-57，62.

[41] 肖安鑫，田野. 钢弹簧浮置板轨道对车内噪声影响的实测与分析 [J]. 噪声与振动控制，2012，32 (1)：51-54，66.

[42] 张莉，刘鹏辉，杨宜谦，王巍. 杭州地铁 1 号线浮置板轨道减振效果对比分析 [J]. 铁道建筑，2013 (10)：80-83.

[43] 刘鹏辉，杨宜谦，尹京. 地铁隧道内不同轨道结构振动测试与分析 [J]. 振动与冲击，2014 (2)：31-36.

[44] SEED H B，CHAN C K. Clay strength under earthquake loading conditions [J]. Journal of Soil Mechanics and Foundations，1966，92 (2)：53-78.

[45] THIERS G R，SEED H B. Cyclic stress-strain characteristics of clays [J]. Journal of Soil Mechanics & Foundations Div，1968，94 (2)：555-569.

[46] SANGREYD A，HENKELDJ，ESRINGMI. The effective stress response of a saturated clay soils to repeated loading [J]. Canadian Geotechnical Journal. 1969，6 (3)：241-252.

[47] SANGREYDA，FRANCE JW. Peak strength of clay soils after a repeated loading history [J]. Microstructural Science. 1989，(1)：421-430.

[48] ANSALAM，ERKENA. Undrained behavior of clay under cyclic shear stresses [J]. Journal of Geotechnical Engineering，1989，115 (7)：968-983.

[49] RAMSAMOOJ D V，ALWASH A J. Model prediction of cyclic response of soils [J]. Journal of Geotechical Engineering，1990，116 (7)：1053-1072.

[50] LAREW H G，LEONARDS G A. A strength criterion for repeated loads [J]. Highway Research Board Proceedings，1962，(41)：529-556.

[51] 周建. 循环荷载作用下饱和软黏土特性研究（博士学位论文）[D]. 杭州：浙江大学，1998.

[52] 唐益群，王艳玲，黄雨，周载阳. 地铁列车荷载下土体动强度和动应力-应变关系 [J]. 同济大学学报（自然科学版），2004，32 (6)：701-704.

[53] 宫全美，周顺华，王炳龙. 地铁隧道地基土孔隙水压力变化及液化性研究 [J]. 岩土工程学报，2004，26 (2)：290-292.

[54] 唐益群，黄雨，叶为民，王艳玲. 地铁列车荷载作用下隧道周围土体的临界动应力比和动应变分析 [J]. 岩石力学与工程学报，2003，22 (9)：1564-1568.

[55] 唐益群，张曦，赵书凯，王建秀，周念清. 地铁列车荷载下隧道周围饱和软黏土的孔压发展模型 [J]. 土木工程学报，2007，40 (4)：82-86.

[56] 张曦. 地铁振动对隧道周围软黏土微结构影响及动力特性研究（博士学位论文）[D]. 上海：同济大学，2007.

[57] 周念清，唐益群，王建秀，张曦，洪军. 饱和粘性土体中孔隙水压力对地铁振动荷载响应特征分析 [J]. 岩土工程学报，2006，28 (12)：2149-2152.

[58] 杨坪，唐益群，周念清，王建秀，严学新，王寒梅. 车辆荷载作用下冲填土的孔压发展试验研究 [J]. 地下空间与工程学报，2008，4 (2)：253-258，340.

[59] 王元东，唐益群，廖少明，李仁杰. 地铁列车荷载下隧道周围加固软黏土孔压特性试验 [J]. 吉林大学学报（地球科学版），41 (1)：188-194.

[60] 闫春岭，唐益群，刘莎. 地铁列车荷载下饱和软黏土累积变形特性 [J]. 同济大学学报（自然科学版），2011，39 (7)：978-982.

[61] 王常晶，陈云敏. 交通荷载引起的静偏应力对饱和软黏土不排水循环性状影响的试验研究 [J]. 岩土工程学报，2007，29 (11)：1742-1747.

[62] 黄博，丁浩，陈云敏. 高速列车荷载作用的动三轴试验模拟 [J]. 岩土工程学报，2011，33 (2)：195-202.

[63] 王军，蔡袁强，李校兵. 循环荷载作用下超固结软黏土软化—孔压模型研究 [J]. 岩土力学，2008，29 (12)：3217-3222.

[64] YASUHARA K，YAMANOUCH T，HIRAO K. Cyclic strength and deformation of normally consolidation clay [J]. Soils and Foundations，1982，22 (3)：77-91.

[65] 郑刚，雷海峰，雷华阳，张立明. 振动频率对饱和黏土动力特性的影响 [J]. 天津大学学报（自然科学与工程技术版），2013，46 (1)：38-43.

[66] 张茹，涂扬举，费文平，赵忠虎. 振动频率对饱和黏性土动力特性的影响 [J]. 岩土力学，2006，27 (5)：699-704.

[67] MATSUI T，OAHRA H，ITO T. Cyclic stress-strain history and shear characteristic of clay [J]. Journal of Geotechnical Engineering，1980，106 (10)：1101-1120.

[68] MATASOVIC N，VUCETIC M. Generalized cyclic-degradation-pore pressure generation model for clays [J]. Journal of Geotechnical Engineering，1995，121 (1)：33-42.

[69] AZZOUR A，MALEK A M，BALIGH M M. Cyclic behavior of clays in undrained simple shear [J]. Journal of Geotechnical Engineering，1989，115 (5)：637-657.

[70] EIGENBROD K D，GRAHAM J，BURAK J P. Influence of cycling pore-water pressures and principal stress ratios on drained deformations in clay [J]. International Journal of Rock Mechanics & Mining Sciences & Geomechanics Abstracts，1992，30 (1)：326-333.

[71] 张茹，何昌荣，费文平，高明忠. 固结应力比对土样动强度和动孔压发展影响规律的影响 [J]. 岩土工程学报，2006，28 (1)：101-105.

[72] 魏新江，张涛，丁智，王常晶，蒋吉清. 地铁荷载下不同固结度软黏土的孔压试验模型 [J]. 岩土力学，2014，35 (10)：2761-2768，2874.

[73] 王军，杨芳，吴延平，胡秀青. 初始剪应力与加荷速率共同作用下饱和软黏土孔压模型试验研究 [J]. 岩土力学，2011，32 (s1)：111-117，475.

[74] 陈春雷，王军，丁光亚. 交通荷载作用下饱和软黏土孔压-应变分析模型 [J]. 自然灾害学报，2009，18 (6)：64-70.

[75] HYODO M，YASUHARAK，HIRAO K. Prediction of clay behavior in undrained and partially drained cyclic triaxial tests [J]. Soils and Foundation，1992，32 (4)：117-127.

[76] 王军，蔡袁强，郭林，杨芳. 分阶段循环加载条件下温州饱和软黏土孔压和应变发展规律 [J]. 岩土工程学报，2012，34 (7)：1349-1354.

[77] 王炳辉，陈国兴. 循环荷载下饱和南京粉细砂的孔压增量模型 [J]. 岩土工程学报，2011，33 (2)：188-194.

[78] 赵春彦，周顺华，庄丽. 上海地区软土的循环累积孔压模型 [J]. 铁道学报，2012，34 (1)：77-82.

[79] 陈国兴，刘雪珠. 南京及邻近地区新近沉积土的动剪切模量和阻尼比的试验研究 [J]. 岩石力学与工程学报，2004，23 (8)：1403-1410.

[80] SEED H B，CHAN C K. Effect of duration of stress application on soil deformation under repeated loading [C]// Proceedings of 5th International Congress on Soil Mechanics and Foundations，1961：341-345.

[81] 叶俊能，陈斌. 海相沉积软土动强度与孔压特性试验研究 [J]. 岩土力学，2011，32 (Supp. 1)：55-60.

[82] 周建，龚晓南. 循环荷载作用下饱和软黏土应变软化研究 [J]. 土木工程学报，2000，33 (5)：75-78，82.

[83] ANASL AM，ERKEN A. 1989. Undrained behavior of clay under cyclic shear stresses [J]. Journal of Geotechnical Engineering，1989，115 (7)：968-983.

[84] HYDE AFL，YASUHARA K，HIRAO K. Stability criteria for marine clay under one-way cyclic loading [J]. Journal of Geotechnical Engineering，1993，119 (11)：1771-1889.

[85] 黄茂松，李帅. 长期循环荷载作用下近海饱和软黏土强度和刚度的弱化特性 [J]. 岩土工程学报，2010，32 (10)：1491-1498.

[86] ISHIHARA I，KAWAMURA M，BHATIA S K. Effect of initial shear on cyclic behavior of sand [J]. Journal of the Geotechnical Engineering，1985，119 (12)：1359-1459.

[87] 王军，蔡袁强，徐长节. 循环荷载作用下饱和软黏土刚度软化特征试验研究 [J]. 岩土力学，2007，28 (10)：2138-2144.

[88] 蔡袁强，陈静，王军. 循环荷载下各向异性软黏土应变-软化模型 [J]. 浙江大学学报（工学版），2008，42 (6)：1058-1064.

[89] TAN K，VUCETIC M. Behavior of medium and low plasticity clays under cyclic simple shear conditions [C]// Proc 4th Int. Conf on Soil Dyn and Earthquake Engrg. A. S. Cakmak and I.，Herra. Eds. Mexico City，Mexico，1989，131-142.

[90] HICHER P Y，LADE P V. Rotation of principal directions in K_0-consolidated clay [J]. Journal of Geotechnical Engineering，1987，113 (7)：774-788.

[91] LEFEBVRE G，PFENDLER P. Strain rate and preshear effects in cyclic resistance of soft clay [J]. Journal of Geotechnical Engineering，1996，122 (1)：21-26.

[92] YASHARA K，MURAKAMI S，SONG B W. Postcyclic degradation of strength and stiffness for low plasticity silt [J]. Journal of Geotechnical and Geoenvironmental Engineering，2003，129 (8)：756-769.

[93] BROWN S F，LASHINE A K F，HYDE A F L. Repeated load triaxial testing of a silty clay [J]. Geotechnique，1975，25 (1)：95-114.

[94] IDRISS I M，DOBRY R，SINGH R D. Nonlinear behavior of soft clays during cyclic loading [J]. Journal of Geotechnical Engineering，1978，104 (12)：1427-1447.

[95] VUCETIC M，DOBRY R. Degradation of marine clays under cyclic loading [J]. Journal of Geotechnical Engineering，1988，114 (2)：133-149.

[96] VUCETIC M，LANZO G，DOROUDIAN M. Damping at small strains in cyclic simple shear test [J]. Journal of Geotechnical and Geoenvironmental Engineering，1998，7：585-594.

[97] KAGAWA T. Moduli and damping factors of soft marine clays [J]. Journal of Geotechnical Engineering，1992，118 (9)：1360-1375.

[98] 张勇，孔令伟，李雄威. 循环荷载下饱和软黏土的动骨干曲线模型研究，岩土力学，2010，31 (6)：1699-1704，1708.

[99] 蒋军，陈龙珠. 长期循环荷载作用下黏土的一维沉降 [J]. 岩土工程学报，2001，2 (3)：366-369.

[100] 王立忠，但汉波，李玲玲. K_0 固结软土的循环剪切特性及其流变模拟 [J]. 岩土工程学报，2010，32 (12)：1946-1955.

[101] LI L L，DAN H B，WANG L Z. Undrained behavior of natural marine clay under cyclic loading [J]. Ocean Engineering，2011，38 (16)：1792-1805.

[102] MONISMITH C L，OGAWA N，FREEME C R. Permanent deformation characteristics of subgrade soils due to repeated loading [J]. Transport Research Record，1975，537：1-17.

[103] LI D Q，ERNEST T S. Cumulative plastic deformation for fine-grained subgrade soils [J]. Journal of Geotechnical Engineering，1996，122 (12)：1006-1013.

[104] CHAI J C，MIURA N. Traffic-load-induced permanent deformation of road on soft subsoil [J]. Journal of Geotechnical and Geoenvironmental Engineering，2002，128 (1)：907-916.

[105] ANAND J P，LOUAY N M，AARON A. Permanent deformation characterization of subgrade soils from RLT test [J]. Journal of Materials in Civil Engineering. 1999，11：274-282.

[106] 陈颖平，黄博，陈云敏. 循环荷载作用下软黏土不排水累积变形特性 [J]. 岩土工程

学报，2008，30（5）：764-768.

[107] 黄茂松，李进军，李兴照. 饱和软黏土的不排水循环累积变形特性［J］. 岩土工程学报，2006，28（7）：891-895.

[108] 刘添俊，莫海鸿. 长期循环荷载作用下饱和软黏土的应变速率［J］. 华南理工大学学报（自然科学版），2008，3（10）：37-42.

[109] 蒋军. 循环荷载作用下黏土应变速率试验研究［J］. 岩土工程学报，2002，24（4）：528-531.

[110] 蒋军，朱向荣，曾国熙. 循环荷载作用下黏土及含砂芯复合土样特性分析［J］. 土木工程学报，2003，36（8）：96-101.

[111] 郭林，蔡袁强，王军，谷川. 长期循环荷载作用下温州结构性软黏土的应变特性研究［J］，岩土工程学报，2012，34（12）：2250-2254.

[112] CHAMBERLAIN E J，GOW A J. Effect of freezing and thawing on the permeability and structure of soils［J］. Engineering Geology，1979，13（14）：73-92.

[113] CHAMBERLAIN E J，ISKANDER 1，HUNSIKER S E. Effect of freeze-thaw cycles on the permeability and macrostructure of soils［C］//Proceedings of International Symposium on Frozen Soil Impacts on Agricultural，Range and Forest Lands. Spokane，Wash. U. S.：Army Cold Regions Research and Engineering Laboratory，1990：145-155.

[114] ZIMMIET F，LA P C. Effect of freeze/thaw cycles on the permeability of a fine-grained soil［C］// In：Proceedings of the Mid-Atlantic Industrial Waste Conference. Phailaephia，Pa：Drexel University，1990：580-593.

[115] CHAMBERLAIN E J. Physical changes in clays due to frost action and their effect on engineering structures［C］// In：Proceedings of the International Symposium on Frost in Geotechnical Engineering. Rotterdam，the Netherlands：A. A. Balkema，1989：863-893.

[116] VIKLANDER P. Permeability and volume changes in till due to cyclic freeze/thaw［J］. Canadian Geotechnical Journal，1998，35（3）：471-477.

[117] 杨平，张婷. 人工冻融土物理力学性能研究［J］. 冰川冻土，2002，24（5）：665-667.

[118] 杨成松，何平，程国栋，等. 冻融作用对土体干容重和含水量影响的试验研究［J］. 岩石力学与工程学报，2003，22（s2）：2695-2699.

[119] 齐吉琳，程国栋，VEIMEERI P A. 冻融作用对土工程性影响的研究现状［J］. 地球科学进展，2005，20（8）：887-894.

[120] QI J，VERMEER P A，CHENG G. A review of the influence of freeze - thaw cycles on soil geotechnical properties［J］. Permafrost and Periglacial Processes，2006，17（3）：245-252.

[121] GRAHAM J，AU V C S. Effects of freeze-thaw and softening on a natural clay at low stresses［J］. Canadian Geotechnical Journal，1985，22（1）：69-78.

［122］ LEROUEIL S，TARDIF J，ROY M，et al. Effects of frost on the mechanical behaviour of Champlain Sea clays ［J］. Canadian Geotechnical Journal，1991，28（5）：690-697.

［123］ 王伟，池旭超，张芳，等. 冻融循环对滨海软土三轴应力应变曲线软化特性的影响 ［J］. 岩土工程学报，2013，35（S2）：140-144.

［124］ 王天亮，刘建坤，彭丽云，等. 冻融循环作用下水泥改良土的力学性质研究 ［J］. 中国铁道科学，2010，31（6）：7-13.

［125］ LEE W，BOHRA N C，ALTSCHAEFFL A G，et al. Resilient modulus of cohesive soils and the effect of freeze-thaw ［J］. Canadian Geotechnical Journal，1995，32（4）：559-568.

［126］ SIMONSEN E，VINCENT C. Janoo，ISACSSON U. Resilient properties of unbound road materials during seasonal frost conditions ［J］. Journal of Cold Regions Engineering，2002，16（1）：28-50.

［127］ 王静，刘寒冰，吴春利. 冻融循环对不同塑性指数路基土弹性模量的影响研究 ［J］. 岩土力学，2012，33（12）：3665-3668.

［128］ 齐吉琳，马巍. 冻融作用对超固结土强度的影响 ［J］. 岩土工程学报，2006，28（12）：2082-2086.

［129］ LIU H，SHAN W，GUO Y，et al. The Effect of Freeze-Thaw on Shear Strength of Roadbed Soil in Different States of Water Content and Soil Density ［C］// International Conference on Transportation Engineering 2009. ASCE，2009：4164-4169.

［130］ 李洪峰. 冻融对粉质黏土强度指标的影响 ［J］. 东北林业大学学报，2012，40（6）：106-110，136.

［131］ 于琳琳，徐学燕，邱明国，等. 冻融作用对饱和粉质黏土抗剪性能的影响 ［J］. 岩土力学，2010，31（8）：2448-2452.

［132］ 王效宾，杨平，王海波，等. 冻融作用对黏土力学性能影响的试验研究 ［J］. 岩土工程学报，2009，31（11）：1768-1772.

［133］ 王静，刘寒冰，吴春利，等. 冻融循环对不同塑性指数路基土动力特性影响 ［J］. 岩土工程学报，2014，36（4）：633-639.

［134］ 张曦. 地铁振动对隧道周围软黏土微结构影响及动力特性研究（博士学位论文）［D］. 上海：同济大学，2007.

［135］ 胡瑞林，王思敬，李向全，等. 21世纪工程地质学生长点：土体微结构力学 ［J］. 水文地质工程地质，1999，4：5-8.

［136］ 洪军. 人工冻结条件下上海饱和黏土的力学特性实验研究（硕士学位论文）［D］. 上海：同济大学，2008.

［137］ COLLINS KT，McGOWN A. The form and function of microfabric feature in a variety of natural soils ［J］. Geotechnique，1974，24（2）：223-254.

［138］ MITCHELL J K. On the yielding and mechanical strength of Leda clay ［J］. Canadian Geotechical Journal.，1976，7（3）：297-312.

[139] 曹洋. 波浪作用下原状黏土动力特性与微观结构关系试验研究 [D]. 杭州：浙江大学，2013.

[140] 丁智，张孟雅，魏新江，等. 地铁冻结法工后融土微观结构试验研究 [J]. 铁道工程学报. 2016，33 (11)：106-112.

[141] 雷华阳. 土的本构模型研究现状及发展趋势 [J]. 世界地质，2000，19 (3)：271-276.

[142] 龚士良. 上海软黏土微观特性及在土体变形与地面沉降中的作用研究 [J]. 工程地质学报，2002，10 (4)：378-384.

[143] VOSS R F，LAIBOWITZ R B，ALESSANDRINI E I. Fractal geometry of percolation in thin gold films [M]//Scaling phenomena in disordered systems. Springer US，1991，279-288

[144] 王宝军，施斌，刘志彬，等. 基于GIS的黏性土微观结构的分形研究 [J]. 岩土工程学报，2004，26 (2)：244-247.

[145] 唐益群，张曦，周念清，等. 地铁振动荷载作用下饱和软黏土性状微观研究 [J]. 同济大学学报 (自然科学版)，2005，33 (5)：626-630.

[146] 孟庆山，杨超，许孝祖，等. 动力排水固结前后软土微观结构分析 [J]. 岩土力学，2008，29 (7)：1759-1763.

[147] 唐朝生，施斌，王宝军. 基于SEM土体微观结构研究中的影响因素分析 [J]. 岩土工程学报，2008，30 (4)：560-565.

[148] 曹洋，周建，严佳佳. 考虑循环应力比和频率影响的动荷载下软土微观结构研究 [J]. 岩土力学，2014，35 (3)：735-743.

[149] 唐益群，沈锋，胡向东，等. 上海地区冻融后暗绿色粉质黏土动本构关系与微结构研究 [J]. 岩土工程学报，2005，27 (11)：1249-1252.

[150] 齐吉琳，马巍. 冻融作用对超固结土强度的影响 [J]. 岩土工程学报，2006，28 (12)：2082-2086.

[151] 穆彦虎，马巍，李国玉，等. 冻融作用对压实黄土结构影响的微观定量研究 [J]. 岩土工程学报，2011，33 (12)：1919-1925.

[152] 王静. 季冻区路基土冻融循环后力学特性研究及微观机理分析 (博士学位论文) [D]. 长春：吉林大学，2012.

[153] 陈基炜，詹龙喜. 上海市地铁一号线隧道变形测量及规律分析 [J]. 上海地质，2000，21 (2)：51-56.

[154] TOWHATAI，ISHIHARAK. Undrained strength of sand undergoing cyclic rotation of principal stress axes [J]. Soil and Foundations，1985，25 (2)：135-147.

[155] 徐建平，谢伟平. 典型动力荷载作用下的应力路径及土动力分析方法 [J]. 华中科技大学学报 (城市科学版)，2002，19 (2)：42-45.

[156] 刘雪珠，陈国兴，储勇. 列车引起的地基土应力状态变化的三维有限元分析 [J]. 地震工程与工程振动，2010，30 (2)：159-167.

[157] 王常晶，陈云敏. 移动荷载引起的地基应力状态变化及主应力轴旋转 [J]. 岩石力学

与工程学报，2007，26（8）：1698-1704.
[158] ISHIHARAK. Soil behavior in earthquake geotechnics [M]. New York：Oxford University Press Inc，1996.
[159] WANG C J，CHEN Y M. Stress state variation and principal stress axes potation of ground induced by moving loads [J]. Chinese Journal of Rock Mechanics and Engeering，2007，26（8）：1698-1704.
[160] CHEN Y M，WANG C J，CHEN R P，et al. Characteristics of stressesand settlement of ground induced by train [C]//TAKEMIYA H ed. Environmental Vibration Prediction，Monitoring and Evaluation. London：Taylor and Francis/Balkema，2005：33-42.
[161] 聂影，栾茂田，王猛，等. 主应力轴旋转下饱和黏土动力特性的试验研究 [J]. 辽宁工程技术大学学报（自然科学版），2009，28（4）：562-565.
[162] 陈国兴，潘华. 轨道交通振动作用引起的土单元应力路径特征及其在室内试验中的模拟 [J]. 土木工程学报，2010，43（S）：340-345.
[163] 沈扬，周建，龚晓南，等. 主应力轴循环旋转对超固结黏土性状影响试验研究 [J]. 岩土工程学报，2008，30（10）：1514-1519.
[164] EASONG. The stresses produced in a semi-infinite solid by a moving surface force [J]. International Journal of Mechanics A：Solids，1965，2（6）：581-609.
[165] WOLDRINGH R F，NEW B M. Embankment design for high speed trains on soft [C] // Geotechnical Engineering for Transportation Infrastructure. Rotterdam：A. A. Balkema，1999：1-10.
[166] 李守继，楼梦麟. 地铁引起环境振动的振源加速度 [J]. 同济大学学报，2008，36（11）：1496-1500.
[167] 王常晶. 列车移动荷载作用下地基的动力应力及饱和软黏土特性研究（博士学位论文）[D]. 杭州：浙江大学，2006.
[168] MINDLIN R. Force at a pointintheinteriorofa semi-infinite solid [J]. Physics，1936，7（5）：195-202.
[169] 祝彦知. Kelvin半无限体内部受集中力作用时的粘弹性解 [J]. 工业建筑，2005，35（12）：55-60.
[170] 魏星，王刚. 多轮组车辆荷载下公路地基的附加动应力 [J]. 岩土工程学报，2015，37（10）：1924-1930.
[171] 吴磊. 地铁车辆-钢弹簧浮置板轨道耦合动态行为的研究 [D]. 成都：西南交通大学，2012.
[172] 张格妍. 车辆-浮置板轨道垂向耦合动力特性研究 [D]. 北京：北京交通大学，2004.
[173] 王汉民. 城市轨道交通浮置板轨道振动特性研究及对邻近建筑物的影响 [D]. 北京：北京交通大学，2009.
[174] 魏金成，何平，李宇杰. 地铁钢弹簧浮置板轨道的减振效果分析 [J]. 中国铁道科学，2012，33（4）：17-24.
[175] 齐剑峰. 饱和黏土循环剪切特性与软化变形的研究 [D]. 大连：大连理工大学，

2007.

[176] 纪玉诚，闫树旺．室内真空预压制备土样的技术及应用［J］．水运工程，1997，12：1～2.

[177] 王军，蔡袁强，高玉峰．初始剪应力与频率对超固结软土变形试验研究［J］．振动工程学报，2010，23（3）：260-268.

[178] 唐益群，李珺，刘莎，等．地铁行车荷载作用下淤泥质黏土累计特性的试验研究［J］．工程地质学报，2011，19（4）：460-466.

[179] 唐益群，赵化，王元东，等．地铁荷载下隧道周围加固软黏土应变累计特性［J］．同济大学学报（自然科学版），2011，39（7）：972-977.

[180] 魏星，黄茂松．交通荷载作用下公路软土地基长期沉降的计算［J］．岩土力学，2009，30（11）：3342-3346.

[181] 张勇，孔令伟，郭爱国，等．循环荷载下饱和软黏土的累积塑性应变试验研究［J］．岩土力学，2007，30（6）：1542-1548.

[182] 王军，蔡袁强．循环荷载作用下饱和软黏土应变累计模型研究［J］．岩石力学与工程学报，2008，27（2）：331-338.

[183] 王军，蔡袁强，徐长节，等．循环荷载作用下饱和软黏土应变软化模型研究［J］．岩石力学与工程学报，2007，26（8）：1713-1719.

[184] 黄博，施明维，陈云敏，等．循环振动对饱和粉土初始动剪模量的影响［J］．岩土工程学报，2009，31（5）：764-771.

[185] 刘添俊，葛修润，安关峰．单向循环荷载作用下饱和软黏土的性状研究［J］．岩石力学与工程学报，2012，31（S1）：3345-3351.

[186] 章克凌，陶振宇．饱和黏土在循环荷载作用下的孔压预测［J］．岩土力学，1994，15（3）：9-17.

[187] 王军，丁光亚，潘晓东．各向异性固结软黏土的循环软化-孔压模型［J］．哈尔滨工业大学学报，2009，41（12）：166-170.

[188] 陈国兴，刘雪珠．南京粉质黏土与粉砂互层土及粉细砂的振动孔压发展规律研究［J］．岩土工程学报，2004，26（1）：79-82.

[189] 聂庆科，白冰，胡建敏，等．循环荷载作用下软土的孔压模式和强度特征［J］．岩土力学，2007，28（S）：724-729.

[190] MATASOVIC N，VUCETIC M. A pore pressure model for cyclic straining of clay [J]. Soil and Foundation，1992，32（3）：156-173.

[191] WILSON N E，GREENWOOD J R. Pore Pressure and Strains After Repeated Loading of Saturated Clay [J]. Canadian Geotechnical Journal，1974（2），11：269-277.

[192] 葛世平，廖少明，陈立生，等．地铁隧道建设与运营对地面房屋的沉降影响与对策［J］．岩石力学与工程学报，2008，27（3）：550-556.

[193] 刘建航，侯学渊．盾构法隧道［M］．北京：中国铁道出版社，1991.

[194] 曾长女，刘汉龙，丰土根，等．饱和粉土孔隙水压力形状试验研究［J］．岩土力学，2005，26（12）：1963-1966.

[195] 黄斌，饶锡保，陈志强，等. 循环荷载下饱和砂孔压发展模型研究 [J]. 世界地震工程，2010，26（增刊）：46-50.

[196] 余占奎，黄宏伟，王如路，等. 人工冻结技术在上海地铁施工中的应用 [J]. 冰川冻土，2005，27（4）：550-556.

[197] 肖忠华. 上海软土二次冻融土工程性质试验研究 [D]. 上海：同济大学，2007.

[198] ANDERSLAND O B，LADANYI B. Frozen ground engineering [M]. New York，Chapman & Hall，2003.

[199] 秦昊，单红仙，刘涛. 波浪作用下海床孔压滞后现象研究 [J]. 中国水运，2007，4（5）：76-78.

[200] 赵慈义，孙雯，陈守义，等. 孔隙水压力量测的延迟效应分析 [J]. 岩土力学，1995，16（4）：66-73.

[201] 问延煦，施建勇. 孔压滞后现象及其对固结系数的影响 [J]. 岩石力学与工程学报，2005，24（2）：357-364.

[202] 丁智，张涛，魏新江，等. 排水条件对不同固结度软黏土动力特性影响试验研究 [J]. 岩土工程学报，2015，37（5）：893-899.

[203] 王军，丁光亚，潘晓东. 各向异性固结软黏土的循环软化-孔压模型 [J]. 哈尔滨工业大学学报，2009，41（12）：166-170.

[204] 汪仁和，李晓军. 冻结温度场的叠加计算与计算机方法 [J]. 安徽理工大学学报（自然科学版），2003，23（1）：25-29.

[205] 严晗，王天亮，刘建坤. 反复冻融条件下粉砂土动力学参数试验研究 [J]. 岩土力学，2014，35（3）：683-688.

[206] 于啸波，孙锐，袁晓铭，等. 负温对土动剪切模量阻尼比的影响规律 [J]. 岩石力学与工程学报. 2016，35（7）：1453-1465.

[207] LEE K L. Cyclic strength of a sensitive clay of eastern Canada [J]. Canadian Geotechnical Journal，1979，16（1）：163-176.

[208] YASHUHARA K，HIRAO K，HYDE A F L. Effects of cyclic loading on undrained strength and compressibility of clay [J]. Soils and Foundations，1992，32（1）：100-48.

[209] HYODO M，YASUHARA K，HIRAO K. Prediction of clay behavior in undrained and partially drained cyclic triaxial tests [J]. Soils and Foundations，1992，32（4）：117-127.

[210] HYODO M，HYDE A F L，YAMAMOTO Y，et al. Cyclic shear strength of undisturbed and remoulded marine clays [J]. Soils and Foundations，1999，39（2）：45-48.

[211] 陈颖平，黄博，陈云敏. 循环荷载作用下结构性软土的变形和强度特性 [J]. 岩土工程学报，2005，2（9）：1065-1071.

[212] 李广信. 高等土力学 [M]. 北京：清华大学出版社，2004.

[213] GASPARRE A，NISHIMURA S，MINH N A，et al. The stiffness of natural London clay [J]，Geotechnique，2007.

[214] 张勇. 武汉软黏土的变形特征与循环荷载动力响应研究（博士论文）[D]. 武汉：中国科学院研究生院（武汉岩土力学研究所），2008.

[215] YASUHARA K, HYDE A F L, TOYOTA N, et al. Cyclic stiffness of plastic silt with an initial drained shear stress [C]//Richard J. Jardine, eds. Proc. Geotechnique Symp. on Prefailure Deformation Behaviour of Geomaterials. London: Thomas Telford Ltd., 1998: 373-382.

[216] 蔡袁强，陈静，王军. 循环荷载下各向异性软黏土应变-软化模型 [J]. 浙江大学学报，2008，42 (6)：1058-1064，1030.

[217] 王军，蔡袁强，徐长节. 循环荷载作用下软黏土刚度软化特征试验研究 [J]. 岩土力学，2007，28 (10)：2138-2144.

[218] 魏新江，张孟雅，丁智，等. 初始固结度影响下地铁运营引起的长期沉降预测 [J]. 现代隧道技术. 2016，53 (2)：114-120.

[219] 王军，蔡袁强，徐长节，等. 循环荷载作用下饱和软黏土应变软化模型研究 [J]. 岩石力学与工程学报，2007，26 (8)：1713-1719.

[220] TAKEMIYA H. Simulation of track-ground vibrations due to a high-speed train: the case of X-2000 at Ledsgard [J]. Journal of Sound & Vibration, 2003, 261 (3): 503-526.

[221] HYDE A F L, BROWN S F. The plastic deformation of a silty clay under creep and repeated loading [J]. Geotechnique, 26 (1): 173-184.

[222] BARKSDALE R D. Repeated load test evaluation of base course materials [R]. Georgia Tech: Transportation Department, 1972.

[223] 唐益群，赵化，王元东，等. 地铁荷载下隧道周围加固软黏土应变累积特性 [J]. 同济大学学报（自然科学版），2011，39 (7)：972-977.

[224] PARR G B. Some aspects of the behavior of London clay under repeated loading [D]. UK: University of Nottingham, 1972.

[225] 叶阳升. 饱和软黏土在单轴循环载荷作用下变形特性的研究 [D]. 北京：铁道部科学研究院，1996.

[226] 唐益群，赵书凯，杨坪，等. 饱和软黏土在地铁荷载作用下微结构定量化研究 [J]. 土木工程学报，2009，42 (8)：98-103.

[227] 施斌. 粘性土击实过程中微观结构的定量评价 [J]. 岩土工程学报，1996，18 (4)：60-65.

[228] 徐日庆，徐丽阳，邓炜文，等. 基于SEM和IPP测定软黏土接触面积的试验 [J]. 浙江大学学报：工学版，2015，49 (8)：1417-1425.

[229] MONISMITH C L, OGAWA N, FREEME C R. Permanent deformation characteristics of subgrade soil due to repeated loading [J]. Transp. Res. Rec. No. 537. Transportation Research Board, Washington, D. C., 1975: 1-17.

[230] 耿传智. 地铁系统振动控制研究 [D]. 同济大学，2006.

[231] 张庆贺，朱合华，庄荣，等. 地铁与轻轨 [M]. 人民交通出版社，2002.

[232] 赵国堂. 高速铁路无渣轨道结构 [M]. 中国铁道出版社，2006.

[233] 守田荣编，卢贤昭译. 振动篇—公害防止技术 [M]. 日本公害防止技术和法规编委会，1988.

[234] CARRANZA-TORRES C，ZHAO J. Analytical and numerical study of the effect of water pressure onthemechanical response of cylindrical lined tunnels in elastic and elasto-plastic porous media [J]. International Journal of Rock Mechanics & Mining Science，2009，46 (3)：531-547.

[235] 张冬梅，黄宏伟. 隧道长期沉降的弹—粘塑性预测 [A]. 首届全球华人岩土工程论文集，中国：上海，2003：255-267.

[236] 龚晓南. 土力学 [M]. 北京：中国建筑工业出版社，2002.